教育部高等学校电子信息类专业教学指导委员会规划教材

高等学校电子信息类专业系列教材·新形态教材

U0385631

嵌入式Linux系统
原理与应用 微课视频版

王 剑 孙庆生 主编

清華大学出版社
北京

内容简介

本书以当前嵌入式系统领域中具有代表性的嵌入式 Linux 系统作为分析对象,在介绍 ARM 嵌入式处理器的基础上,阐述了 Linux 基础、嵌入式 Linux 开发环境、ARM-Linux 内核、嵌入式 Linux 文件系统、ARM-Linux 移植及调试方法、Linux 驱动程序的设计等内容;然后介绍了以 Yocto Project 开源项目为代表的诸多嵌入式 Linux 高级编程技术;最后阐述了嵌入式人工智能 TensorFlow Lite 和嵌入式数据库 SQLite。为便于教学,本书配套了丰富的教学资源,如微课视频(590 分钟,47 集)、程序代码、教学课件、教学大纲、电子教案、习题及解答、参考试卷等。

本书可以作为高等学校计算机、电子、电子信息类专业的教材,也可以作为相关嵌入式开发人员的参考用书。

图书在版编目(CIP)数据

嵌入式 Linux 系统原理与应用:微课视频版/王剑,孙庆生主编. —北京:清华大学出版社,2023.8
(2024.9 重印)
高等学校电子信息类专业系列教材 新形态教材
ISBN 978-7-302-63101-9

Ⅰ. ①嵌⋯ Ⅱ. ①王⋯ ②孙⋯ Ⅲ. ①Linux 操作系统－高等学校－教材 Ⅳ. ①TP316.85

中国图家版本馆 CIP 数据核字(2023)第 047624 号

责任编辑:刘 星 李 晔
封面设计:刘 键
责任校对:申晓焕
责任印制:刘海龙

出版发行:清华大学出版社
　　　网　　址:https://www.tup.com.cn,https://www.wqxuetang.com
　　　地　　址:北京清华大学学研大厦 A 座　　　邮　　编:100084
　　　社 总 机:010-83470000　　　邮　　购:010-62786544
　　　投稿与读者服务:010-62776969,c-service@tup.tsinghua.edu.cn
　　　质量反馈:010-62772015,zhiliang@tup.tsinghua.edu.cn
　　　课件下载:https://www.tup.com.cn,010-83470236
印 装 者:三河市人民印务有限公司
经　　销:全国新华书店
开　　本:185mm×260mm　　印　张:17　　　字　　数:414 千字
版　　次:2023 年 9 月第 1 版　　　印　　次:2024 年 9 月第 2 次印刷
印　　数:1501～2100
定　　价:59.00 元

产品编号:095318-01

高等学校电子信息类专业系列教材

序
PREFACE

我国电子信息产业占工业总体比重已经超过 10％。电子信息产业在工业经济中的支撑作用凸显,更加促进了信息化和工业化的高层次深度融合。随着移动互联网、云计算、物联网、大数据和石墨烯等新兴产业的爆发式增长,电子信息产业的发展呈现了新的特点,电子信息产业的人才培养面临着新的挑战。

(1)随着控制、通信、人机交互和网络互联等新兴电子信息技术的不断发展,传统工业设备融合了大量最新的电子信息技术,它们一起构成了庞大而复杂的系统,派生出大量新兴的电子信息技术应用需求。这些"系统级"的应用需求,迫切要求具有系统级设计能力的电子信息技术人才。

(2)电子信息系统设备的功能越来越复杂,系统的集成度越来越高。因此,要求未来的设计者应该具备更扎实的理论基础知识和更宽广的专业视野。未来电子信息系统的设计越来越要求软件和硬件的协同规划、协同设计和协同调试。

(3)新兴电子信息技术的发展依赖于半导体产业的不断推动,半导体厂商为设计者提供了越来越丰富的生态资源,系统集成厂商的全方位配合又加速了这种生态资源的进一步完善。半导体厂商和系统集成厂商所建立的这种生态系统,为未来的设计者提供了更加便捷却又必须依赖的设计资源。

教育部 2020 年颁布了新版《高等学校本科专业目录》,将电子信息类专业进行了整合,为各高校建立系统化的人才培养体系,培养具有扎实理论基础和宽广专业技能的、兼顾"基础"和"系统"的高层次电子信息人才给出了指引。

传统的电子信息学科专业课程体系呈现"自底向上"的特点,这种课程体系偏重对底层元器件的分析与设计,较少涉及系统级的集成与设计。近年来,国内很多高校对电子信息类专业课程体系进行了大力度的改革,这些改革顺应时代潮流,从系统集成的角度,更加科学合理地构建了课程体系。

为了进一步提高普通高校电子信息类专业教育与教学质量,推动教育与教学高质量发展,教育部高等学校电子信息类专业教学指导委员会开展了"高等学校电子信息类专业课程体系"的立项研究工作,并启动了"高等学校电子信息类专业系列教材"(教育部高等学校电子信息类专业教学指导委员会规划教材)的建设工作。其目的是为推进高等教育内涵式发展,提高教学水平,满足高等学校对电子信息类专业人才培养、教学改革与课程改革的需要。

本系列教材定位于高等学校电子信息类专业的专业课程,适用于电子信息类的电子信息工程、电子科学与技术、通信工程、微电子科学与工程、光电信息科学与工程、信息工程及其相近专业。经过编审委员会与众多高校多次沟通,初步拟定分批次建设约 100 门核心课程教材。本系列教材将力求在保证基础的前提下,突出技术的先进性和科学的前沿性,体现创新教学和工程实践教学；将重视系统集成思想在教学中的体现，鼓励推陈出新，采用"自顶向下"的方法编写教材；将注重反映优秀的教学改革成果，推广优秀的教学经验与理念。

为了保证本系列教材的科学性、系统性及编写质量，本系列教材设立顾问委员会及编审委员会。顾问委员会由教指委高级顾问、特约高级顾问和国家级教学名师担任，编审委员会由教育部高等学校电子信息类专业教学指导委员会委员和一线教学名师组成。同时，清华大学出版社为本系列教材配置优秀的编辑团队，力求高水准出版。本系列教材的建设，不仅有众多高校教师参与，也有大量知名的电子信息类企业支持。在此，谨向参与本系列教材策划、组织、编写与出版的广大教师、企业代表及出版人员致以诚挚的感谢，并殷切希望本系列教材在我国高等学校电子信息类专业人才培养与课程体系建设中发挥切实的作用。

吕志伟 教授

前 言
FOREWORD

嵌入式计算机技术是21世纪计算机技术的重要发展方向之一,应用领域十分广泛且增长迅速,据估计未来十年中95%的微处理器和65%的软件被应用于各种嵌入式系统中。技术的发展和生产力的提高离不开人才的培养,目前业界对嵌入式技术人才的需求巨大,尤其在迅速发展的电子、通信、计算机等领域,这种需求更为显著。另外,企业对嵌入式系统开发从业者的工程实践能力、经验要求也越来越重视,因此目前国内外很多专业协会和高校都在致力于嵌入式相关课程体系的建设,结合嵌入式系统的特点,在课程内容设计、师资队伍建设、教学方法探索、教学条件和实验体系建设等方面取得了较好成效。

嵌入式Linux是嵌入式领域内重要的操作系统,是ARM Cortex-A系列微处理器上重要的操作系统之一,也是嵌入式系统领域和物联网领域内出色的操作系统之一。当前谷歌公司还针对嵌入式系统(基于嵌入式Linux、Android、iOS)推出了适用于机器学习的TensorFlow Lite开发框架,极大地增强了嵌入式人工智能的应用前景。

本书特色

(1) 深挖嵌入式Linux与桌面Linux、服务器Linux的异同,完全根据嵌入式系统的特点阐述嵌入式Linux的各方面知识,并与时俱进地介绍主线内核版本的新兴技术。

(2) 嵌入式Linux需要底层硬件支持。本书采用ARMv7版本的Cortex-A8处理器架构作为系统核心处理器架构,取代原有ARM7/ARM9处理器架构。ARM9架构作为国内嵌入式系统教学主要选择架构已超过十年,一方面在市场上已经难觅芯片其踪,另一方面国内高校ARM9实验平台也已经普遍超期服役,在未来两年内将迎来实验设备普遍更换的潮流。在更新设备的可选择资源中,Cortex-A8处理器架构的实验实训平台具有极高的性价比、良好的扩展性和众多嵌入式设备厂家支持,同时Cortex-A8处理器架构目前属于技术上稳定的处理器架构,有较多相关的嵌入式实验平台可供选择。因此选择Cortex-A8处理器架构作为教材主要介绍的处理器架构既是嵌入式市场的需求,也是理论教学和实验教学上与时俱进的需要。

(3) 与同类教材相比,增加Yocto Project开源项目、SQLite数据库和嵌入式人工智能TensorFlow Lite应用相关知识,以满足日益增长的嵌入式开源项目与人工智能数据处理需求,更符合计算机学科特点。

(4) 本书案例代码丰富,从编写小组自身从事的科研项目和实践活动出发,选择具有一定实用价值的项目实例。

本书内容

本书共9章。第1章介绍了嵌入式系统的基本概念、特点、分类、应用场景和发展趋势;第2章介绍了ARM处理器的系统结构;第3章介绍了Linux的基础知识;第4章介绍了嵌入式 Linux 开发环境的构建要点；第 5 章介绍了 ARM-Linux 内核相关知识；第 6 章介绍了 Linux 文件系统；第 7 章介绍了嵌入式 Linux 系统的移植过程和调试方法；第 8 章介绍了嵌入式 Linux 的驱动程序；第 9 章介绍了嵌入式 Linux 高级编程技术。

本书建议的课程教学包括课堂教学、课堂研讨、课堂及课后习题、实验 4 部分，包括 9 章的理论教学和 7 次实验。课内理论教学 58 学时、实验 14 学时。

配套资源

- 程序代码、工程文件等资源：扫描目录上方的"配套资源"二维码下载。
- 课件、大纲等资源：扫描封底的"书圈"二维码在公众号下载，或者到清华大学出版社官方网站本书页面下载。
- 微课视频（590 分钟，47 集）：扫描书中相应章节中的二维码在线学习。

注：请先扫描封底刮刮卡中的文泉云盘防盗码进行绑定后再获取配套资源。

在本书的编写过程中，王剑负责第 1 章、第 5～8 章的编写工作和全书的统稿，孙庆生负责第 2～4 章和第 9 章的编写工作。本书的编写也得到了叶玲和王子瑜小朋友的鼓励和支持，清华大学出版社的工作人员也给予了大力支持，在此表示衷心的感谢。

本书参考了国内外的许多技术资料，书末有具体的参考文献，有兴趣的读者可以查阅相关信息。

限于编者水平，书中错误或者不妥之处在所难免，敬请广大读者批评指正和提出宝贵意见。

王　剑
2023 年 3 月

课程教学内容及学习要求

章 节 内 容		思政融入点	要求			学时
			理解	掌握	分析与应用	
第1章 嵌入式系统概述	1.1 嵌入式系统简介	科技强军,大国重器,培养爱国精神	高			4
	1.2 嵌入式微处理器			高		
	1.3 嵌入式操作系统			高		
	1.4 嵌入式系统的应用领域和发展趋势		高			
第2章 ARM处理器体系结构	2.1 ARM处理器概述	国产芯片不断崛起,激发使命担当、家国情怀		高		6
	2.2 Cortex-A8处理器架构		高			
	2.3 Cortex-A8处理器工作模式和状态			高		
	2.4 Cortex-A8存储器管理			高		
	2.5 Cortex-A8异常处理			高		
第3章 Linux基础知识	3.1 Linux和Shell	严谨求实的科学精神		高		8
	3.2 常见Linux发行版本			中		
	3.3 Linux文件管理			高		
	3.4 Linux目录			高		
	3.5 Linux文件权限和访问模式			中		
	3.6 Linux环境变量			高		
	3.7 Linux yum命令			中		
	3.8 Linux apt命令			中		
第4章 嵌入式Linux开发环境搭建	4.1 vi编辑器	做好国产替代,解决"卡脖子"问题	高			6
	4.2 PC端设置:超级终端设置				高	
	4.3 虚拟机及系统配置服务				高	
第5章 ARM-Linux内核	5.1 ARM-Linux概述	国产嵌入式操作系统的进步,中国IT做大做强的必经之路	中			8
	5.2 ARM-Linux进程管理			高		
	5.3 ARM-Linux内存管理			高		
	5.4 ARM-Linux模块			高		
	5.5 ARM-Linux中断管理			高		
第6章 Linux文件系统	6.1 Linux文件系统概述	科学精神:客观评估模型有效性	高			4
	6.2 Ext2/Ext3/Ext4文件系统		中			
	6.3 嵌入式文件系统JFFS2			高		
	6.4 根文件系统				高	

续表

章 节 内 容		思政融入点	要　　求			学时
			理解	掌握	分析与应用	
第7章　嵌入式 Linux 系统移植及调试	7.1　BootLoader 基本概念与典型结构	国产 BootLoader 的发展，国产开源操作系统的革新	高			8
	7.2　U-boot			高		
	7.3　交叉开发环境的建立				高	
	7.4　交叉编译工具链				高	
	7.5　嵌入式 Linux 系统移植过程				高	
	7.6　GDB 调试器				高	
	7.7　远程调试			高		
	7.8　内核调试			高		
第8章　设备驱动程序设计	8.1　设备驱动程序开发概述	"工业 5.0"的必需部分，嵌入式 Linux 系统开发的核心部分之一	中			8
	8.2　内核设备模型			高		
	8.3　字符设备驱动设计框架				高	
	8.4　嵌入式网络设备驱动设计				高	
	8.5　网络设备驱动程序示例——网卡 DM9000 驱动程序分析				高	
第9章　嵌入式 Linux 高级编程	9.1　嵌入式 Linux 下的 socket 编程	学习华为艰苦奋斗、自力更生的精神			高	6
	9.2　Linux 多线程应用程序设计				高	
	9.3　一个简单的 Linux 驱动程序				高	
	9.4　通过 Yocto Project 构建 Linux				高	
	9.5　嵌入式人工智能 TensorFlow Lite				高	
	9.6　基于 ARM-Linux 的嵌入式 Web 服务器设计				高	
	9.7　嵌入式 Linux 中的 SQLite 应用				高	

目 录
CONTENTS

配套资源

嵌入式系统概述

进入 21 世纪,随着各种手持终端和移动设备的发展,嵌入式系统(embedded system)的应用已从早期的科学研究、军事技术、工业控制和医疗设备等专业领域逐渐扩展到日常生活的各个领域。在涉及计算机应用的各行各业中,90%左右的开发都涉及嵌入式系统的开发。嵌入式系统的应用对社会的发展起到了很大的促进作用,也为人们的日常生活带来了极大便利。

本章主要介绍嵌入式系统的基本知识,包括嵌入式系统的基本概念和特点、嵌入式微处理器和嵌入式操作系统,并在此基础上介绍嵌入式系统的应用领域和发展趋势。

1.1 嵌入式系统简介

视频讲解

1.1.1 嵌入式系统的产生

电子数字计算机诞生于 1946 年。在随后的漫长历史进程中,计算机始终是被放在特殊机房中、实现数值计算的大型昂贵设备。直到 20 世纪 70 年代,随着微处理器的出现,计算机应用才出现了历史性的变化,以微处理器为核心的微型计算机以其小型、廉价、高可靠性等特点,迅速走出机房,演变成大众化的通用计算装置。

另一方面,基于高速数值计算能力的微型计算机表现出的智能化水平引起了控制专业人士的兴趣,要求将微型计算机嵌入一个对象体系中,实现对对象体系的智能化控制。例如,将微型计算机经电气、机械加固,并配置各种外围接口电路,安装到大型舰船中构成自动驾驶仪或轮机状态监测系统。于是,现代计算机技术的发展,便出现了两大分支:以高速、海量的数值计算为主的计算机系统和嵌入对象体系中、以控制对象为主的计算机系统。为了加以区别,人们把前者称为通用计算机系统,而把后者称为嵌入式计算机系统。

通用计算机系统以数值计算和处理为主,包括巨型机、大型机、中型机、小型机、微型机等。其技术要求是实现高速、海量的数值计算,技术方向是总线速度的无限提升、存储容量的无限扩大。

嵌入式计算机系统以对象的控制为主,其技术要求是对对象的智能化控制,技术发展方向是提升与对象系统密切相关的嵌入性能、控制的可靠性等。随着嵌入式处理器的集成度越来越高、主频越来越高、机器字长越来越大、总线越来越宽、同时处理的指令条数越来越多,嵌入式计算机系统的性能也越来越强,它的应用早已突破传统的以控制为主的模式,在多媒体终端、移动智能终端、机器视觉、人工智能、边沿计算等领域都得到越来越多的应用。

1.1.2　嵌入式系统的定义、特点和分类

1. 嵌入式系统的定义

嵌入式系统诞生于微型机时代，其本质是将一个计算机嵌入一个对象体系中去，这是理解嵌入式系统的基本出发点。目前，国际国内对嵌入式系统的定义有很多。如国际电气和电子工程师协会(the Institute of Electrical and Electronics Engineers,IEEE)对嵌入式系统的定义为：嵌入式系统是用来控制、监视或者辅助机器、设备或装置运行的装置。而国内普遍认同的嵌入式系统的定义是：嵌入式系统是以应用为中心，以计算机技术为基础，软、硬件可裁剪，满足应用系统对功能、可靠性、成本、体积、功耗等方面特殊要求的专用计算机系统。

国际上对嵌入式系统的定义是一种广泛意义上的理解，偏重嵌入，将所有嵌入机器、设备或装置中，对宿主起控制、监视或辅助作用的装置都归类为嵌入式系统。而国内则对嵌入式系统的含义进行了收缩，明确指出嵌入式系统其实是一种计算机系统，围绕"嵌入对象体系中的专用计算机系统"加以展开，使其更加符合嵌入式系统的本质含义。"嵌入性""专用性""计算机系统"是嵌入式系统的3个基本要素，对象体系则是指嵌入式系统所嵌入的宿主系统。

与个人计算机这样的通用计算机系统不同，嵌入式系统通常执行的是带有特定要求的预先定义的任务，由于嵌入式系统通常都只针对一项特殊的任务，所以设计人员往往需要对它进行优化、减小尺寸、降低成本。

嵌入式系统与对象系统密切相关，其主要技术发展方向是满足嵌入式应用要求，不断扩展对象系统要求的外围电路(如 ADC、DAC、PWM、日历时钟、电源监测、程序运行监测电路等)，形成满足对象系统要求的应用系统。因此，嵌入式系统作为一个专用计算机系统，可理解为满足对象系统要求的计算机应用系统。

2. 嵌入式系统的特点

嵌入式系统的特点与定义不同，它是由定义中的3个基本要素衍生出来的。不同的嵌入式系统具有不同的特点。

与"嵌入性"相关的特点：由于是嵌入对象系统中，因此必须满足对象系统的环境要求，如物理环境(小型)、电气/气氛环境(可靠)、成本(价廉)等要求。

与"专用性"的相关特点：针对某个特定应用需求或任务设计；软、硬件的裁剪性；满足对象要求的最小软/硬件配置等。

与"计算机系统"相关的特点：嵌入式系统必须是能满足对象系统控制要求的计算机系统(嵌入式微处理器、ROM、RAM、其他外围设备等)。与前两个特点相呼应，这样的计算机必须配置有与对象系统相适应的机械、电子等接口电路。

需要注意的是，在理解嵌入式系统定义时，不要与嵌入式设备相混淆。嵌入式设备是指内部有嵌入式系统的产品、设备，如内含单片机的家用电器、仪器仪表、工控单元、机器人、手机、掌上电脑等。

3. 嵌入式系统的分类

嵌入式微处理器不能叫作真正的嵌入式系统，因为从本质上说嵌入式系统是一个嵌入

式的计算机系统,只有将嵌入式微处理器构成了一个计算机系统,并作为嵌入式应用时,这样的计算机系统才可称为嵌入式系统。因此,对嵌入式系统的分类不能以微处理器为基准进行分类,而应以嵌入式计算机系统为整体进行分类。根据不同的分类标准,可按形态和系统的复杂程度进行分类。

按其形态的差异,一般可将嵌入式系统分为芯片级(MCU、SoC)、板级(单板机、模块)和设备级(工控机)等3级。

按其复杂程度的不同,又可将嵌入式系统分为以下4类。

(1) 主要由微处理器构成的嵌入式系统,常常用于小型设备中(如温度传感器、烟雾和气体探测器及断路器)。

(2) 不带计时功能的微处理器装置,可在过程控制、信号放大器、位置传感器及阀门传动器等中找到。

(3) 带计时功能的组件,这类系统多见于开关装置、控制器、电话交换机、包装机、数据采集系统、医药监视系统、诊断及实时控制系统等。

(4) 在制造或过程控制中使用的计算机系统,也就是由工控机级组成的嵌入式计算机系统,是这4类系统中最复杂的一种,也是现代印刷设备中经常应用的一种。

1.1.3 嵌入式系统的典型组成

典型的嵌入式系统组成结构如图 1-1 所示,自底向上有嵌入式硬件系统、硬件抽象层、操作系统层以及应用软件层。

视频讲解

嵌入式硬件系统是嵌入式系统的底层实体设备,主要包括嵌入式微处理器、外围电路和外部设备。这里的外围电路主要指和嵌入式微处理器有较紧密关系的设备如时钟、复位电路、电源及存储器(NAND Flash、NOR Flash、SDRAM 等)等。在工程设计上往往将处理器和外围电路设计成核心板的形式,通过扩展接口与系统其他硬件部分相连接。外部设备形式多种多样,如 USB、液晶显示器、键盘、触摸屏等设备及其接口电路。外部设备及其接口在工程实践中通常设计成系统板(扩展板)的形式与核心板相连,向核心板提供如电源供应、接口功能扩展、外部设备使用等功能。

| 应用软件层 |
| 操作系统层 |
| 硬件抽象层 |
| 嵌入式硬件系统 |

图 1-1 典型的嵌入式
系统组成结构

硬件抽象层是设备制造商完成的与操作系统适配结合的硬件设备抽象层。该层包括引导程序 BootLoader、驱动程序、配置文件等组成部分。硬件抽象层最常见的表现形式是板级支持包(Board Support Package,BSP)。板级支持包是一个包括启动程序、硬件抽象层程序、标准开发板和相关硬件设备驱动程序的软件包,是由一些源代码和二进制文件组成的。对于嵌入式系统来说,它没有像 PC 那样具有广泛应用的各种工业标准,各种嵌入式系统的不同应用需求决定了它会选用的各种定制的硬件环境,这种多变的硬件环境决定了无法完全由操作系统来实现上层软件与底层硬件之间的无关性。而板级支持包的主要功能就在于配置系统硬件使其工作在正常状态,并且完成硬件与软件之间的数据交互,为操作系统及上层应用程序提供一个与硬件无关的软件平台。板级支持包对于用户(开发者)是开放的,用户可以根据不同的硬件需求对其进行改动或二次开发。

操作系统层是嵌入式系统的重要组成部分,提供了进程管理、内存管理、文件管理、图形界面程序、网络管理等重要系统功能。与通用计算机相比,嵌入式系统具有明显的硬件局限性,这也要求嵌入式操作系统具有编码体积小、面向应用、可裁剪和易移植、实时性强、可靠性高和特定性强等特点。嵌入式操作系统与嵌入式应用软件常组合起来对目标对象进行作用。

应用软件层是嵌入式系统的最顶层,开发者开发的众多嵌入式应用软件构成了目前数量庞大的应用市场。应用软件层一般作用在操作系统层之上,但是针对某些运算频率较低、实时性不高、所需硬件资源较少、处理任务较为简单的对象(如某些单片机运用)时可以不依赖于嵌入式操作系统。这个时候该应用软件往往通过一个无限循环结合中断调用来实现特定功能。

1.2 嵌入式微处理器

1.2.1 嵌入式微处理器简介

与 PC 等通用计算机系统一样,微处理器也是嵌入式系统的核心部件。但与全球 PC 市场不同的是,因为嵌入式系统的"嵌入性"和"专用性"特点,没有一种嵌入式微处理器和微处理器公司能主导整个嵌入式系统的市场,仅以 32 位的 CPU 而言,目前就有 100 种以上的嵌入式微处理器安装在各种应用设备上。鉴于嵌入式系统应用的复杂多样性和广阔的发展前景,很多半导体公司都在自主设计和大规模制造嵌入式微处理器。市面上的嵌入式微处理器通常可以分为以下几类。

1) 微控制器

推动嵌入式计算机系统走向独立发展道路的芯片,也称单片微型计算机,简称单片机。由于这类芯片的作用主要是控制被嵌入设备的相关动作,因此,业界常称这类芯片为微控制器(Microcontroller Unit, MCU)。这类芯片以微处理器为核心,内部集成了 ROM/EPROM、RAM、总线控制器、定时/计数器、看门狗定时器、I/O 接口等必要的功能和外设。为适应不同的应用需求,一般一个系列的微控制器具有多种衍生产品,每种衍生产品的处理器内核都一样,只是存储器和外设的配置及封装不一样。这样可以使微控制器能最大限度地和应用需求相匹配,并尽可能地减少功耗和成本。

微控制器的品种和数量很多,大约可以占到嵌入式微处理器市场份额的 70%。比较有代表性的通用系列包括 8051、P51XA、MCS-251、MCS-96/196/296、C166/167、MC68HC05/11/12/16、68300 等。

2) 嵌入式 DSP

嵌入式 DSP(Embedded Digital Signal Processor, EDSP)处理器在微控制器的基础上对系统结构和指令系统进行了特殊设计,使其适合执行 DSP 算法并提高了编译效率和指令的执行速度。在数字滤波、FFT、谱分析等方面,DSP 算法正大量进入嵌入式领域,使 DSP 应用从早期的在通用单片机中以普通指令实现 DSP 功能,过渡到采用嵌入式 DSP 处理器的阶段。

目前,比较有代表性的嵌入式 DSP 处理器有 Texas Instruments 的 TMS320 系列和 Motorola 的 DSP56000 系列等。

3) 嵌入式微处理器

嵌入式微处理器(Embedded Microprocessor Unit, EMPU)由通用计算机的微处理器演变而来。在嵌入式应用中,嵌入式微处理器去掉了多余的功能部件,而只保留与嵌入式应用紧密相关的功能部件,以保证它能以最低的资源和功耗满足嵌入式的应用需求。

与通用微处理器相比,嵌入式微处理器具有体积小、成本低、可靠性高、抗干扰性好等特点。但由于芯片内部没有存储器和外设接口等嵌入式应用所必需的部件,因此,必须在电路板上扩展 ROM、RAM、总线接口和各种外设接口等器件,从而降低了系统的可靠性。

与微控制器和嵌入式 DSP 相比,嵌入式微处理器具有较高的处理性能,但价格相对也较高。比较典型的嵌入式微处理器有 Am186/88、386EX、SC-400、PowerPC、68000、MIPS、RISC-V 和 ARM 系列等。

4) 嵌入式片上系统

片上系统(System on a Chip,SoC)是专用集成电路(Application Specific Integrated Circuits,ASIC)设计方法学中产生的一种新技术,是指以嵌入式系统为核心,以 IP (Intellectual Property)复用技术为基础,集软、硬件于一体,并追求产品系统最大包容的集成芯片。从狭义上理解,可以将它翻译为"系统集成芯片",指在一个芯片上实现信号采集、转换、存储、处理和 I/O 等功能,包含嵌入式软件及整个系统的全部内容。从广义上理解,可以将它翻译为"系统芯片集成",指一种芯片设计技术,可以实现从确定系统功能开始,到软、硬件划分,并完成设计的整个过程。

片上系统一般包括系统级芯片控制逻辑模块、微处理器/微控制器 CPU 内核模块、数字信号处理器 DSP 模块、嵌入的存储器模块、与外部进行通信的接口模块、含有 ADC/DAC 的模拟前端模块、电源提供和功耗管理模块等,是一种具备特定功能、服务于特定市场的软件和集成电路的混合体。比如 WLAN 基带芯片、便携式多媒体芯片、DVD 播放机解码芯片等。

片上系统技术始于 20 世纪 90 年代中期。随着半导体制造工艺的发展、EDA 的推广和 VLSI 设计的普及,IC 设计者能够将愈来愈复杂的功能集成到单个硅晶片上。和许多其他嵌入式系统外设一样,SoC 设计公司将各种通用微处理器内核设计为标准库,成为 VLSI 设计中的一种标准器件,用标准的 VHDL 等硬件语言描述存储在器件库中。设计时,用户只需定义出整个应用系统,仿真通过后就可以将设计图交给半导体工厂制作样品。这样,除个别无法集成的器件以外,整个嵌入式系统的大部分部件都可以集成到一块或几块芯片中,这使得应用系统的电路板变得非常简洁,对减小体积和功耗、提高可靠性非常有利。

1.2.2　主流嵌入式微处理器

一般来说,嵌入式微处理器具有以下 4 个特点。

(1)大量使用寄存器,对实时多任务有很强的支持能力,能完成多任务并且有较短的中断响应时间,从而使内部的代码和实时内核的执行时间减到最低限度。结构上采用 RISC 结构形式。

(2) 具有功能很强的存储区保护功能。这是由于嵌入式系统的软件结构已模块化,而为了避免在软件模块之间出现错误的交叉作用,需要设计强大的存储区保护功能,同时也有利于软件诊断。

(3) 可扩展的处理器结构,最迅速地扩展出满足应用的最高性能的嵌入式微处理器。如 ARM 微处理器支持 ARM(32 位)和 Thumb(16 位)双指令集,兼容 8 位/16 位器件。

（4）小体积、低功耗、成本低、高性能。嵌入式处理器功耗很低，用于便携式的无线及移动的计算和通信设备中，电池供电的嵌入式系统要求功耗只有毫瓦（mW）甚至微瓦（μW）级。

嵌入式微处理器有许多不同的体系，即使在同一体系中也可能具有不同的时钟速度和总线数据宽度、集成不同的外部接口和设备，因而形成不同品种的嵌入式微处理器。据不完全统计，目前全世界嵌入式微处理器的品种总量已经超过千种，有几十种嵌入式微处理器体系。

主流的嵌入式微处理器体系有 ARM、MIPS、MPC/PPC、SH、x86 和 RISC-V 等。

（1）ARM 系列嵌入式微处理器。ARM 是 Advanced RISC Machines 的缩写，它是一家微处理器行业的知名企业，该企业设计了大量高性能、廉价、耗能低的 RISC（精简指令集计算机）处理器。ARM 公司只设计芯片，而不生产芯片。它将技术授权给世界上许多著名的半导体、软件和 OEM 厂商，并提供服务。通常所说的 ARM 微处理器，其实是采用 ARM 知识产权（IP）核的微处理器。以该类微处理器为核心构成的嵌入式系统已遍及工业控制、通信系统、网络系统、无线系统和消费类电子产品等各领域产品市场，ARM 微处理器占据了 32 位 RISC 微处理器 75% 以上的市场份额。关于 ARM 微处理器的相关知识，本书将在第 2 章中进行详细介绍。

（2）MIPS 系列嵌入式微处理器。MIPS 是由斯坦福（Stanford）大学 John Hennery 教授领导的研究小组研制出来的，是一种 RISC 处理器。MIPS 的意思是"无互锁流水级的微处理器"（Microprocessor without Interlocked Piped Stages），其机制是尽量利用软件办法避免流水线中的数据相关问题。和 ARM 公司一样，MIPS 公司本身并不从事芯片的生产活动（只进行设计），其他公司要生产该芯片就必须得到 MIPS 公司的许可。MIPS 系列嵌入式微处理器大量应用在通信网络设备、办公自动化设备、游戏机等消费电子产品中。

（3）MPC/PPC 系列嵌入式微处理器。该系列主要由 Motorola（后来为 Freescale）和 IBM 推出：Motorola 推出了 MPC 系列，如 MPC8XX；IBM 推出了 PPC 系列，如 PPC4XX。MPC/PPC 系列的嵌入式微处理器主要应用在通信、消费电子及工业控制、军用装备等领域。

（4）SH（SuperH）系列嵌入式微处理器。SuperH 是一种性价比高、体积小、功耗低的 32 位或 64 位 RISC 嵌入式微处理器核，它可以广泛地应用到消费电子、汽车电子、通信设备等领域。SuperH 产品线包括 SH1、SH2、SH2-DSP、SH3、SH3-DSP、SH4、SH5 及 SH6，其中 SH5、SH6 是 64 位的。

（5）x86 系列微处理器。x86 系列的微处理器主要由 AMD、Intel、NS、ST 等公司提供，如 Am186/88、Elan520、嵌入式 K6、386EX、STPC、Intel Atom 系列等，主要应用在工业控制、通信等领域。如 Intel 公司推出的 Atom 处理器则主要应用在移动互联网设备中。

（6）RISC-V 系列微处理器。过去二十年，ARM 在移动和嵌入式领域成果丰硕，在物联网领域正逐渐确定其市场地位，其他商用架构（如 MIPS）逐渐消亡。不仅如此，ARM 还在进军 Intel 的 x86 市场，并且已经对传统 PC 和服务器领域造成一定压力。RISC-V 开源指令集的出现，迅速引起了产业界的广泛关注，科技巨头很看重指令集架构（CPU ISA）的开放性，各大公司正在积极寻找 ARM 之外的第二选择，RISC-V 是当前的最佳选择。

1.3　嵌入式操作系统

　　嵌入式操作系统是一种支持嵌入式系统应用的操作系统软件,它是嵌入式系统的极为重要的组成部分,通常包括与硬件相关的底层驱动软件、系统内核、设备驱动接口、通信协议、图形用户界面及标准化浏览器等。与通用操作系统相比较,嵌入式操作系统在系统实时高效性、硬件的相关依赖性、软件固化及应用的专用性等方面有突出的优点。

　　嵌入式系统有高、低端应用两种模式。低端应用以单片机或专用计算机为核心所构成的可编程控制器的形式存在,一般没有操作系统的支持,具有监控、伺服、设备指示等功能,带有明显的电子系统设计特点。这种系统大部分应用于各类工业控制和飞机、导弹等武器装备中,通过汇编语言或 C 语言程序对系统进行直接控制,运行结束后清除内存。这种应用模式的主要特点是:系统结构和功能相对单一、处理效率较低、存储容量较小、几乎没有软件的用户接口,比较适合于各专用领域。

　　高端应用以嵌入式 CPU 和嵌入式操作系统及各应用软件所构成的专用计算机系统的形式存在。其主要特点是:硬件出现了不带内部存储器和接口电路的高可靠、低功耗嵌入式 CPU,如 Power PC、ARM 等。软件由嵌入式操作系统和应用程序构成。嵌入式操作系统通常包括与硬件相关的底层驱动软件、系统内核、设备驱动接口、通信协议、图形界面和标准化浏览器等,能运行于各种不同类型的微处理器上,具有编码体积小、面向应用、可裁剪和移植、实时性强、可靠性高、专用性强等特点,并具有大量的应用程序接口(API)。

　　具体到实际应用中,嵌入式操作系统常由用户根据系统的实际需求定制出来,体积小巧、功能专一,这是嵌入式操作系统最大的特点。

　　常见的嵌入式操作系统有嵌入式 Linux、Windows CE、Huawei LiteOS、Android、μC/OS-Ⅱ、VxWorks 等。

1.3.1　嵌入式 Linux

视频讲解

　　Linux 操作系统诞生于 1991 年 10 月 5 日,是一套免费使用和自由传播的类 UNIX 操作系统,是一个基于 POSIX 和 UNIX 的多用户、多任务、支持多线程和多 CPU 的操作系统,支持 32 位和 64 位硬件。Linux 继承了 UNIX 以网络为核心的设计思想,是一个性能稳定的多用户网络操作系统。Linux 存在着许多不同的 Linux 版本,但它们都使用了 Linux 内核。严格来讲,Linux 这个词本身只表示 Linux 内核,但实际上人们已经习惯了用 Linux 来代表整个基于 Linux 内核、并且使用 GNU 工程各种工具和数据库的操作系统。

　　嵌入式 Linux(Embedded Linux)是指对标准 Linux 经过小型化裁剪处理之后,能够固化在容量只有几兆字节甚至几万字节的存储器或者单片机中,适合于特定嵌入式应用场合的专用 Linux 操作系统。嵌入式 Linux 的开发和研究是操作系统领域中的一个热点,目前已经开发成功的嵌入式操作系统中,大约有一半使用的是 Linux。Linux 对嵌入式系统的支持极佳,主要是由于 Linux 具有相当多的优点。如 Linux 内核具有很好的高效和稳定性,设计精巧,可靠性有保证,具有可动态模块加载机制,易裁剪,移植性好。Linux 支持多种体系结构,如 x86、ARM、MIPS 等,目前已经成功移植到数十种硬件平台,几乎能够运行在所有流行的 CPU 上,而且有着非常丰富的驱动程序资源。Linux 系统开放源代码,适合自由传播与开发,对于嵌入式系统十分适合,而且 Linux 的软件资源十分丰富,在 Linux 上可以找到大多数通用程序,并且数量还在不断增加。Linux 具有完整的良好的开发和调试工具,嵌入式 Linux 为开发者提供了一套完整的工具链(Tool Chain),它利用 GNU 的 GCC 做编译器,用 gdb、kgdb 等作为调试工具,能够很方便地实现从操作系统内核到用户态应用软件各个级别的调试。具体到处理器如 ARM,选择基于 ARM 的 Linux,可以得到更多的开发源代码的应用,可以利用 ARM 处理器的高性能开发出更广阔的网络和无线应用,ARM 的 Jazelle 技术带来 Linux 平台下 Java 程序更好的性能表现。ARM 公司的系列开发工具和开发板,以及各种开发论坛的可利用信息使得产品上市时间更短。

与桌面 Linux 众多的发行版本一样,嵌入式 Linux 也有各种版本。有些是免费软件,有些是付费的。每个嵌入式 Linux 版本都有自己的特点,下面介绍一些常见的嵌入式 Linux 版本。

1. RT-Linux

大多数的嵌入式设备,要求操作系统内核要具备实时性,因为很多的关键性操作,必须在有限的时间内完成,否则将失去意义。内核的实时性包含很多层面的意思。首先是中断响应的实时性,一旦外部中断发生,操作系统必须在足够短的时间内响应中断并做出处理。其次是线程或任务调度的实时性,一旦任务或线程所需的资源或进一步运行的条件准备就绪,必须能够马上得到调度。显然,基于非抢占式调度方式的内核很难满足这些实时性要求。比如 RT-Thread nano 就是一个硬实时操作系统。而 Huawei LiteOS 是一款"软实时"操作系统(实时操作系统根据任务执行的实时性,分为"硬实时"操作系统和"软实时"操作系统。"硬实时"操作系统必须使任务在确定的时间内完成。"软实时"操作系统能让绝大多数任务在确定时间内完成。"硬实时"操作系统比"软实时"操作系统响应更快、实时性更高,"硬实时"操作系统大多应用于工业领域)。

RT-Linux(Real-Time Linux)是美国墨西哥理工学院开发的嵌入式 Linux 操作系统。它的最大特点就是具有很好的实时性,已经被广泛应用在航空航天、科学仪器、图像处理等众多领域。RT-Linux 的设计十分精妙,它并没有为了突出实时操作系统的特性而重写 Linux 内核,而是把标准的 Linux 内核作为实时核心的一个进程,同用户的实时进程一起调度。这样对 Linux 内核的改动就比较小,而且充分利用了 Linux 的资源。

2. μCLinux

μCLinux(micro-Control-Linux)继承了标准 Linux 的优良特性,是一个代码紧凑、高度优化的嵌入式 Linux 产品。μCLinux 是 Lineo 公司的产品,是开放源代码的嵌入式 Linux 的典范之作。编译后目标文件可控制在几百 KB 数量级,并已经被成功地移植到很多平台上。μCLinux 是专门针对没有 MMU 的处理器而设计的,即 μCLinux 无法使用处理器的虚拟内存管理技术。μCLinux 采用实存储器管理策略,通过地址总线对物理内存进行直接访问。

3. 红旗嵌入式 Linux

红旗嵌入式 Linux 是北京中科红旗软件技术有限公司的产品,是国内做得较好的一款嵌入式操作系统。该款嵌入式操作系统重点支持 p-Java。系统目标一方面是小型化,另一方面是能重用 Linux 的驱动和其他模块。红旗嵌入式 Linux 的主要特点有:

- 精简内核,适用于多种常见的嵌入式 CPU。
- 提供完善的嵌入式 GUI 和嵌入式 X-Window。
- 提供嵌入式浏览器、邮件程序和多媒体播放程序。

- 提供完善的开发工具和平台。

1.3.2 Windows CE

视频讲解

Windows CE 是微软开发的一个开放的、可升级的 32 位嵌入式操作系统,是基于掌上型电脑类的电子设备操作,它是精简的 Windows 95。Windows CE 的图形用户界面相当出色。Windows CE 具有模块化、结构化和基于 Win32 应用程序接口以及与处理器无关等特点。Windows CE 不仅继承了传统的 Windows 图形界面,并且在 Windows CE 平台上可以使用 Windows 95/98 上的编程工具(如 Visual Basic、Visual C++等),使绝大多数的应用软件只需简单地修改和移植就可以在 Windows CE 平台上继续使用。

它拥有多线程、多任务、确定性的实时、完全抢先式优先级的操作系统环境,专门面向只有有限资源的嵌入式硬件系统。同时,开发人员可以根据特定硬件系统对 Windows CE 操作系统进行裁剪、定制。目前 Windows CE 被广泛用于各种嵌入式智能设备的开发。

1.3.3 Huawei LiteOS

视频讲解

Huawei LiteOS 是华为面向物联网领域开发的一个基于实时内核的轻量级操作系统。Huawei LiteOS 现有基础内核支持任务管理、内存管理、时间管理、通信机制、中断管理、队列管理、事件管理、定时器等操作系统基础组件,更好地支持低功耗场景,支持 tickless 机制,支持定时器对齐。

Huawei LiteOS 同时通过 LiteOS SDK 提供端云协同能力,集成了 LwM2M、CoAP、mbedtls、LwIP 全套 IoT 互联协议栈,且在 LwM2M 的基础上,提供了 AgentTiny 模块,用户只需关注自身的应用,而不必关注 LwM2M 的实现细节,直接使用 AgentTiny 封装的接口即可简单快速实现与云平台安全可靠的连接。

LiteOS 目前支持包括 ARM、x86、RISC-V 等在内的多种处理器架构,对 Cortex-M0、Cortex-M3、Cortex-M4、Cortex-M7 等芯片架构具有非常好的适配能力,LiteOS 支持 30 多种开发板,其中包括 ST、NXP、GD、MIDMOTION、SILICON、ATMEL 等主流厂商的开发板。

视频讲解

LiteOS 操作系统采用 1+N 架构。这个"1"指的是 LiteOS 内核,它包括基础内核和扩展内核,部分开源,提供物联网设备端的系统资源管理功能。"N"是指 N 个中间件,其中最重要的是互联互通框架、传感框架、安全框架、运行引擎和 JavaScript 框架等。

1.3.4 Android

Android 是一种基于 Linux 的自由及开放源代码的操作系统,主要应用于移动设备,如智能手机和平板电脑,由 Google 公司和开放手机联盟领导及开发。Android 操作系统最初由 Andy Rubin 开发,主要支持手机。2005 年 8 月,由 Google 收购注资。2007 年 11 月,Google 公司与 84 家硬件制造商、软件开发商及电信营运商组建开放手机联盟共同研发改良 Android 系统。随后 Google 公司以 Apache 开源许可证的授权方式,发布了 Android 的源代码。2013 年 9 月 24 日,Google 公司开发的操作系统 Android 迎来了 5 岁生日,当时全世界采用这款系统的设备数量已经达到 10 亿台。

在优势方面,Android 平台首先就是其开放性,开放的平台允许任何移动终端厂商加入 Android 联盟中。其次,Android 平台具有丰富的硬件支持,提供了一个十分宽泛、自由的开发环境。最后由于 Google 公司的支持，使得 Android 平台对于互联网 Google 应用具有很好的对接。

1.3.5　μC/OS-Ⅱ

视频讲解

μC/OS-Ⅱ操作系统是一个可裁剪的、抢占式实时多任务内核，具有高度可移植性。特别适用于微处理器和微控制器，是与很多商业操作系统性能相当的实时操作系统。μC/OS-Ⅱ是一个免费的、源代码公开的实时嵌入式内核，其内核提供了实时系统所需要的一些基本功能。其中，包含全部功能的核心部分代码占用 8.3KB，全部的源代码约 5500 行，非常适合初学者进行学习分析。而且由于 μC/OS-Ⅱ是可裁剪的，所以用户系统中实际的代码最少可达 2.7KB。由于 μC/OS-Ⅱ的开放源代码特性，使用户可针对自己的硬件优化代码，获得更好的性能。μC/OS-Ⅱ是在 PC 上开发的，C 编辑器使用的是 Borland C/C++ 3.1 版。

1.3.6　VxWorks

VxWorks 操作系统是美国 WindRiver 公司于 1983 年设计开发的一种嵌入式实时操作系统(RTOS)，是嵌入式开发环境的重要组成部分。良好的持续发展能力、高性能的内核及友好的用户开发环境，使其在嵌入式实时操作系统领域占据一席之地。它以其良好的可靠性和卓越的实时性被广泛地应用在通信、军事、航空、航天等高精尖技术及实时性要求极高的领域中，VxWorks 是目前嵌入式系统领域中使用最广泛、市场占有率最高的实时系统。VxWorks 具有高度可靠性、高实时性、可裁剪性好等十分有利于嵌入式开发的特点。

1.3.7　RT-Thread

RT-Thread(Real Time-Thread)是一个集实时操作系统(RTOS)内核、中间件组件和开发者社区于一体的技术平台，RT-Thread 也是一个组件完整丰富、高度可伸缩、简易开发、超低功耗、高安全性的嵌入式/物联网操作系统。RT-Thread 具备一个 IoT OS 平台所需的所有关键组件，例如图形用户界面(GUI)、网络协议栈、安全传输、低功耗组件等。经过十多年的发展，RT-Thread 已经拥有一个国内最大的嵌入式开源社区，同时被广泛应用于能源、车载、医疗、消费电子等多个行业，累计装机量超过两千万台，成为国人自主开发、国内最成熟稳定和装机量最大的开源 RTOS。

RT-Thread 系统完全开源，3.1.0 及以前的版本遵循 GPL V2＋开源许可协议。从 3.1.0以后的 RT-Thread 版本遵循 Apache License 2.0 开源许可协议，其实时操作系统内核及所有开源组件可以免费在商业产品中使用，不需要公布应用程序源代码，没有潜在的商业风险。

1.4　嵌入式系统的应用领域和发展趋势

1.4.1　嵌入式系统的应用领域

嵌入式系统可应用在工业控制、交通管理、信息家电、家庭智能管理系统、物联网、电子商务、环境监测和机器人等众多方面。比如目前绝大部分的无线设备(如手机等)都采用了嵌入式技术。在掌上电脑一类的设备中，嵌入式微处理器针对视频流进行了优化，从而获得了在数字音频播放器、数字机顶盒和游戏机等领域的广泛应用。在汽车领域中，包括驾驶、安全和车载娱乐等各种功能在内的车载设备,可用多个嵌入式微处理器将其功能统一实现。在工业和服务领域中,大量嵌入式技术也已经应用于工业控制、数控机床、智能工具、工业机器人、服务机器人等各个行业。这些技术的应用,正逐渐改变传统的工业生产和服务方式。

1.4.2 嵌入式系统的发展趋势

人们对嵌入式系统的要求是在经济性上系统价位要适中,使更多的人能够负担得起;要小(微)型化,使人们携带方便;要可靠性强,能适应不同环境条件下可靠运行;要能够迅速地完成数据计算或数据传输;要智能性高(如知识推理、模糊识别、感知运动等),使人们用起来更简单方便。下面对未来嵌入式系统发展趋势中的几个重要方面进行简要介绍。

1. 嵌入式应用的开发需要更加强大的开发工具与操作系统的支持

嵌入式开发是一项系统工程,因此要求厂商不仅提供嵌入式软、硬件系统本身,同时还需要提供强大的硬件开发工具和软件包支持。为了满足应用功能的升级要求,设计师们一方面采用更强大的嵌入式处理器,如 32 位、64 位 RISC 芯片或 DSP 增强处理能力;另一方面采用实时多任务编程技术和交叉开发技术来控制功能复杂性,简化应用程序设计,保障软件质量和缩短开发周期。以 ARM 公司为例,继 SDT、ADS 之后相继推出了功能更强大的 RVDS 和 DS5 开发集成环境,为不同应用层次、适用领域的嵌入式系统提供了从低端到高端的开发工具。

2. 嵌入式系统与物联网的深度融合

物联网技术的发展进一步刺激了嵌入式系统的联网性能的发展。网络化、信息化的要求随着互联网技术的成熟、带宽的提高而日益提高,使得以往单一功能的设备,如电话、手机、冰箱、微波炉等都产生了联网需要。而嵌入式系统在物联网技术发展中从终端节点,到网关节点,到服务器端都有很大的发展空间。

3. 可穿戴设备与嵌入式系统的紧密结合

可穿戴设备是未来电子系统的一个重要发展领域。这要求嵌入式系统在精简系统内核、算法,设备实现小尺寸、微功耗和低成本方面必须具有更大的发展和突破。

4. 更加友好的 UI 设计

嵌入式系统需要具有更加高效的、友好的人机界面。人与信息终端交互多采用以屏幕为中心的多媒体界面表达,这使得各厂商和开发团队必须研发出更加无障碍化及能够高效使用的 UI 工具。

5. 嵌入式与人工智能的契合发展

AIoT(人工智能物联网)作为新一轮产业变革的核心驱动力,AI 硬件和软件层的共同创新,将带来人工智能应用的变革。尤其在人工智能终端设备领域,软件和硬件的结合越来越紧密。"AI+软件+硬件"已成为核心战略,嵌入式人工智能是大势所趋。这正深刻地改变着人们的生产生活方式,也在不断地为经济社会发展注入新动能。

1.5 本章小结

嵌入式计算机技术是 21 世纪计算机技术重要发展方向之一。近年来,嵌入式系统技术得到了广泛的应用和爆发性的增长,普适计算、无线传感器、可重构计算、物联网、云计算、人工智能等新兴技术的出现又为嵌入式系统技术的研究与应用注入了新的活力。本章首先介绍嵌入式系统的基础概念、特点及分类，然后介绍嵌入式微处理器和嵌入式操作系统，并在此基础上介绍嵌入式系统的应用领域和未来发展趋势。

习题

1. 国内对嵌入式系统的定义是什么？
2. 嵌入式系统有哪些基本要素？
3. 现代计算机系统的两大分支是什么？
4. 按嵌入式系统的复杂程度进行分类，可将嵌入式系统分为哪几类？
5. 嵌入式系统一般可以应用到哪些领域？
6. 简述嵌入式系统的发展趋势。
7. 嵌入式系统的基本架构主要包括哪几部分？
8. 举例说明嵌入式系统与通用计算机系统的主要差异体现在哪些方面。
9. 嵌入式微处理器一般分为哪几种类型？各有什么特点？
10. 嵌入式操作系统按实时性分为几种类型？各有什么特点？

## 第 2 章

ARM 处理器体系结构

ARM(Advanced RISC Machines)处理器是一种 RISC(精简指令集计算机)结构的高性价比、低功耗处理器,广泛用于各种嵌入式系统设计中,是当前与嵌入式 Linux 结合使用最好的硬件平台。目前,各种采用 ARM 技术知识产权(IP 核)的 ARM 微处理器,已遍及工业控制、消费类电子产品、通信系统、网络系统、无线系统等各类产品市场,基于 ARM 技术的微处理器应用约占据了 32 位 RISC 微处理器 80％以上的市场份额,ARM 技术正在逐步渗入到人们生活的各个方面。本章首先介绍 ARM 体系结构的不同版本以及比较有代表性的 ARM 产品,然后重点介绍 ARM Cortex-A8 处理器的组成结构、寄存器组织、运行模式和状态以及存储管理方法,最后对 ARM Cortex-A8 处理器的异常管理进行了说明。

2.1 ARM 处理器

2.1.1 ARM 处理器简介

视频讲解

按指令系统进行分类,嵌入式微处理器可分为精简指令集计算机(Reduced Instruction Set Computer,RISC)系统和复杂指令集计算机(Complex Instruction Set Computer,CISC)系统两大类。RISC 是计算机中央处理器的一种设计模式,这种设计思路对指令数目和寻址方式都做了精简,使其更容易实现,指令并行执行程度更好,编译器的效率更高。常用的 RISC 微处理器包括 DECAlpha、ARC、ARM、AVR、MIPS、PA-RISC、PowerArchitecture(包括 PowerPC)、RISC-V 和 SPARC 等。RISC 结构一般具有如下特点:

(1)单周期执行。它统一使用单周期指令,从根本上克服了 CISC 指令周期的数目有长有短造成的运行中的偶发不确定性和运行失常的问题。

(2)采用高效的流水线操作。指令在流水线中并行操作,提高了处理数据和指令的速度。

(3)无微代码的硬连线控制。微代码的使用会增加复杂性和每条指令的执行周期。

(4)指令格式的规格化和简单化。为与流水线结构相适应且提高流水线的效率,指令的格式必须趋于简单和固定的规式。此外,尽量减少寻址方式,从而使硬件逻辑部件简化且缩短译码时间,同时提高了机器执行效率和可靠性。

(5)采用面向寄存器组的指令。RISC 结构采用大量的寄存器-寄存器操作指令,使指令系统更为精简。控制部件更为简化,指令执行速度大幅提高。

（6）采用 Load/Store(装载/存储)指令结构。在 CISC 结构中,大量设置存储器操作的指令频繁地访问内存,将会使执行速度降低。在 RISC 结构的指令系统中,只有装载/存储指令可以访问内存,而其他指令均在寄存器之间对数据进行处理。

（7）注重编译的优化,力求有效地支撑高级语言程序。

1991 年成立于英国剑桥的 ARM 公司是专门从事基于 RISC 技术芯片设计开发的公司,作为知识产权供应商,主要出售 ARM 芯片的设计许可(IP core),本身不直接从事芯片生产。从 ARM 公司购买了 IP 核的半导体生产商再根据各自不同的应用领域,加入合适的外围设备和电路,生产出基于 ARM 处理器核的各种微控制器和中央处理器投入市场。全世界有几十家规模大的半导体公司包括高通、三星、华为等都使用 ARM 公司的授权,因此既使得 ARM 技术获得更多的第三方工具、制造、软件的支持,又使整个系统成本降低,使产品更容易进入市场被消费者所接受,更具有竞争力。

ARM 主要采用 32 位指令集,占据了 32 位 RISC 处理器 80% 的市场。采用 RISC 架构的 ARM 微处理器一般具有如下特点:

- 体积小、低功耗、低成本、高性能。
- 支持 Thumb(16 位)/ARM(32 位)双指令集,能很好地兼容 8 位/16 位器件。
- 大量使用寄存器,指令执行速度更快。
- 大多数数据操作都在寄存器中完成。
- 寻址方式灵活简单,执行效率高。
- 指令长度固定。

2.1.2 ARM 体系结构发展

一种 CPU 的体系结构定义了其支持的指令集和基于该体系结构的处理器编程模型。在相同的体系结构下,由于所面向的应用不同,对性能的要求不同,会有多种处理器。

到目前为止,ARM 处理器的体系结构发展了 v1~v8 共 8 个版本,ARM 体系结构及对应的内核如表 2-1 所示。

表 2-1 ARM 体系结构及对应的内核

体 系 结 构	ARM 内核版本
v1	ARM1
v2	ARM2
v2a	ARM2aS、ARM3
v3	ARM6、ARM600、ARM610、ARM7、ARM700、ARM710
v4	Strong ARM、ARM8、ARM810
v4T	ARM7TDMI、ARM720T、ARM740T、ARM9TDMI、ARM920T、ARM940T
v5TE	ARM9E-S、ARM10TDMI、ARM1020E
v6	ARM11、ARM1156T2-S、ARM1156T2F-S、ARM1176JZF-S、ARM11JZF-S
v7	ARM Cortex-M、ARM Cortex-R、ARM Cortex-A
v8	Cortex-A53/57、Cortex-A72 等

ARM 早期版本已经不具有实用意义,下面主要介绍 ARM 体系结构从 v4 版本开始的不同版本的情况。

1. v4 版本

该版本是目前应用较为广泛的 ARM 体系结构,ARM7、ARM9、StrongARM 等都采用该结构。它的主要特点有:

(1) 增加了对有符号、无符号半字及有符号字节的存/取指令。

(2) 增加了 T 变种,引入 Thumb 状态,处理器工作在该状态下时,指令集为新增的 16 位 Thumb 指令集。

(3) 增加了系统模式,该模式下处理器使用用户寄存器。

(4) 完善了软件中断(SWI)指令功能。

(5) 把一些未使用的指令空间捕获为未定义指令。

2. v5 版本

v5 版本在 v4 版本的基础上增加了一些新的指令。ARM9E、ARM10 和 Intel 的 XScale 处理器都采用该版本结构。它的主要特点有:

(1) 改进了 ARM 指令集和 Thumb 指令集的混合使用效率。

(2) 增加了带有链接和交换的转移指令(BLX)、计数前导零指令(CLZ)、软件断点指令(BKPT)。

(3) v5TE 版本中增加了 DSP(数字信号处理)指令集,包括全部算法和 16 位指令集。支持新的 Java,提供字节代码执行的硬件和优化软件加速性能。

3. v6 版本

v6 版本于 2001 年发布,并应用在 2002 年发布的 ARM11 处理器中。该版本降低耗电量的同时提高了图像处理能力,适合无线和消费类电子产品。它的主要特点有:

(1) 支持多微处理器内核。

(2) 采用 Thumb 代码压缩技术。

(3) 引入 Jazelle 技术,提高了 Java 性能,降低了 Java 应用程序对内存的空间占用。

(4) 通过 SIMD(单指令多数据流)技术,提高了音频/视频处理能力。

4. v7 版本

v7 版本架构是在 v6 版本的基础上诞生的,对于早期的 ARM 处理器软件提供了较好的兼容性。它的主要特点有:

(1) 采用了在 Thumb 代码压缩技术上发展的 Thumb-2 技术,比纯 32 位代码减少了 31% 的内存占用,减小了系统开销,能够提供比基于 Thumb 技术的解决方案高出 38% 的性能。

(2) 首次采用 NEON 信号处理扩展集,它是一个结合 64 位和 128 位的 SIMD 指令集,对 H.264 和 MP3 等媒体解码提供加速,将 DSP 和媒体处理能力提高了近 4 倍,并支持改良的浮点运算。

(3) 支持改良的运行环境,迎合不断增加的 JIT(Just In Time)和 DAC(Dynamic Adaptive Compilation)技术的使用。

该架构定义了三大系列。

(1) Cortex-A 系列:面向基于虚拟内存的操作系统和用户应用,主要用于运行各种嵌入式操作系统(Linux、Windows CE、Android、Symbian 等)的消费娱乐和无线产品。

(2) Cortex-M 系列:主要面向微控制器领域,用于对成本和功耗敏感的终端设备,如智能仪器仪表、汽车和工业控制系统、家用电器、传感器、医疗器械等。

（3）Cortex-R 系列：该系列主要用于具有严格的实时响应限制的深层嵌入式实时系统。

5. v8 版本

2011 年 11 月，ARM 公司发布了新一代处理器架构 ARMv8 的部分技术细节，这是 ARM 公司的首款支持 64 位指令集的处理器架构，将被首先用于对扩展虚拟地址和 64 位数据处理技术有更高要求的产品领域，如企业应用、高档消费电子产品。目前的 ARMv7 架构的主要特性都将在 ARMv8 架构中得以保留或进一步拓展，如 TrustZone 技术、虚拟化技术及 NEON advanced SIMD 技术等。ARMv8 架构将 64 位架构支持引入 ARM 架构中，其中包括：

（1）64 位通用寄存器、SP（堆栈指针）和 PC（程序计数器）。

（2）64 位数据处理和扩展的虚拟寻址。

（3）两种主要执行状态：AArch64（64 位执行状态）和 AArch32（32 位执行状态）。

2.1.3　ARM 处理器系列主要产品

视频讲解

1. ARM7 系列

ARM7 系列主要包括 ARM7TDMI、ARM7TDMI-S、带有高速缓存处理器宏单元的 ARM720T 等。该系列处理器提供 Thumb 16 位压缩指令集和 EmbededICE 软件调试方式，适用于更大规模的 SoC 设计中。ARM7TDMI 基于 ARM 体系结构 v4 版本，是低端的 ARM 核。

2. ARM9 系列和 ARM9E 系列

ARM9 采用哈佛体系结构，指令和数据分开存放于不同的存储器，分别采用各自的总线进行传输。ARM9TDMI 相比 ARM7TDMI，将流水级数提高到 5 级，从而增加了处理器的时钟频率，并使用指令和数据存储器分开的哈佛体系结构以改善 CPI 和提高处理器性能，平均可达 1.1DMIPS/MHz，但是 ARM9TDMI 仍属于 ARM v4T 体系结构。在 ARM9TDMI 基础上又有 ARM920T、ARM940T 和 ARM922T，其中 ARM940T 增加了 MPU（Memory Protect Unit）和 Cache。ARM920T 和 ARM922T 加入了 MMU、Cache 和 ETM9，从而更好地支持像 Linux 和 Windows CE 这样的多线程、多任务操作系统。

3. ARM11 系列

ARM11 系列主要有 ARM1136、ARM1156、ARM1176 和 ARM11 MP-Core 等，它们都是 v6 体系结构，相比 v5 系列增加了 SIMD 多媒体指令，获得 1.75x 多媒体处理能力的提升。另外，除了 ARM1136 外，其他的处理器都支持 AMBA3.0-AXI 总线。ARM11 系列内核最高的处理速度可达 500MHz 以上（其中，在 90nm 工艺下，ARM1176 可达到 750MHz）以及 600DMIPS 的性能。

4. XScale 系列

Intel 公司开发的 XScale 系列是基于 ARM v5TE 的 ARM 体系结构的内核，在架构扩展的基础上同时也保留了对于以往产品的向下兼容性，因此获得了广泛的应用。相比于 ARM 处理器，XScale 功耗更低，系统伸缩性更好，支持 16 位的 Thumb 指令和 DSP 指令集，同时核心频率也得到提高，达到了 400MHz 甚至更高。XScale 系列处理器还支持高效通信指令，可以和同样架构处理器之间达到高速传输。XScale 系列处理器的另外一个主要扩展是使用了无线 MMX,这是一种 64 位的 SIMD 指令集,并在新款的 XScale 处理器中集成有 SIMD 协处理器,可以有效地加快视频、3D 图像、音频及其他 SIMD 传统元素的处理。

5. ARM Cortex 系列

在 ARM11 系列之后,Cortex 系列是 ARM 公司目前最新内核系列,属于 v7 架构。如前所述,该架构定义了三大系列: Cortex-A 系列、Cortex-M 系列和 Cortex-R 系列。

ARM Cortex-A 系列应用型处理器可向具备操作系统平台和用户应用程序的设备提供全方位的解决方案,从超低成本手机、智能手机、移动计算平台、数字电视到企业网络、打印机服务器解决方案。高性能的 Cortex-A15、可伸缩的 Cortex-A9、经过市场验证的处理器和高效的 Cortex-A7 和 Cortex-A5 处理器均共享同一架构,因此具有完全的应用兼容性,支持传统的 ARM 和 Thumb 指令集和新增的高性能紧凑型 Thumb-2 指令集。

Cortex-A15 和 Cortex-A7 都支持 ARMv7A 架构的扩展,从而为大型物理地址访问和硬件虚拟化以及处理 AMBA4 ACE 一致性提供支持。同时,这些都支持 big.LITTLE(大小端)处理。

1) Cortex-A5 处理器

ARM Cortex-A5 处理器是能效最高、成本最低的处理器,能够向最广泛的设备提供 Internet 访问: 从入门级智能手机、低成本手机和智能移动终端到普遍采用嵌入式的消费品和工业设备。

Cortex-A5 处理器可为现有 ARM926EJ-S 和 ARM1176JZ-S 处理器设计提供很有价值的迁移途径。它可以获得比 ARM1176JZ-S 更好的性能,比 ARM926EJ-S 更好的功效和能效以及完全的 Cortex-A 兼容性。

2) Cortex-A7 处理器

ARM Cortex-A7 MPCore 处理器是 ARM 迄今为止开发的最有效的应用处理器,它巩固了 ARM 在未来入门级智能手机、平板电脑及其他高级移动设备方面的低功耗领先地位。

Cortex-A7 处理器的体系结构和功能集与 Cortex-A15 处理器完全相同,不同之处在于,Cortex-A7 处理器的微体系结构侧重于提供最佳能效,因此这两种处理器可在大端模式和小端模式配置中协同工作,软件可以在高能效 Cortex-A7 处理器上运行,也可以在需要时在高性能 Cortex-A15 处理器上运行,并且无须重新编译,从而提供高性能与超低功耗的终极组合。

3) Cortex-A9 处理器

ARM Cortex-A9 处理器提供了非常好的高性能和高能效方案,从而使其成为需要在低功耗或散热受限的成本敏感型设备中提供高性能设计的理想解决方案。它既可用作单核处理器,也可用作可配置的多核处理器。该处理器适合多种应用领域,从而能够对多个市场进行稳定的软件投资。

4) Cortex-A15 处理器

ARM Cortex-A15 MPCore 处理器是 ARM 产品家族中性能高且可授予许可的处理器。它提供了前所未有的处理功能,与低功耗特性相结合,在各种市场上成就了卓越的产品,包括智能手机、平板电脑、移动计算、高端数字家电、服务器和无线基础结构。Cortex-A15 MPCore 处理器提供了性能、功能和能效的独特组合,进一步加强了 ARM 在这些高价值和高容量应用细分市场中的领导地位。

ARM Cortex-A15 MPCore 处理器是 Cortex-A 系列处理器的新成员，在应用方面与所有其他获得高度赞誉的 Cortex-A 处理器完全兼容。这样，就可以立即访问已得到认可的开发平台和软件体系，包括 Android、Adobe&reg、Flash&reg、Player、Java Platform Standard Edition(Java SE)、JavaFX、Linux、Microsoft Windows Embedded、Symbian 和 Ubuntu 以及 700 多个 ARM Connected Community 成员，这些成员提供了应用软件、硬件和软件开发工具、中间件以及 SoC 设计服务。

5) ARM Cortex-R 处理器

ARM Cortex-R 实时处理器为要求可靠性、高可用性、容错功能、可维护性和实时响应的嵌入式系统提供高性能计算解决方案。

常见的 Cortex-R 处理器如 R4，相对于上代 ARM1156 内核，其在性能、功耗和面积(Performance,Power and Area,PPA)方面取得更好的平衡，拥有大于 1.5DMIPS/MHz 和高于 400MHz 的处理速度。Cortex-R 系列处理器与 Cortex-M 和 Cortex-A 系列处理器都不相同，它主要面向嵌入式实时应用领域，具备 7 级流水结构。Cortex-R 系列处理器提供的性能比 Cortex-M 系列提供的性能高得多，而 Cortex-A 系列专用于具有复杂软件操作系统(需使用虚拟内存管理)的面向用户的应用。

6) ARM Cortex-M 处理器

ARM Cortex-M 处理器系列是一系列可向上兼容的高能效、易于使用的处理器，这些处理器旨在帮助开发人员满足将来的嵌入式应用的需要。这些需要包括以更低的成本提供更多功能、不断增加连接、改善代码重用和提高能效。常见的 ARM Cortex-M 处理器(如 ARM Cortex-M3)主要面向低成本和高性能的 MCU 应用领域，相比 ARM7TDMI，Cortex-M3 面积更小，功耗更低，性能更高。Cortex-M3 处理器的核心是基于哈佛架构的 3 级流水线内核，该内核集成了分支预测、单周期乘法、硬件除法等众多功能强大的特性，使其在 Dhrystone benchmark 上具有出色的表现(1.25 DMIPS/MHz)。根据 Dhrystone benchmark 的测评结果，采用新的 Thumb-2 指令集架构的 Cortex-M3 处理器，与执行 Thumb 指令的 ARM7TDMI-S 处理器相比，每兆赫的效率提高了 70%，与执行 ARM 指令的 ARM7TDMI-S 处理器相比，效率提高了 35%。

2.2 Cortex-A8 处理器架构

Cortex-A8 处理器是第一款基于 ARMv7 架构的应用处理器，使用了能够带来更高性能、更低功耗和更高代码密度的 Thumb-2 技术，新增了 130 条指令。新增的功能使用户在进行终端服务时无须在 ARM 和 Thumb 模式间进行切换，同时可访问整套处理器寄存器。产生的代码保持 Thumb 指令的传统代码密度，却可以实现 32 位 ARM 代码的性能。

ARM 处理器中首次采用面向音频、视频和 3D 图形的 NEON 媒体和信号处理技术。这是一个 64/128 位混合 SIMD 架构。NEON 技术拥有自己的寄存器文件和执行流水线，它们独立于主 ARM 整数流水线，可处理整数和单精度浮点值，其中包括非线性数据访问支持，并可轻松加载存储在结构表中的插页数据。通过使用 NEON 技术执行典型的多媒体功能，Cortex-A8 处理器可在 275MHz 以 30 帧/秒的速度解码 MPEG-4 VGA 视频(包括去环状块、解块过滤和 YUV 至 RGB 的变换)，并以 350MHz 的频率解码 H.264 视频。

Cortex-A8 中采用的 TrustZone 技术可确保消费类产品(如运行开放式操作系统的移动电话、个人数字助理和机顶盒)中的数据隐私和 DRM(Digital Rights Management,数字版权管理)得到保护。

Cortex-A8 内核的系统框图如图 2-1 所示。

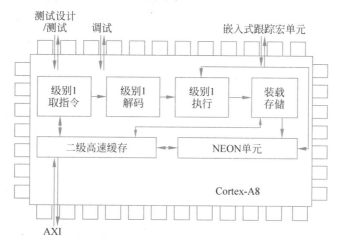

图 2-1　Cortex-A8 内核的系统框图

Cortex-A8 处理器在结构上配置了先进的超标量体系结构流水线,能够同时执行多条指令,并且提供超过 2.0DMIPS/MHz 的性能。处理器集成了一个可调尺寸的二级高速缓冲存储器,能够同高速的 16KB 或者 32KB 一级高速缓冲存储器一起工作,从而达到最快的读取速度和最大的吞吐量。处理器使用了先进的分支预测技术,并且具有专用的 NEON 整型和浮点型流水线进行媒体和信号处理。在使用小于 $4mm^2$ 的硅片及低功耗的 65nm 工艺的情况下,Cortex-A8 处理器的运行频率将高于 600MHz(不包括 NEON 追踪技术和二级高速缓冲存储器)。在高性能的 90nm 和 65nm 工艺下,Cortex-A8 处理器运行频率最高可达 1GHz,能够满足高性能消费产品设计的需要。

针对 Cortex-A8,ARM 公司专门提供了新的函数库(Artisan Advantage-CE)。新的库函数可以有效地提高异常处理的速度并降低功耗。同时,新的库函数还提供了高级内存泄漏控制机制。

2.3　Cortex-A8 处理器工作模式和状态

2.3.1　Cortex-A8 处理器工作模式

视频讲解

Cortex-A8 是基于 ARMv7 架构的处理器,共有 8 种工作模式,如表 2-2 所示。

表 2-2　Cortex-A8 处理器工作模式

处理器模式	模式标志符	备　注
用户模式(User)	usr	正常程序执行模式
系统模式(System)	sys	使用和用户模式相同的寄存器组,用于运行特权级操作系统任务
管理模式(Supervisor)	svc	系统复位或软件中断时进入该模式,是供操作系统使用的一种保护模式

续表

处理器模式	模式标志符	备 注
外部中断模式（IRQ）	irq	低优先级中断发生时进入该模式，常用于普通的外部中断处理
快速中断模式（FIQ）	fiq	高优先级中断发生时进入该模式，用于高速数据传输和通道处理
数据访问中止模式（Abort）	abt	当存取异常时进入该模式，用于虚拟存储和存储保护
未定义指令中止模式（Undefined）	und	当执行未定义指令时进入该模式，用于支持硬件协处理器的软件仿真
安全监控模式（Secure Monitor）	mon	可在安全模式和非安全模式下转换

处理器的运行模式可以通过软件控制进行切换，也可以通过外部中断或异常处理过程进行切换。大多数情况下，应用程序运行在用户模式下，应用程序不能访问受操作系统保护的系统资源，也不能直接进行处理器工作模式的切换。在需要进行工作模式切换时，应用程序可以产生异常处理，在异常处理过程中进行工作模式切换，由操作系统控制整个系统资源的使用。

除用户模式以外，其他 7 种工作模式统称为非用户模式，或特权模式（Privileged Mode）。特权模式是为了服务中断或异常，或访问受保护的资源，具有多系统资源的完全访问权限，可自由地切换工作模式。

在特权模式中，除系统模式以外的 6 种工作模式又称为异常模式（Exception Mode）。异常模式除了可以通过程序切换进入外，还可以在发生特定的异常中断时进入。每一种异常模式都有一组专用的寄存器，以保证在进入异常模式时用户模式下的寄存器（其中保存着工作模式切换前的程序运行状态）不被破坏。

系统模式不能由任何异常进入，它有与用户模式完全相同的寄存器。系统模式供需要访问系统资源的操作系统任务使用，这样可避免使用与异常模式相关的寄存器，保证在任何异常发生时都不会使任务的状态不可靠。

2.3.2　Cortex-A8 处理器状态

Cortex-A8 处理器是 32 位处理器，可执行 32 位 ARM 指令集指令，同时兼容 16 位 Thumb-2 指令集指令和数据类型。

Cortex-A8 处理器有 3 种工作状态，这些状态由程序状态寄存器（CPSR）的 T 位和 J 位控制与切换。

（1）ARM 状态：执行 32 位的字对齐的 ARM 指令集指令，T 位和 J 位均为 0。

（2）Thumb 状态：执行 16 位或 32 位半字对齐的 Thumb-2 指令集指令，T 位为 1，J 位为 0。

（3）ThumbEE 状态：执行为动态产生目标而设计的 16 位或 32 位半字对齐的 Thumb-2 指令集的变体，T 位和 J 位均为 1。

ARM 指令必须在 ARM 状态下执行。同样，Thumb 指令也必须在 Thumb 状态下执行。ARM 处理器可以在两种状态下切换，只要遵循 ATPCS 调用规则，ARM 子程序和 Thumb 子程序之间可以相互调用。ARM 状态和 Thumb 状态之间的切换并不影响处理器工作模式和寄存器组的内容。处理器复位后开始执行代码时,处于 ARM 状态。

2.4　Cortex-A8 存储器管理

2.4.1　ARM 的基本数据类型

Cortex-A8 是 32 位处理器,支持多种数据类型。

- 字节(byte):8 位。
- 半字(halfword):16 位。
- 字(word):32 位。
- 双字(doubleword):64 位。

当数据是无符号数时,采用二进制格式存储,数据范围为 $0 \sim 2^N-1$,其中,N 为数据类型长度;当数据是有符号数时,采用二进制补码格式存储,数据范围为 $-2^{N-1} \sim 2^{N-1}-1$,其中,N 为数据类型长度。

ARM 的体系结构将存储器看成从 0x00000000 地址开始的按字节编码的线性存储结构,每字节都有对应的地址编码。由于数据有不同的字节大小(1 字节、2 字节、4 字节等),导致数据在存储器中的存放不是连续的,这就降低了存储系统的效率,甚至引起数据读/写错误。因此数据必须按照以下方式对齐:

- 以字为单位,按 4 字节对齐,地址最末两位为 00。
- 以半字为单位,按 2 字节对齐,地址最末一位为 0。
- 以字节为单位,按 1 字节对齐。

2.4.2　浮点数据类型

浮点运算使用在 ARM 硬件指令集中未定义的数据类型。在协处理器指令空间定义了一系列浮点指令,这些指令全部可以通过未定义指令异常(该异常收集所有硬件协处理器不接受的协处理器指令)在软件中实现,其中的一小部分也可以由浮点运算协处理器 FPA10 以硬件方式实现。

另外,ARM 公司还提供了 C 语言编写的浮点库作为 ARM 浮点指令集的替代方法(Thumb 代码只能使用浮点指令集)。该库支持 IEEE 标准的单精度和双精度格式。C 编译器通过一个关键字标志来选择,它产生的代码与软件仿真(通过避免中断、译码和浮点指令仿真)相比既快又紧凑。

2.4.3　大/小端模式

视频讲解

Cortex-A8 处理器支持大端(big-endian)和小端(little-endian)两种存储模式,同时还支持混合大小端模式(既有大端模式,也有小端模式)和非对齐数据访问。可以通过硬件的方式设置(没有提供软件的方式)端模式。

大端模式是被存放字数据的高字节存储在存储系统的低地址中,而被存放的字数据的低字节则存放在存储系统的高地址中。小端模式与大端模式相反,在小端模式中,存储系统的低地址中存放的是被存放字数据中的低字节内容,存储系统的高地址存放的是被存放字数据中的高字节内容。例如,一个 32 位的字 0x12345678,大端模式和小端模式下的存储格式如图 2-2 所示，从图 2-2 中可以发现，大端的数据存放格式就是最高有效字节位于最低地址，小端的数据格式就是最低有效字节位于最低地址。

判断处理器使用大端还是小端最简单的方法可以使用 C 语言中的 union。下面程序段中的 IsBigEndian( )可以简单判断该处理器是否为大端模式。

高地址	78
	56
	34
低地址	12

(a) 大端模式

高地址	12
	34
	56
低地址	78

(b) 小端模式

图 2-2　Cortex-A8 存储模式

```
typedef union
{
char    chChar;
short   shShort;
}UnEndian;
//该枚举体的内存分配如下,chChar 和 shShort 的低地址字节重合
//如果是 BigEndian,则返回 true
bool   IsBigEndian()
{
UnEndian test.
test. chChar == 0x10;
if( test. chChar == 0x10)
{
return true;
}
return false;
}
```

如果需要在大端模式和小端模式之间相互转换，最经典的做法是使用套接字库中的 ntohs、ntohl、htons 和 htonl 进行转换。

2.4.4　寄存器组

Cortex-A8 处理器共有 40 个 32 位寄存器，包括 33 个通用寄存器和 7 个状态寄存器。其中状态寄存器包括 1 个 CPSR(Current Program Status Register，当前程序状态寄存器)和 6 个 SPSR(Saved Program Status Register，备份程序状态寄存器)。

这些寄存器不能同时访问，在不同的处理器工作模式下只能够访问一组相应的寄存器组。具体在哪种工作模式下可访问哪些寄存器，可参见图 2-3 和图 2-4。

1. 通用寄存器组

如图 2-3 所示，R0～R7 是不分组的通用寄存器，R8～R15 是分组的通用寄存器。在 ARM 状态下，任何时刻，16 个数据寄存器 R0～R15 和 1～2 个状态寄存器是可访问的。在特权模式下，特定模式下的寄存器阵列才是有效的。

Thumb 和 ThumbEE 状态下也可以访问同样的寄存器集。但其中的 16 位指令对某些寄存器的访问是有限制的，32 位的 Thumb 指令和 ThumbEE 指令则没有限制。

未分组的通用寄存器 R0～R7 用于保存数据和地址。在处理器的所有工作模式下，它们中的每一个都指向一个物理存储器，且没有被系统用于特殊用途。在切换处理器工作模式时，由于使用的是相同的物理存储器，所以可能会破坏寄存器中的数据。

分组的通用寄存器 R8～R15 则具有不同的处理器工作模式决定访问的物理存储器不

系统和用户模式	快速中断模式	管理模式	数据访问中止模式	外部中断模式	未定义指令中止模式	安全监控模式
R0	R0	R0	R0	R0	R0	R0
R1	R1	R1	R1	R1	R1	R1
R2	R2	R2	R2	R2	R2	R2
R3	R3	R3	R3	R3	R3	R3
R4	R4	R4	R4	R4	R4	R4
R5	R5	R5	R5	R5	R5	R5
R6	R6	R6	R6	R6	R6	R6
R7	R7	R7	R7	R7	R7	R7
R8	R8_fiq	R8	R8	R8	R8	R8
R9	R9_fiq	R9	R9	R9	R9	R9
R10	R10_fiq	R10	R10	R10	R10	R10
R11	R11_fiq	R11	R11	R11	R11	R11
R12	R12_fiq	R12	R12	R12	R12	R12
R13	R13_fiq	R13_svc	R13_abt	R13_irq	R13_und	R13_mon
R14	R14_fiq	R14_svc	R14_abt	R14_irq	R14_und	R14_mon
R15	R15(PC)	R15(PC)	R15(PC)	R15(PC)	R15(PC)	R15(PC)

图 2-3　ARM 状态下的通用寄存器组

CPSR	CPSR	CPSR	CPSR	CPSR	CPSR	CPSR
	SPSR_fiq	SPSR_svc	SPSR_abt	SPSR_irq	SPSR_und	SPSR_mon

◣ = 专用寄存器

图 2-4　ARM 状态下的状态寄存器组

同的特点。如图 2-3 所示,每个物理存储器名字的形式为 Rx_<mode>,<mode>是模式标志符,每个模式标志符指示当前所处的工作模式。模式标志符 usr 常省略,但当处理器处于另外的工作模式下,访问指定的用户或系统模式寄存器时,需出现标志符 usr。

- R8~R12 寄存器分别对应两个不同的物理存储器,分别是快速中断模式下的相应存储器和非快速中断模式下的相应存储器。
- R13、R14 寄存器分别对应 7 个不同的物理存储器,除了用户和系统模式共用一个物理存储器外,其他 6 个分别是 fiq、svc、abt、irq、und 和 monm 模式下的不同物理存储器。R13 常作堆栈指针(Stack Pointer,SP)。R14 子程序链接寄存器(Link Register,LR),该寄存器由 ARM 编译器自动使用。在执行 BL 和 BLX 指令时,R14 保存返回地址。同理,当处理器进入中断和异常,或在中断和异常子程序中执行 BL 和 BLX 指令时,或者当系统中发生子程序调用时,相应的 R14 寄存器用来保存返回地址。如果返回地址已经保存在堆栈中,则该寄存器也可以用于其他用途。
- 程序计数器 R15(PC),用于记录程序当前的运行地址。ARM 处理器每执行一条指令,都会把 PC 增加 4 字节(Thumb 模式为 2 字节)。此外,相应的分支指令(如 BL 等)也会改变 PC 的值。在 ARM 状态下,PC 字对齐。在 Thumb 和 ThumbEE 状态下,PC 半字对齐。

FIQ 模式下有 7 个分组寄存器,分别映射到 R8~R14,即 R8_fiq~R14_fiq,所以很多快速中断处理不需要保存任何寄存器。

在安全监控、管理、数据中止、外部中断和未定义指令模式下,分别有指定寄存器映射到

R13、R14，这使得每种模式都有自己的堆栈指针和链接寄存器。

2. 状态寄存器

ARM 处理器有两类程序状态寄存器：1 个当前程序状态寄存器(CPSR)和 6 个备份程序状态寄存器(SPSR)。它们的主要功能是：

- 保存最近执行的算术或逻辑运算的信息。
- 控制中断的允许或禁止。
- 设置处理器工作模式。

在每种处理器模式下使用专用的备份程序状态寄存器。当特定的中断或异常发生时，处理器切换到对应的工作模式下，该模式下的备份程序状态寄存器保存当前程序状态寄存器的内容。当异常处理程序返回时，再将其内容从备份程序状态寄存器恢复为当前程序状态寄存器。

程序状态寄存器的格式如图 2-5 所示，32 位寄存器会被分成 4 个域：标志位域 f(flag field)，PSR[31：24]；状态域 s(status field)；PSR[23：16]；扩展域 x(extend field)，PSR[15：8]；控制域 c(control field)，PSR[7：0]。

31 30 29 28 27	26 25	24	23	20 19	16 15	10 9	8	7	6	5	4	0
N Z C V Q	IT[1:0]	J	保留位	GE[3:0]	IT[7:2]	E	A	I	F	T	M[4:0]	

图 2-5 程序状态寄存器的格式

(1) 条件标志位：N、Z、C 和 V 统称为条件标志位，这些标志位会根据程序中的算术和逻辑指令的执行结果修改。处理器则通过测试这些标志位来确定一条指令是否执行。

- N(Negative)：N=1 表示运算的结果为负数，N=0 表示结果为正数或零。
- Z(Zero)：Z=1 表示运算的结果为零，Z=0 表示运算的结果不为零。
- C(Carry)：在加法指令中，当结果产生了进位时，C=1，其他情况 C=0。在减法指令中，当运算发生了借位时，C=1，其他情况 C=0。在移位运算指令中，C 被设置成被移位寄存器最后移出去的位。
- V(oVerflow)：对于加/减法运算指令，当操作数和运算结果为二进制补码表示的带符号数时，V=1 表示符号位溢出。

(2) Q 标志位：在带有 DSP 指令扩展的 ARMv5 及以上版本中，Q 标志位用于指示增强的 DAP 指令是否发生了溢出。Q 标志位具有黏性，当因某条指令将其设置为 1 时，它将一直保持为 1，直到通过 MSR 指令写 CPSR 寄存器明确地将该位清 0。不能根据 Q 标志位的状态来有条件地执行某条指令。

(3) IT 块：IT 块用于对 Thumb 指令集中 if-then-else 这一类语句块的控制。如果有 IT 块，则 IT[7：5]为当前 IT 块的基本条件码。在没有 IT 块处于活动状态时，该 3 位为 000。IT[4：0]表示条件执行指令的数量，不论指令的条件是基本条件码还是基本条件的逆条件码。在没有 IT 块处于活动状态时，该 5 位为 00000。当处理器执行 IT 指令时，通过指令的条件和指令中 Then、Else(T 和 E)参数来设置这些位。

(4) J 标志位：用于表示处理器是否处于 ThumbEE 状态。当 T=1 时，若 J=0，则表示处理器处于 Thumb 状态；若 J=1，则表示处理器处于 ThumbEE 状态。

注意：当 T=0 时，不能够设置 J=1。当 T=0 时，J=0。不能通过 MSR 指令来改变

CPSR 的 J 标志位。

（5）GE[3：0]位：该位用于表示在 SIMD 指令集中的大于、等于标志。在任何模式下可读可写。

（6）E 标志位：该标志位控制存取操作的字节顺序。0 表示小端操作，1 表示大端操作。Arm 和 Thumb 指令集都提供指令用于设置和清除 E 标志位。当使用 CFGEND0 信号复位时，E 标志位将被初始化。

（7）A 标志位：表示异步异常禁止。该位自动置为 1，用于禁止不精确的数据中止。

（8）控制位：程序状态寄存器的低 8 位是控制位。当异常发生时，这些位的值将发生改变。在特权模式下，可通过软件编程来修改这些标志位的值。

- 中断屏蔽位：I=1，IRQ 中断被屏蔽；F=1，FIQ 中断被屏蔽。
- 状态控制位：T=0，处理器处于 ARM 状态；T=1，处理器处于 Thumb 状态。
- 模式控制位：M[4：0]为模式控制位，决定处理器的工作模式，如表 2-3 所示。

表 2-3 模式控制位 M[4：0]

M[4：0]	0b10000	0b10001	0b10010	0b10011	0b10111	0b11011	0b11111	0b10110
工作模式	用户模式	FIQ	IRQ	管理模式	数据访问中止模式	未定义指令中止模式	系统模式	安全监控模式

2.4.5 Cortex-A8 存储系统

ARM 处理器的存储系统有非常灵活的体系结构，以适应不同的嵌入式应用系统的需要。一般来说，在 ARM 嵌入式系统设计中，按照不同的存储容量、存取速度和价格，将存储器系统的层次结构分为 4 级：寄存器、Cache、主存储器和辅助存储器，如图 2-6 所示。在这个存储结构中，从上往下，容量逐渐增大，存取速度和成本却在逐渐降低。采用这种层次结构的目的是使在非常强调性价比的嵌入式系统设计中，能够以几乎相当于最便宜的存储器的价格，使得访问速度能够与最快的存储器接近。

图 2-6 存储器层次结构图

寄存器包含在 CPU 内部，用于指令执行时的数据存放，如 2.4.4 节介绍的 Cortex-A8 处理器寄存器组。Cache 是高速缓存，暂存 CPU 正在使用的指令和数据。主存储器是程序执行代码和数据的存放区，像 DDR4 SDRAM 存储芯片。辅助存储器类似 PC 中的硬盘，在嵌入式系统中常采用 Flash 芯片。

整个存储结构又可以被看成两个层次：主存-辅存层次和 Cache-主存层次。当然，在一些简单的嵌入式系统之中，没必要建立复杂的 4 层存储器结构，只需要简单的 Cache 和主存储器即可。在这种复杂的多层存储器结构中，可以将各种存储器看成一个整体。在辅助硬件和操作系统的管理下，可把主存-辅存层次作为一个存储整体，形成的可寻址存储空间比主存储器空间大得多。由于辅助存储器容量大、价格低，所以使得存储系统的平均价格降低。由于 Cache 的存取速度可以和 CPU 的工作速度媲美，所以 Cache-主存层次可以缩小和 CPU 之间的速度差距，整体上提高存储器系统的存取速度。虽然 Cache 的成本高，但容量较小，所以存储系统的整体价格并不会增加很多。

1. 协处理器 CP15

在 ARM 系统中，实现对存储系统的管理通常使用的是协处理器 CP15，也被称为系统控制协处理器（System Control Coprocessor）。ARM 处理器支持 16 个协处理器。程序在执行过程中，每个协处理器忽略属于 ARM 处理器和其他协处理器的指令。当一个协处理器不能执行属于它的协处理器指令时，将产生一个未定义指令异常中断，在该异常中断处理程序中，可以用软件模拟该硬件操作。比如，如果系统不包含向量浮点运算器，则可以选择浮点运算软件模拟包来支持向量浮点运算。

CP15 负责完成大部分的存储器管理。在一些没有标准存储管理的系统中，CP15 是不存在的。针对 CP15 的指令将被视为未定义指令，指令的执行结果是不可预知的。

CP15 有 16 个 32 位寄存器，编号为 0~15。某些编号的寄存器可能对应多个物理存储器，在指令中指定特定的标志位来区分这些物理存储器，类似于 ARM 中的寄存器。处于不同的处理器模式时，ARM 某些寄存器可能不同。CP15 的寄存器列表如表 2-4 所示。

表 2-4 CP15 的寄存器列表

寄存器编号	基 本 作 用	在 MMU 中的作用
0	ID 编码（只读）	ID 编码和 Cache 类型
1	控制位（可读/写）	各种控制位
2	存储保护和控制	地址转换表基地址
3	存储保护和控制	域访问控制位
4	存储保护和控制	保留
5	存储保护和控制	内存失效状态
6	存储保护和控制	内存失效地址
7	高速缓存和写缓存	高速缓存和写缓存控制
8	存储保护和控制	TLB 控制
9	高速缓存和写缓存	高速缓存锁定
10	存储保护和控制	TLB 锁定
11	保留	—
12	保留	—
13	进程标志符	进程标志符
14	保留	—
15	因不同设计而异	因不同设计而异

2. 内存管理单元

当面对一些复杂的、多任务的嵌入式应用时，常使用嵌入式操作系统来管理整个系统和任务的运行。高级的嵌入式操作系统都带有内存管理单元（Memory Management Unit，MMU）来管理每个任务各自的存储空间。

早期的计算机内存较小，当时的程序规模也不大，所以内存仍旧可以容纳当时的程序。随着图像化界面和用户需求的不断发展，应用程序的规模不断增大，超过了内存的增长速度，以至于内存存放不下应用程序。于是采用了虚拟内存（virtual memory）技术。虚拟内存的基本思想就是程序、数据、堆栈的总大小可以超过物理内存的大小，操作系统把当前使用的部分保存在内存中，其他未使用的部分保存在外存中。

任何时候，计算机上都有一个程序能够产生的地址集合，称为地址范围。该范围由

CPU 的位数决定,如 32 位的 Cortex-A8 处理器 S5PV210,它的地址范围是 0～0xFFFF_FFFF(4GB)。这个范围就是程序能够产生的地址范围,这个地址范围称为虚拟地址空间,该空间中的任一地址就是虚拟地址。

与虚拟地址和虚拟地址空间对应的就是物理地址和物理地址空间,大多数时候物理地址空间只是虚拟地址空间的一个子集。例如,在内存为 256MB 的 32 位嵌入式系统中,虚拟地址空间范围是 0～0xFFFF_FFFF(4GB),而物理地址空间是 0～0x0FFF_FFFF(256MB)。

综上所述,虚拟地址由编译器和连接器在定位程序时分配。物理地址用来访问实际的主存储器硬件模块。在 ARM 中采用了页(page)式虚拟存储管理方式。虚拟地址空间划分成称为页的单位,而相应的物理地址空间也被做了划分,单位是页帧(page frame)。也有一些资料称其为页框,本书不做区别。注意:页和页帧的大小必须相同。

下面以图 2-7 为例说明页与页帧之间在 MMU 的调度下是如何进行映射的。首先,虚拟地址 0 被送往 MMU,MMU 发现该地址在页 0(0～4095)的范围内,页 0 所映射的页框为 2(页框 2 的地址范围是 8192～12287)。因此 MMU 将该虚拟地址转化为物理地址 8192,并把地址 8192 送到内存地址总线上。内存对地址的映射过程并不清楚,它只是接收到一个对地址 8192 的访问请求并执行。

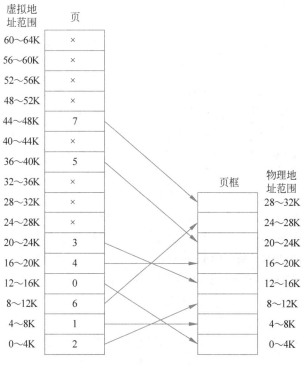

图 2-7　地址映射示意图

MMU 的一个重要任务就是让每个任务都运行在各自的虚拟存储空间中。MMU 作为转换器,将程序和数据的虚拟地址转换成实际的物理地址,也就是实现虚拟存储空间到物理存储空间的映射。除此之外,MMU 的其他重要功能还包括:

(1) 存储器访问权限的控制,提供硬件机制的内存访问授权。当应用程序的所有线程共享同一存储器空间时,任何一个线程将有意或无意地破坏其他线程的代码、数据或堆栈。

异常线程甚至可能破坏内核代码或内部数据结构。因此对存储器的保护机制显得十分重要，MMU利用映射，将在指令调用或数据读/写过程中使用的逻辑地址映射为存储器物理地址。MMU还标记对非法逻辑地址进行的访问，这些非法逻辑地址并没有映射到任何物理地址。采用MMU还有利于选择性地将页面映射或解映射到逻辑地址空间。物理存储器页面映射至逻辑空间，以保持当前进程的代码，其余页面则用于数据映射。这不仅在线程之间，还在同一地址空间之间增加了存储器保护。存储器保护（包括这类堆栈溢出检测）在应用程序开发中非常有效。采用了存储器保护，程序错误将产生异常并能被立即检测，它由源代码进行跟踪。如果没有存储器保护，那么程序错误将导致一些细微的难以跟踪的故障。实际上，由于在扁平存储器模型（flat memory model）中，RAM通常位于物理地址的零页面，因此甚至无法检测到NULL指针引用的解除。

（2）设置虚拟存储空间缓冲的特性。

需要说明的是，虚拟内存管理占用了相当一部分系统资源，因此在有些情况下嵌入式系统（如某些低端的嵌入式处理器）中可使用不带有MMU的微处理器。这种情况下需要采用动态内存管理方式，即当程序的某一部分需要使用内存时，可利用操作系统提供的分配函数来处理，一旦使用完毕，可通过释放函数来释放所占用的内存，这样内存就可以重复使用。

MMU中的虚拟地址转换成实际的物理地址的变换过程是通过两级页表实现的。

（1）一级页表中包含有以段为单位的地址变换条目以及指向二级页表的指针。一级页表实现的地址映射力度较大。以段为单位的地址变换过程只需要一级页表。

（2）二级页表中包含有以大页和小页为单位的地址变换条目。有一种类型的二级页表还包含有以极小页为单位的地址变换条目。以页为单位的地址变换过程需要二级页表。

其中的段（section）一般包含1MB的存储器块容量，大页（large page）包含一般64KB的存储器块容量，小页（small page）一般包含4KB的存储器块容量，极小页（tiny page）一般包含1KB的存储器块容量。

对内存区域的描述一般是通过一个叫描述符的结构来说明的，该描述符可以是段描述符，也可以是页描述符或者其他内存单位描述符。以段描述符为例，它的组成结构为：

- section base address——段基地址（相当于页帧号首地址）。
- AP——访问控制位（Access Permission）。
- Domain——访问控制寄存器的索引。Domain与AP配合使用，对访问权限进行检查。
- C——当C被置1时为直写（Write-Through，WT）模式。
- B——当B被置1时为写回（Write-Back，WB）模式（C、B两位在同一时刻只能有一个被置1）。

对某个内存区域的访问是否需要进行权限检查是由该内存区域的描述符中的Domain域决定的。而某个内存区域的访问权限是由该内存区域的描述符中的AP位和协处理器CP15中控制寄存器C1中的S位和R位所决定的。

3. 高速缓冲存储器Cache

Cache是一种小容量、高速度的存储器，用于处理器与主存之间存放当前被使用的主存内容，以减少访问主存的等待时间。Cache通常和处理器核在同一个芯片上。对于程序员来说,Cache 是透明的。

　　Cache 一般和写缓存一起使用。写缓存是一个非常小的先进先出(FIFO)存储器,位于处理器核和主存之间。使用写缓存是为了将处理器核和 Cache 从较慢的主存写操作中解脱出来。当 CPU 向主存储器写入时,先将数据写入写缓存区中,由于写缓存的速度很高,这种写入操作的速度也很高。写缓存在 CPU 空闲时,以较低的速度将数据写入主存储器中相应的位置。Cache 放置数据的常用地址变换方法有直接映射、组相联映射和全相联映射方式。

　　全相联映射方式是主存中一个块的地址与块的内容一起存于 Cache 的行中,其中块地址存于 Cache 行的标记部分中。这种方法可使主存的一个块直接复制到 Cache 中的任意一行上,非常灵活。它的主要缺点是比较器电路难以设计和实现,因此只适合于小容量 Cache 采用。

　　直接映射方式是一种多对一的映射关系,但一个主存块只能复制到 Cache 的一个特定行位置上去。缺点是每个主存块只有一个固定的行位置可存放,容易产生冲突。因此适合大容量 Cache 采用。

　　组相联映射方式是前两种方式的折中方案。它将 Cache 分成 u 组,每组 v 行,主存块存放到哪个组是固定的,至于存到该组哪一行是灵活的。组相联映射方式中的每组行数 v 一般取值较小,这种规模的 v 路比较器容易设计和实现。而块在组中的排放又有一定的灵活性,故冲突减少。

2.5　Cortex-A8 异常处理

视频讲解

　　异常是 ARM 处理器处理外部异步事件的一种方法,也称为中断。若处理器在正常执行程序的过程中,一个来自外部或内部的异常事件发生,则处理器暂时中断当前程序的执行,跳转到相应的异常处理程序入口执行异常处理。在处理这个异常事件之前,处理器要保存当前处理器的状态和返回地址,以便异常处理程序结束后能返回原来的程序继续执行。若同时有多个异常发生,则处理器将根据异常中断优先级来处理这些异常。

2.5.1　异常向量和优先级

视频讲解

　　在 ARM 体系结构中有 7 种异常中断。异常发生时,处理器会将 PC 寄存器设置为一个特定的存储器地址,这些特定的存储器地址称为异常向量。所有异常的异常向量被集中放在程序存储器的一个连续地址空间中,称为异常向量表。每个异常向量只占 4 字节,异常向量处是一些跳转指令,跳转到对应的异常处理程序。

　　通常存储器地址映射地址 0x00000000 是为异常向量表保留的。但某些嵌入式系统中在系统配置使能时,低端的异常向量表可以选择映射到特定的高端地址 0xFFFF0000 处。一些嵌入式操作系统,如 Linux 和 Windows CE 就利用了这一特性。需要说明的是,Cortex-A8 处理器支持通过设置协处理器 CP15 的 C12 寄存器将异常向量表的首地址设置在任意地址。表 2-5 列出了 ARM 的 7 种异常类型,异常发生后处理器进入的异常模式,异常的优先级对应的异常向量地址。

表 2-5　ARM 的异常类型、异常向量和优先级

异 常 类 型	处理器模式	优先级	异常向量地址		说　　明
			低端	高端	
复位异常（reset）	管理模式	1	0x00000000	0xFFFF0000	RESET 复位脚有效时进入该异常，常用在系统加电时和系统复位时
未定义指令异常（undefined interrupt）	未定义指令模式	6	0x00000004	0xFFFF0004	ARM 处理器或协处理器遇到不能处理的指令时产生该异常，可利用该异常进行软件仿真
软件中断异常（SWI）	管理模式	6	0x00000008	0xFFFF0008	由 SWI 指令产生，可用于用户模式下的程序调用特权操作
指令预取中止异常（prefetch abort）	未定义指令中止模式	5	0x0000000C	0xFFFF000C	当预取指令不存在或该地址不允许当前指令访问时产生该异常，常用于虚存和存储器保护
数据访问中止异常（data abort）	数据访问中止模式	2	0x00000010	0xFFFF0010	数据访问指令的目标地址不存在或该地址不允许当前指令访问时产生该异常，常用于虚存和存储器保护
外部中断异常（IRQ）	外部中断模式	4	0x00000018	0xFFFF0018	处理器的外部中断请求引脚有效，且 CPSR 的 I 位为 0 时，产生该异常，常用于系统外设请求
快速中断异常（FIQ）	快速中断模式	3	0x0000001C	0xFFFF001C	该异常是为了支持数据传送或通道处理而设计的，处理器的快速中断请求引脚有效，且 CPSR 的 F 为 0 时，产生该异常

　　由表 2-5 可知，每一种异常都会导致内核进入一种特定的模式。此外，也可以通过编程改变 CPSR，进入 ARM 处理器模式。需要说明的是，用户模式和系统模式是仅有的不可通过异常进入的两种模式，也就是说，要进入这两种模式，必须通过编程改变 CPSR。

　　当多个异常同时发生时，由系统根据不同异常的优先级按照从高到低的顺序处理。7 种异常分成 6 个级别，1 优先级最高，6 优先级最低。其中，未定义指令异常和软件中断异常都依靠指令的特殊译码产生，这两者是互斥的，不可能同时产生。

视频讲

2.5.2　异常响应过程

　　通常，异常（中断）响应大致可以分为以下几个步骤：

　　(1) 保护断点，即保存下一个将要执行的指令的地址，就是把这个地址送入堆栈。

　　(2) 寻找中断入口，根据不同的中断源所产生的中断，查找不同的入口地址。

（3）执行中断处理程序。

（4）中断返回，执行完中断指令后，就从中断处返回到主程序，继续执行。

具体到 ARM 处理器中，当异常发生后，除了复位异常会立即中止当前指令以外，其余异常都是在处理器完成当前指令后再执行异常处理程序。ARM 处理器对异常的响应过程如下：

（1）进入与特定的异常相应的运行模式。

（2）将 CPSR 寄存器的值保存到将要执行的异常中断各自对应的 SPSR_mode 中，以实现对处理器当前运行状态、中断屏蔽和各标志位的保护。

（3）将引起异常指令的下一条指令的地址存入相应的链接寄存器 LR（R14_mode），以便程序在异常处理结束返回时能正确地返回到原来的程序处继续向下执行。若异常是从ARM 态进入的，则链接寄存器 LR 保存的是下一条指令的地址（根据不同的异常类型，当前PC＋4 或 PC＋8）。若异常是从 Thumb 状态进入的，则将当前 PC 的偏移量值保存到 LR中，这样异常处理程序就不需要确定异常是从何种状态进入的。

（4）设置 CPSR 寄存器的低 5 位，使处理器进入相应的工作模式。设置 I＝1，以禁止IRQ 中断。如果进入复位模式或 FIQ 模式，还要设置 F＝1 以禁止 FIQ 中断。

（5）根据异常类型，将表 2-5 中的向量地址强制复制给程序计数器（PC），以便执行相应的异常处理程序。以复位异常为例，比如存储器地址映射地址 0x00000000 是为异常向量表保留的情况下，则 PC ＝ 0x00000000；如果异常向量表选择映射到特定的高端地址0xFFFF0000 处，则 PC＝0xffff0000。

每种异常模式对应两个寄存器 R13_mode 和 R14_mode（mode 为 svc、irq、und、fiq 或abt 之一），分别存放堆栈指针和断点地址。

2.5.3 异常返回过程

复位异常发生后，由于系统自动从 0x00000000 开始重新执行程序，因此复位异常处理程序执行完后无须返回。其他异常处理完后必须返回到原来程序的断点处继续执行。ARM 处理器从异常处理程序中返回的过程如下。

（1）恢复原来被保存的用户寄存器。

（2）将 SPSR_mode 寄存器的值复制到 CPSR 中，以恢复被中断的程序工作状态。

（3）根据异常类型将 PC 寄存器值恢复成断点地址，以执行原来被中断打断的程序。

（4）清除 CPSR 中的中断屏蔽标志位 I 和 F，开放外部中断和快速中断。

需要注意的是，程序状态字和断点地址的恢复必须同时进行，若分别进行则只能顾及一方。

2.6 本章小结

本章对 ARM 处理器和相应体系结构的演变以及主要 ARM 处理器产品进行了介绍。详细说明了 Cortex-A8 处理器的工作模式和工作状态、存储器组织和异常处理流程。随着ARM 处理器的不断改进，其体系结构也日趋复杂，但 ARM 处理器的性能对嵌入式系统有着至关重要的影响。嵌入式设计人员必须熟悉所采用的 ARM 处理器的结构和性能，更多更详细的资料可到 ARM 公司官网上获取。

习题

1. RISC 的主要特点是什么？

2. 简述 ARN 处理器的数据类型。

3. 简述哈佛结构和冯·诺依曼结构的区别。

4. halfword B＝218 与 word C＝218 在内存中的存放方式有何不同？请分大端和小端两种情况说明。

5. 设指令由取指、分析、执行 3 个子部件完成，每个子部件的工作周期均为 Dt，采用常规标量单流水线处理机。若连续执行 30 条指令，则共需时间多少 Dt？

6. 简述 ARM 处理器异常处理过程。

## 第 3 章

Linux 基础知识

　　严格来讲,Linux 不算是一个操作系统,只是一个操作系统中的内核,即计算机软件与硬件之间通信的平台。Linux 的全称是 GNU/Linux,这才是一个真正意义上的操作系统。Linux 是一个多用户多任务的操作系统,也是一款自由软件,完全兼容 POSIX 标准,拥有良好的用户界面,支持多种处理器架构,移植方便。

　　本章是嵌入式 Linux 开发的前导章节,主要包括 Linux 的相关基础知识,包括 Linux 的常用命令、Linux 中 Shell 的应用、Linux 文件和目录管理、环境变量等相关知识。

3.1　Linux 和 Shell

　　在过去的 20 年里,Linux 系统主要被应用于服务器端、嵌入式开发和 PC 桌面三大领域。例如大型、超大型互联网企业(百度、腾讯、阿里等)都在使用 Linux 系统作为其服务器端的程序运行平台,全球及国内排名前 1000 的 90% 以上的网站使用的主流系统都是 Linux 系统。

　　在所有 Linux 版本中,都会涉及以下几个重要概念。

　　内核:内核是操作系统的核心。内核直接与硬件交互,并处理大部分较低层的任务,如内存管理、进程调度、文件管理等。

　　命令和工具:日常工作中,用户会用到很多系统命令和工具,如 cp、mv、cat 和 grep 等。在 Linux 系统中,有 250 多个命令,每个命令都有多个选项。第三方工具也有很多,它们也扮演着重要角色。

　　文件和目录:Linux 系统中所有的数据都被存储到文件中,这些文件被分配到各个目录,构成文件系统。Linux 的目录与 Windows 的文件夹概念类似。

　　Shell:Shell 是一个处理用户请求的工具,它负责解释用户输入的命令,调用用户希望使用的程序。Shell 既是一种命令语言,又是一种程序设计语言。

　　接下来介绍 Shell。

　　用户通过 Shell 与 Linux 内核交互。Shell 是一个命令行解释工具,它将用户输入的命令转换为内核能够理解的语言(命令)。Shell 也是一种应用程序,这个应用程序提供了一个界面,用户通过这个界面访问操作系统内核的服务。Ken Thompson 的 sh 是第一种 UNIX Shell,Windows Explorer 就是一个典型的图形界面 Shell。

Shell 和 Shell 脚本是不一样的,Shell 脚本(Shell script),是一种为 Shell 编写的脚本程序。业界所说的 Shell 通常都是指 Shell 脚本。为简洁起见,本节的“Shell 编程”都是指 Shell 脚本编程,不是指开发 Shell 自身。

Shell 编程跟 JavaScript、php 编程一样,只要有一个能编写代码的文本编辑器和一个能解释执行的脚本解释器就可以了。

Linux 的 Shell 种类众多,常见的有:

Bourne Shell(/usr/bin/sh 或/bin/sh)

Bourne Again Shell(/bin/bash)

C Shell(/usr/bin/csh)

K Shell(/usr/bin/ksh)

Shell for Root(/sbin/sh)

…

本节关注的是 Bash,也就是 Bourne Again Shell,由于易用和免费,Bash 在日常工作中被广泛使用。同时,Bash 也是大多数 Linux 系统默认的 Shell。

在一般情况下,人们并不区分 Bourne Shell 和 Bourne Again Shell,所以,像♯!/bin/sh,它同样也可以改为♯! /bin/bash。其中符号♯! 告诉系统其后路径所指定的程序即是解释此脚本文件的 Shell 程序。

接下来编写第一个 Shell 脚本。

打开文本编辑器(可以使用 vi/vim 命令来创建文件),新建一个文件 test. sh,扩展名为 sh(sh 代表 Shell),扩展名并不影响脚本执行。输入一些代码,第一行一般如下:

```
#!/bin/bash
echo "Hello World!"
```

♯! 是一个约定的标记,它告诉系统这个脚本需要什么解释器来执行,即使用哪一种 Shell。Echo 命令用于向窗口输出文本。

运行 Shell 脚本有两种方法。

1) 作为可执行程序

将第一个 Shell 脚本的代码保存为 test. sh,并切换到相应目录:

```
chmod +x ./test.sh          #使脚本具有执行权限
./test.sh                   #执行脚本
```

注意,一定要写成. /test. sh,而不是 test. sh,运行其他二进制的程序也一样,直接写 test. sh,Linux 系统会去 PATH 中寻找有没有 test. sh,而只有/bin、/sbin、/usr/bin、/usr/sbin 等在 PATH 中,因而用户的当前目录通常不在 PATH 中,所以写成 test. sh 无法找到命令,要用. /test. sh 通知系统就在当前目录寻找。

2) 作为解释器参数

这种运行方式是直接运行解释器,其参数就是 Shell 脚本的文件名,如:

```
/bin/sh test.sh
/bin/php test.php
```

这种方式运行的脚本,不需要在第一行指定解释器信息。

限于篇幅限制,这里不再对 Shell 进行详细介绍,希望获得更多 Shell 知识的读者可以去 Linux 官网或者社区学习。

3.2 常见 Linux 发行版本

在 Linux 内核的发展过程中,各种 Linux 发行版本起了巨大的作用,正是它们推动了 Linux 的应用,从而让更多的人开始关注 Linux。因此,把 Red Hat、Ubuntu、SUSE 等直接说成 Linux 其实是不确切的,它们是 Linux 的发行版本,更确切地说,应该叫作"以 Linux 为核心的操作系统软件包"。Linux 的各个发行版本使用的是同一个 Linux 内核,因此在内核层不存在兼容性问题。

Linux 的发行版本可以大体分为两类:商业公司维护的发行版本,以著名的 Red Hat 为代表。社区组织维护的发行版本,以 Debian 为代表。

接下来简要介绍主流 Linux 发行版本。

1. Red Hat Linux

Red Hat(红帽公司)创建于 1993 年,是目前世界上资深的 Linux 厂商,也是最获认可的 Linux 品牌。Red Hat 公司的产品主要包括 RHEL(Red Hat Enterprise Linux,收费版本)和 CentOS(RHEL 的社区克隆版本,免费版本)、Fedora Core(由 Red Hat 桌面版发展而来,免费版本)。Red Hat 是在我国国内使用人群最多的 Linux 版本,资料丰富,而且大多数 Linux 教程都是以 Red Hat 为基础来讲解的。

2. Ubuntu Linux

Ubuntu 基于知名的 Debian Linux 发展而来,界面友好,容易上手,对硬件的支持非常全面,是目前最适合作为桌面系统的 Linux 发行版本,而且 Ubuntu 的所有发行版本都是免费的。

3. SuSE Linux

SuSE Linux 以 Slackware Linux 为基础,原来是德国的 SuSE Linux AG 公司发布的 Linux 版本,1994 年发行了第一版,早期只有商业版本,2004 年被 Novell 公司收购后,成立了 OpenSuSE 社区,推出了自己的社区版本 OpenSuSE。SuSE Linux 在欧洲较为流行,在我国国内也有较多应用。SuSE Linux 可以非常方便地实现与 Windows 的交互,硬件检测非常优秀,拥有界面友好的安装过程、图形管理工具,对于终端用户和管理员来说使用非常方便。

4. Gentoo Linux

Gentoo 最初由 Daniel Robbins(FreeBSD 的开发者之一)创建,首个稳定版本发布于 2002 年。Gentoo 是所有 Linux 发行版本里安装最复杂的,到目前为止仍采用源代码包编译安装操作系统。不过,它是安装完成后最便于管理的版本,也是在相同硬件环境下运行最快的版本。自从 Gentoo 1.0 面世后给 Linux 世界带来了巨大的惊喜,同时也吸引了大量的用户和开发者投入 Gentoo Linux 的怀抱。尽管安装时可以选择预先编译好的软件包,但是大部分使用 Gentoo 的用户都选择自己手动编译。这也是为什么 Gentoo 适合比较有 Linux 使用经验的老手使用。

5．其他 Linux 发行版

除以上 4 种 Linux 发行版外，还有很多其他版本，表 3-1 罗列了几种常见的 Linux 发行版及其特点。

表 3-1　Linux 发行版及其特点

版本名称	特　　点	软件包管理器
Debian Linux	开放的开发模式，且易于进行软件包升级	apt
Fedora Core	拥有数量庞大的用户，优秀的社区技术支持，并且有许多创新	up2date(rpm)，yum(rpm)
CentOS	CentOS 是一种对 RHEL 源代码再编译的产物，由于 Linux 是开发源代码的操作系统，并不排斥基于源代码的再分发，CentOS 将商业的 Linux 操作系统 RHEL 进行源代码再编译后分发，并在 RHEL 的基础上修正了不少已知的漏洞	rpm
SuSE Linux	专业的操作系统，易用的 YaST 软件包管理系统	YaST(rpm)，第三方 apt (rpm)软件库(repository)
Mandriva	操作界面友好，使用图形配置工具，有庞大的社区进行技术支持，支持 NTFS 分区的大小变更	rpm
KNOPPIX	可以直接在 CD 上运行，具有优秀的硬件检测和适配能力，可作为系统的急救盘使用	apt
Gentoo Linux	高度的可定制性，使用手册完整	portage
Ubuntu	优秀的桌面环境，基于 Debian 构建	apt，dpkg，tasksel

3.3　Linux 文件管理

在 Linux 中很多工作都是通过命令完成的，学好 Linux，首先要掌握常用命令。本章结合常用命令来介绍 Linux 相关基础知识。

Linux 中的所有数据都被保存在文件中，所有的文件被分配到不同的目录。目录是一种类似于树的结构。当用户使用 Linux 时，大部分时间都会和文件打交道，通过本节可以了解基本的文件操作，如创建文件、删除文件、复制文件、重命名文件以及为文件创建链接等。

在 Linux 中，有 3 种基本的文件类型。

1．普通文件

普通文件是以字节为单位的数据流，包括文本文件、源代码文件、可执行文件等。文本和二进制对 Linux 来说并无区别，对普通文件的解释由处理该文件的应用程序负责。

2．目录

目录可以包含普通文件和特殊文件，目录相当于 Windows 和 macOS 中的文件夹。

3．设备文件

Linux 与外部设备（例如光驱、打印机、终端、调制解调器等）是通过一种被称为设备文件的文件来进行通信的。Linux 与外部设备之间输入输出的关系和输入输出到一个文件的方式是相同的。在 Linux 和一个外部设备通信之前，这个设备必须首先要有一个设备文件存在。例如,每一个终端都有自己的设备文件来供 Linux 写数据(比如出现在终端屏幕上)和读取数据(比如用户通过键盘输入)。

设备文件和普通文件不一样,设备文件中并不包含任何数据。最常见的设备文件有两种类型:字符设备文件和块设备文件。

字符设备文件以字母"c"开头。字符设备文件向设备传送数据时,一次传送一个字符。典型的通过字符传送数据的设备有打印机、绘图仪、调制解调器等。字符设备文件有时也被称为"raw"设备文件。

块设备文件以字母"b"开头。块设备文件向设备传送数据时,先从内存中的 buffer 中读或写数据,而不是直接传送数据到物理磁盘。磁盘和 CD-ROM 既可以使用字符设备文件,也可以使用块设备文件。

3.3.1 查看文件

查看当前目录下的文件和目录可以使用 ls 命令,例如:

```
$ ls
bin        hosts      lib        res.03
ch07       hw1        pub        test_results
ch07.bak   hw2        res.01     users
docs       hw3        res.02     work
```

通过 ls 命令的 -l 选项,可以获取更多文件信息,例如:

```
$ ls -l
total 1962188
drwxrwxr-x   2  amrood   amrood   4096   Dec 25 09:59   uml
-rw-rw-r--   1  amrood   amrood   5341   Dec 25 08:38   uml.jpg
drwxr-xr-x   2  amrood   amrood   4096   Feb 15 2021    univ
drwxr-xr-x   2  root     root     4096   Dec 9  2021    urlspedia
...
```

每一列的含义如下所示。

第一列:文件类型及文件的操作权限。

第二列:表示文件个数。如果是文件,那么就是 1。如果是目录,那么就是该目录中文件的数目。

第三列:文件的所有者,即文件的创建者。

第四列:文件所有者所在的用户组。在 Linux 中,每个用户都隶属于一个用户组。

第五列:文件大小(以字节计)。

第六列:文件被创建或上次被修改的时间。

第七列:文件名或目录名。

注意:每一个目录都有一个指向它本身的子目录"."和指向它上级目录的子目录"..",所以对于一个空目录,第二列应该为 2。

表 3-2 通过"ls-l"列出的文件,每一行都是以 a、d、-或 l 开头,这些字符表示文件类型。

表 3-2　字符前缀和文件类型

前　缀	描　述
-	普通文件。如文本文件、二进制可执行文件、源代码等
b	块设备文件。硬盘可以使用块设备文件
c	字符设备文件。硬盘也可以使用字符设备文件
d	目录文件。目录可以包含文件和其他目录
l	符号链接（软链接）。可以链接任何普通文件，类似于 Windows 中的快捷方式
p	具名管道。管道是进程间的一种通信机制
s	用于进程间通信的套接字

3.3.2　元字符

元字符是具有特殊含义的字符。比如 * 和？都是元字符，* 可以匹配多个任意字符，而？匹配一个字符。

例如：

```
$ ls ch * .doc
```

可以显示所有以 ch 开头、以 .doc 结尾的文件。

```
ch01 - 1.doc   ch010.doc   ch02.doc   ch03 - 2.doc
ch04 - 1.doc   ch040.doc   ch05.doc   ch06 - 2.doc
ch01 - 2.doc   ch02 - 1.doc c
```

如果希望显示所有以 .doc 结尾的文件，则可以使用：

```
$ ls *.doc
```

3.3.3　隐藏文件

隐藏文件的第一个字符为英文句号或点号(.)，Linux 程序（包括 Shell）通常使用隐藏文件来保存配置信息。下面是一些常见的隐藏文件。

.profile：Bourne Shell(sh)初始化脚本。

.kshrc：Korn Shell(ksh)初始化脚本。

.cshrc：C Shell(csh)初始化脚本。

.rhosts：Remote Shell(rsh)配置文件。

查看隐藏文件需要使用 ls 命令的 -a 选项。

```
$ ls -a
.          .profile      docs      lib      test_results
..         .rhosts       hosts     pub      users
.emacs     bin           hw1       res.01   work
.exrc      ch07          hw2       res.02
.kshrc     ch07.bak      hw3       res.03
$
```

与 3.3.1 节的介绍一样,一个点号(.)表示当前目录,两个点号(..)表示上级目录。
注意:输入密码时,星号(＊)作为占位符,代表输入的字符个数。

3.3.4 查看文件内容

可以使用 cat 命令来查看文件内容,下面是一个简单的例子。

```
$ cat filename
This is Linux file....I created it for the first time.....
I'm going to save this content in this file.
$
```

可以通过 cat 命令的 -b 选项来显示行号,例如:

```
$ cat - b filename
1     This is Linux file....I created it for the first time.....
2     I'm going to save this content in this file.
$
```

3.3.5 统计单词数目

可以使用 wc 命令来统计当前文件的行数、单词数和字符数,下面是一个简单的例子。

```
$ wc filename
  2  19  103  filename
$
```

第一列:文件的总行数。第二列:单词数目。第三列:文件的字节数,即文件的大小。
第四列:文件名。也可以一次查看多个文件的内容,例如:

```
$ wc filename1 filename2 filename3
```

3.3.6 复制文件

可以使用 cp 命令来复制文件,cp 命令的基本语法如下:

```
$ cp source_file destination_file
```

下面的例子将会复制 filename 文件。

```
$ cp filename copyfile
$
```

现在在当前目录中会多出一个和 filename 一模一样的 copyfile 文件。

3.3.7 重命名文件

重命名文件可以使用 mv 命令,语法为:

```
$ mv old_file new_file
```

下面的例子将会把 filename 文件重命名为 newfile。

```
$ mv filename newfile
$
```

现在在当前目录下，只有一个 newfile 文件。mv 命令其实是一个移动文件的命令，不但可以更改文件的路径，也可以更改文件名。

3.3.8 删除文件

rm 命令可以删除文件，语法为：

```
$ rm filename
```

注意：删除文件是一种危险的行为，因为文件内可能包含有用信息，建议结合-i 选项来使用 rm 命令。

下面的例子会彻底删除一个文件。

```
$ rm filename
$
```

也可以一次删除多个文件。

```
$ rm filename1 filename2 filename3
$
```

3.4 Linux 目录

目录也是一个文件，它的功能是用来保存文件及其相关信息。所有的文件，包括普通文件、设备文件和目录文件，都会被保存到目录中。

3.4.1 主目录

登录后，用户所在的位置就是主目录（或登录目录），接下来主要是在这个目录下进行操作，如创建文件、删除文件等。使用下面的命令可以随时进入主目录。

```
$ cd ～
$
```

这里～就表示主目录。如果希望进入其他用户的主目录，可以使用下面的命令。

```
$ cd ～username
$
```

返回进入当前目录前所在的目录可以使用下面的命令。

```
$ cd -
$
```

3.4.2 绝对路径和相对路径

Linux 的目录有清晰的层次结构,/代表根目录,所有的目录都位于/下面。文件在层次结构中的位置可以用路径来表示。

如果一个路径以/开头,则称为绝对路径。它表示当前文件与根目录的关系。举例如下:

```
/etc/passwd
/users/sjones/chem/notes
/dev/rdsk/0s3
```

不以/开头的路径称为相对路径,它表示文件与当前目录的关系。例如:

```
chem/notes
personal/res
```

获取当前所在的目录可以使用 pwd 命令。

```
$ pwd
/user0/home/amrood
$
```

查看目录中的文件可以使用 ls 命令。

```
$ ls dirname
```

下面的例子将遍历/usr/local 目录下的文件。

```
$ ls /usr/local

X11         bin         gimp        jikes       sbin
ace         doc         include     lib         share
atalk       etc         info        man         ami
```

3.4.3 创建目录

可以使用 mkdir 命令来创建目录,语法为:

```
$ mkdir dirname
```

dirname 可以为绝对路径,也可以为相对路径。例如:

```
$ mkdir mydir
$
```

该命令会在当前目录下创建 mydir 目录。又如:

```
$ mkdir /tmp/test-dir
$
```

该命令会在 /tmp 目录下创建 test-dir 目录。mkdir 成功创建目录后不会输出任何信息。

也可以使用 mkdir 命令同时创建多个目录,例如:

```
$ mkdir docs pub
$
```

该命令会在当前目录下创建 docs 和 pub 两个目录。

使用 mkdir 命令创建目录时,如果上级目录不存在,就会报错。在下面的例子中,mkdir 会输出错误信息。

```
$ mkdir /tmp/amrood/test
mkdir: Failed to make directory "/tmp/amrood/test";
No such file or directory
$
```

为 mkdir 命令增加-p 选项,可以逐级创建所需要的目录,即使上级目录不存在也不会报错。例如:

```
$ mkdir – p /tmp/amrood/test
$
```

该命令会创建所有不存在的上级目录。

3.4.4　删除目录

可以使用 rmdir 命令来删除目录,例如:

```
$ rmdir dirname
$
```

注意：删除目录时请确保目录为空,不会包含其他文件或目录。

也可以使用 rmdir 命令同时删除多个目录。

```
$ rmdir dirname1 dirname2 dirname3
$
```

如果 dirname1、dirname2、dirname3 为空,则会被删除。rmdir 成功删除目录后不会输出任何信息。

3.4.5　改变所在目录

可以使用 cd 命令来改变当前所在目录,进入任何有权限的目录,语法为:

```
$ cd dirname
```

其中,dirname 为路径,既可以为相对路径,也可以为绝对路径。例如:

```
$ cd /usr/local/bin
$
```

可以进入/usr/local/bin 目录。可以使用相对路径从这个目录进入/usr/home/amrood
目录。

```
$ cd ../../home/amrood
$
```

3.4.6　重命名目录

mv(move)命令也可以用来重命名目录,语法为:

```
$ mv olddir newdir
```

下面的例子将会把 mydir 目录重命名为 yourdir 目录。

```
$ mv mydir yourdir
$
```

3.5　Linux 文件权限和访问模式

为了更加安全地存储文件,Linux 为不同的文件赋予了不同的权限,每个文件都拥有下
面 3 种权限。
- 所有者权限:文件所有者能够进行的操作。
- 组权限:文件所属用户组能够进行的操作。
- 外部权限(其他权限):其他用户可以进行的操作。

3.5.1　查看文件权限

使用“ls-l”命令可以查看与文件权限相关的信息。

```
$ ls - l /home/amrood
- rwxr - xr - -   1 amrood     users 1024   Nov 2 00:10   myfile
drwxr - xr - - - 1 amrood     users 1024   Nov 2 00:10   mydir
```

第一列包含了文件或目录的权限。第一列的第一个字符代表文件类型,-代表是普通文
件,d 代表是文件夹。而接下来的字符所对应的权限一共分成 3 组,3 个一组,分别属于文件
所有者、文件所属用户组和其他用户。权限中的每个字符都代表不同的权限,其中分别为读
取(r)、写入(w)和执行(x)。

第一组字符(2～4)表示文件所有者的权限,-rwxr-xr- -表示所有者拥有读取(r)、写
入(w)和执行(x)的权限。

第二组字符(5～7)表示文件所属用户组的权限,-rwxr-xr- -表示该组拥有读取(r)和执
行(x)的权限,但没有写入权限。

第三组字符(8～10)表示所有其他用户的权限,rwxr-xr- -表示其他用户只能读取(r)
文件。

3.5.2　文件访问模式

文件权限是 Linux 系统的第一道安全防线，基本的权限有读取(r)、写入(w)和执行(x)。

读取：用户能够读取文件信息，查看文件内容。

写入：用户可以编辑文件，可以向文件写入内容，也可以删除文件内容。

执行：用户可以将文件作为程序来运行。

3.5.3　目录访问模式

目录的访问模式和文件类似，但是稍有不同。

读取：用户可以查看目录中的文件。

写入：用户可以在当前目录中删除文件或创建文件。

执行：执行权限赋予用户遍历目录的权利，例如，执行 cd 和 ls 命令。

3.5.4　改变权限

可以使用 chmod(change mode)命令来改变文件或目录的访问权限，权限可以使用符号或数字来表示。

1. 使用符号表示权限

对于初学者来说，最简单的就是使用符号来改变文件或目录的权限，用户可以增加(＋)和删除(－)权限，也可以指定特定权限。表 3-3 列举了权限更改符号。

表 3-3　权限更改符号

符　　号	说　　明
＋	为文件或目录增加权限
－	删除文件或目录的权限
＝	设置指定的权限

下面的例子将会修改 testfile 文件的权限。

```
$ ls − l testfile
− rwxrwxr − −    1 amrood    users 1024    Nov 2 00:10    testfile
$ chmod o + wx testfile
$ ls − l testfile
− rwxrwxrwx    1 amrood    users 1024    Nov 2 00:10    testfile
$ chmod u − x testfile
$ ls − l testfile
− rw − rwxrwx    1 amrood    users 1024    Nov 2 00:10    testfile
$ chmod g = rx testfile
$ ls − l testfile
− rw − r − xrwx    1 amrood    users 1024    Nov 2 00:10    testfile
```

也可以同时使用多个符号。

```
$ chmod o + wx,u − x,g = rx testfile
$ ls − l testfile
− rw − r − xrwx  1 amrood    users 1024    Nov 2 00:10    testfile
```

2. 使用数字表示权限

除了符号,也可以使用八进制数字来指定具体权限,如表 3-4 所示。

表 3-4　使用数字表示权限

数　　字	说　　明	权　　限
0	没有任何权限	---
1	执行权限	--x
2	写入权限	-w-
3	执行权限和写入权限:1(执行)+2(写入)=3	-wx
4	读取权限	r--
5	读取和执行权限:4(读取)+1(执行)=5	r-x
6	读取和写入权限:4(读取)+2(写入)=6	rw-
7	所有权限:4(读取)+2(写入)+1(执行)=7	rwx

下面的例子,首先使用"ls-l"命令查看 testfile 文件的权限,然后使用 chmod 命令更改权限。

```
$ ls - l testfile
- rwxrwxr - -     1 amrood     users 1024     Nov 2 00:10      testfile
$ chmod 755 testfile
$ ls - l testfile
- rwxr - xr - x   1 amrood     users 1024     Nov 2 00:10      testfile
$ chmod 743 testfile
$ ls - l testfile
- rwxr - - - wx   1 amrood     users 1024     Nov 2 00:10      testfile
$ chmod 043 testfile
$ ls - l testfile
- - - - r - - - wx 1 amrood     users 1024     Nov 2 00:10      testfile
```

3.5.5　更改所有者和用户组

在 Linux 中,每添加一个新用户,就会为它分配一个用户 ID 和群组 ID,上面提到的文件权限也是基于用户和群组来分配的。

有如下两个命令可以改变文件的所有者或群组。

chown:chown 命令是 change owner 的缩写,用来改变文件的所有者。

chgrp:chgrp 命令是 change group 的缩写,用来改变文件所在的群组。

chown 命令用来更改文件所有者,其语法如下。

```
$ chown user filelist
```

user 可以是用户名或用户 ID,例如:

```
$ chown amrood testfile
$
```

该命令将 testfile 文件的所有者改为 amrood。

注意:超级用户 root 可以不受限制地更改文件的所有者和用户组,但是普通用户只能更改所有者是自己的文件或目录。

chgrp 命令用来改变文件所属群组，其语法为：

```
$ chgrp group filelist
```

group 可以是群组名或群组 ID，例如：

```
$ chgrp special testfile
$
```

上述命令将文件 testfile 的群组改为 special。

在 Linux 中，一些程序需要特殊权限才能完成用户指定的操作。例如，用户的密码保存在/etc/shadow 文件中，出于安全考虑，一般用户没有读取和写入的权限。但是当我们使用 passwd 命令来更改密码时，需要对/etc/shadow 文件有写入权限。这就意味着，passwd 程序必须要给我们一些特殊权限，才可以向/etc/shadow 文件写入内容。

Linux 通过给程序设置 SUID(Set User ID)和 SGID(Set Group ID)位来赋予普通用户特殊权限。当运行一个带有 SUID 位的程序时，就会继承该程序所有者的权限。如果程序不带 SUID 位，则会根据程序使用者的权限来运行。

SGID 也是一样。一般情况下程序会根据用户的组权限来运行，但是给程序设置 SGID 后，就会根据程序所在组的组权限运行。

如果程序设置了 SUID 位，则会在表示文件所有者可执行权限的位置上出现's'。同样，如果设置了 SGID，则会在表示文件群组可执行权限的位置上出现's'。如下所示：

```
$ ls -l /usr/bin/passwd
-r-sr-xr-x  1   root   bin  19031 Feb 7 13:47  /usr/bin/passwd *
$
```

执行命令后的第四个字符不是'x'或'-'，而是's'，说明 /usr/bin/passwd 文件设置了 SUID 位，这时普通用户会以 root 用户的权限来执行 passwd 程序。

注意：小写字母's'说明文件所有者有执行权限(x)，大写字母'S'说明程序所有者没有执行权限(x)。

如果在表示群组权限的位置上出现 SGID 位，那么也仅有 3 类用户可以删除该目录下的文件：目录所有者、文件所有者、超级用户 root。

为一个目录设置 SUID 和 SGID 位可以使用下面的命令。

```
$ chmod ug+s dirname
$ ls -l
drwsr-sr-x 2 root root   4096 Jun 19 06:45 dirname
$
```

3.6 Linux 环境变量

在 Linux 中，环境变量是一个很重要的概念。环境变量可以由系统、用户、Shell 及其他程序来设定。这里变量就是一个可以被赋值的字符串，赋值范围包括数字、文本、文件名、设备及其他类型的数据。

下面的例子将为变量 TEST 赋值,然后使用 echo 命令输出。

```
$ TEST = "Linux Programming"
$ echo $ TEST
Linux Programming
```

注意:变量赋值时前面不能加 $ 符号,变量输出时必须要加 $ 前缀。退出 Shell 时,变量将消失。

登录系统后,Shell 会有一个初始化的过程,用来设置环境变量。这个阶段,Shell 会读取/etc/profile 和.profile 两个文件,过程如下:

Shell 首先检查/etc/profile 文件是否存在,如果存在,则读取内容,否则就跳过,但是不会报错。

然后检查主目录(登录目录)中是否存在.profile 文件,如果存在,就读取内容,否则就跳过,也不会报错。

读取完上面两个文件,Shell 就会出现 $ 命令提示符。

```
$
```

在这个提示符后就可以输入命令并调用相应的程序了。注意:上面是 Bourne Shell 的初始化过程,bash 和 ksh 在初始化过程中还会检查其他文件。

3.6.1　.profile 文件

/etc/profile 文件包含了通用的 Shell 初始化信息,由 Linux 管理员维护,一般用户无权修改。但是用户可以修改主目录下的.profile 文件,增加一些特定初始化信息,包括:设置默认终端类型和外观样式;设置 Shell 命令查找路径,即 PATH 变量;设置命令提示符等。

3.6.2　设置终端类型

一般情况下,用户使用的终端是由 login 或 getty 程序设置的,可能会不符合用户的习惯。对于没有使用过的终端,可能会比较生疏,不习惯命令的输出样式,交互起来略显吃力。所以,一般用户会将终端设置成下面的类型。

```
$ TERM = vt100
$
```

vt100 是 virtual terminate 100 的缩写。vt100 是被绝大多数 Linux 系统所支持的一种虚拟终端规范,常用的还有 ansi、xterm 等。

3.6.3　设置 PATH 变量

在命令提示符下输入一个命令时,Shell 会根据 PATH 变量来查找该命令对应的程序,PATH 变量指明了这些程序所在的路径。

一般情况下,PATH 变量的设置如下:

```
$ PATH = /bin:/usr/bin
$
```

多个路径使用冒号（：）分隔。如果用户输入的命令在 PATH 设置的路径下没有找到，就会报错，例如：

```
$ hello
hello: not found
$
```

3.6.4 PS1 和 PS2 变量

PS1 变量用来保存命令提示符，可以随意修改，如果用户不习惯使用 $ 作为提示符，也可以改成其他字符。PS1 变量被修改后，提示符会立即改变。

例如，把命令提示符设置成 '=>'。

```
$ PS1 = '=>'
=>
```

也可以将提示信息设置成当前目录，例如：

```
=> PS1 = "[\u@\h \w]\ $ "
[root@ip - 72 - 167 - 112 - 17 /var/www/tutorialspoint/Linux] $
```

命令提示信息包含了用户名、主机名和当前目录。表 3-5 中的转义字符可以被用作 PS1 的参数，以丰富命令提示符信息。

表 3-5　转义字符

转 义 字 符	描　　　述
\t	当前时间，格式为 HH：MM：SS
\d	当前日期，格式为 Weekday Month Date
\n	换行
\W	当前所在目录
\w	当前所在目录的完整路径
\u	用户名
\h	主机名（IP 地址）
#	输入的命令的个数，每输入一个新的命令就会加 1
\ $	如果是超级用户 root，提示符为 #，否则为 $

用户可以在每次登录的时候修改提示符，也可以在 . profile 文件中增加 PS1 变量，这样每次登录时会自动修改提示符。如果用户输入的命令不完整，则 Shell 会使用第二提示符来等待用户完成命令的输入。默认的第二命令提示符是 >，保存在 PS2 变量中，可以随意修改。

下面的例子使用默认的第二命令提示符。

```
$ echo "this is a
> test"
```

```
this is a
test
$
```

下面的例子通过 PS2 变量改变提示符。

```
$ PS2 = "secondary prompt - >"
$ echo "this is a
secondary prompt - > test"
this is a
test
$
```

3.6.5　常用环境变量

表 3-6 列出了部分重要的环境变量，这些变量可以通过 3.6.4 节提到的方式修改。

表 3-6　部分重要的环境变量

变　　量	描　　述
DISPLAY	用来设置将图形显示到何处
HOME	当前用户的主目录
IFS	内部域分隔符
LANG	LANG 可以让系统支持多语言。例如，将 LANG 设为 pt_BR，则可以支持(巴西)葡萄牙语
PATH	指定 Shell 命令的路径
PWD	当前所在目录，即 cd 命令查到的目录
RANDOM	生成一个 0~32 767 范围内的随机数
TERM	设置终端类型
TZ	时区。可以是 AST(大西洋标准时间)或 GMT(格林尼治标准时间)等
UID	以数字形式表示的当前用户 ID,Shell 启动时会被初始化

下面的例子中使用了部分环境变量。

```
$ echo $ HOME
/root
]$ echo $ DISPLAY

$ echo $ TERM
xterm
$ echo $ PATH
/usr/local/bin:/bin:/usr/bin:/home/amrood/bin:/usr/local/bin
$
```

3.7　Linux yum 命令

Linux yum(yellow dog updater,modified)是一个在 Fedora 和 RedHat 及 SUSE 中的 Shell 前端软件包管理器。

Linux yum 基于 RPM 包管理,能够从指定的服务器自动下载 RPM 包并且安装,可以自动处理依赖性关系,并且一次安装所有依赖的软件包,无须重复下载、安装。

Linux yum 提供了查找、安装、删除某一个或一组甚至全部软件包的命令,而且命令简洁。

Linux yum 语法如下所示。

```
yum [options] [command] [package ...]
```

其中,options:可选,选项包括-h(帮助)、-y(当安装过程提示选择全部为 yes)、-q(不显示安装的过程)。command:要进行的操作。package:安装的包名。

Linux yum 常用命令如下所述。

(1) 列出所有可更新的软件清单命令:yum check-update。

(2) 更新所有软件命令:yum update。

(3) 仅安装指定的软件命令:yum install < package_name >。

(4) 仅更新指定的软件命令:yum update < package_name >。

(5) 列出所有可安装的软件清单命令:yum list。

(6) 删除软件包命令:yum remove < package_name >。

(7) 查找软件包命令:yum search < keyword >。

(8) 清除缓存命令包括:

- yum clean packages——清除缓存目录下的软件包。
- yum clean headers——清除缓存目录下的 headers。
- yum clean oldheaders——清除缓存目录下旧的 headers。
- yum clean,yum clean all(= yum clean packages; yum clean oldheaders)——清除缓存目录下的软件包及旧的 headers。

3.8 Linux apt 命令

Linux apt(advanced packaging tool)是一个在 Debian 和 Ubuntu 中的 Shell 前端软件包管理器。

Linux apt 命令提供了查找、安装、升级、删除某一个或一组甚至全部软件包的命令,而且命令十分简洁。

Linux apt 命令执行需要超级管理员权限(root)。Linux sudo 是 Linux 系统管理指令,是允许普通用户执行一些或者全部 root 命令的一个工具,如 halt(关闭系统)、reboot(重启系统)、su(变更使用者身份)等。这样不仅减少了 root 用户的登录和管理时间,也提高了安全性。

Linux apt 语法如下:

```
apt [options] [command] [package...]
```

参数设置和 yum 相同。Linux apt 常用命令如下所述。

(1) 列出所有可更新的软件清单:sudo apt update。

（2）升级软件包：sudo apt upgrade。

（3）列出可更新的软件包及版本信息：apt list-upgradeable。

（4）升级软件包，升级前先删除需要更新的软件包：sudo apt full-upgrade。

（5）安装指定的软件：sudo apt install ＜package_name＞。

（6）安装多个软件包：sudo apt install ＜package_1＞＜package_2＞＜package_3＞。

（7）更新指定的软件：sudo apt update ＜package_name＞。

（8）显示软件包具体信息（例如，版本号、安装大小、依赖关系等）：sudo apt show ＜package_name＞。

（9）删除软件包：sudo apt remove ＜package_name＞。

（10）清理不再使用的依赖和库文件：sudo apt autoremove。

（11）移除软件包及配置文件：sudo apt purge ＜package_name＞。

（12）查找软件包：sudo apt search ＜keyword＞。

（13）列出所有已安装的软件包：apt list-installed。

（14）列出所有已安装的软件包的版本信息：apt list --all-versions。

3.9 本章小结

本章是为后续嵌入式 Linux 开发起到铺垫作用的章节。由于 Linux 开放源代码、易于移植、资源丰富、免费等优点，使得它在服务器和 PC 桌面之外的嵌入式领域越来越流行。更重要的一点，由于嵌入式 Linux 与 PC Linux 源于同一套内核代码，只是裁剪的程度不一样，这使得很多为 PC 开发的软件再次编译之后，可以直接在嵌入式设备上运行。本章介绍了 Linux 的很多基础命令和组成单元，但是 Linux 本身是代码数量在千万行之上的庞大操作系统，资源非常丰富，本章只着重介绍了在嵌入式 Linux 领域中会用到的 Linux 相关知识。

习题

1. 查阅相关资料，进一步了解 Linux 的主要发行版本之间的异同。

2. 尝试下载典型 Linux 发行版本并使用常用的 Linux 命令。

3. 尝试阅读下载的 Linux 发行版本的环境变量。

第4章 嵌入式 Linux 开发环境搭建

CHAPTER 4

嵌入式 Linux 开发环境是为开发者进行基于 Linux 的嵌入式系统开发工作搭建的工作平台。该平台从硬件上包括主机端(也叫宿主机端)和目标机端(也叫目标开发板)。从软件角度来看,它首先是在主机端通常采用 PC 结合"虚拟机+Linux"的开发模式,在目标机端采用基于有较强计算能力和具有 MMU(内存管理单元)的硬件平台(比如当前最主流的 ARM 架构)的开发环境,然后完成对于该目标机平台的嵌入式 Linux 内核移植、文件系统制作工作,以确保目标机平台具有合适的工作环境。在此基础上,开发者可在主机端进行应用程序编辑、构建交叉编译工具链、程序下载及调试等重要工作。

嵌入式 Linux 内核移植和交叉编译工具链的构建将在第 7 章结合内核移植等知识进行详细介绍,本章主要针对不包含该环节的嵌入式 Linux 开发环境的其他重要组成部分展开分析。

4.1 vi 编辑器

Linux 下的文本编辑器有很多种,vi 是最常用的文本编辑器。Vim 是 Vi improved 的缩写,是 vi 的改进版,在 vi 的基础上增加了正则表达式的查找、多窗口的编辑等功能(本书统一使用 vi)。在 Linux 中,vi 被认为是事实上的标准编辑器,因为它具有如下优点:所有版本的 Linux 都带有 vi 编辑器,占用资源少;与 ed、ex 等其他编辑器相比,vi 对用户更加友好。

用户可以使用 vi 编辑器编辑现有的文件,也可以创建一个新文件,还能以只读模式打开文本文件。

4.1.1 进入 vi 编辑器

用户可以通过如表 4-1 所示的方式进入 vi 编辑器。

表 4-1　进入 vi 编辑器命令

命　　令	描　　述
vi filename	如果 filename 存在,则打开。否则会创建一个新文件再打开
vi-R filename	以只读模式(只能查看不能编辑)打开现有文件
view filename	以只读模式打开现有文件

例如,使用 vi 编辑器创建一个新文件并打开。

```
$ vi testfile
|
~
"testfile" [New File]
```

竖线(|)代表光标的位置。波浪号(～)代表该行没有任何内容。如果没有～,也看不到任何内容,则说明这一行肯定是有空白字符(空格、Tab 缩进、换行符等)或不可见字符。

4.1.2 工作模式

在了解 vi 之前先要掌握 vi 的工作模式,vi 有 3 种工作模式。

1. 普通模式

由 Shell 进入 vi 编辑器时,首先进入普通模式。在普通模式下,从键盘输入任何字符都被当作命令来解释。普通模式下没有任何提示符,输入命令后立即执行,不需要回车,而且输入的字符不会在屏幕上显示出来。普通模式下可以执行命令、保存文件、移动光标、复制/粘贴等。

2. 编辑模式

编辑模式主要用于文本的编辑。该模式下用户输入的任何字符都被作为文件的内容保存起来,并在屏幕上显示出来。

3. 命令模式

在命令模式下,用户可以对文件进行一些高级处理。尽管普通模式下的命令可以完成很多功能,但要执行如字符串查找、替换、显示行号等操作还必须要进入命令模式。

工作模式是如何切换的?

在普通模式下输入 i(插入)、c(修改)、o(另起一行)等命令时进入编辑模式。按 Esc 键则退回到普通模式。

在普通模式下输入冒号(:)可以进入命令模式。输入完命令按 Enter 键,命令执行完后会自动退回普通模式。

值得注意的是,如果不确定当前处于哪种模式,那么按两次 Esc 键将回到普通模式。

4.1.3 退出 vi 编辑器

一般在命令模式下退出 vi 编辑器,如表 4-2 所示。

表 4-2 vi 退出命令

退出命令	说　明
q	如果文件未被修改,则会直接退回到 Shell,否则提示保存文件
q!	强行退出,不保存修改内容
wq	w 命令保存文件,q 命令退出 vi,合起来就是保存并退出
ZZ	保存并退出,相当于 wq,但是更加方便

退出之前,用户可以在使用 w 命令后面指定一个文件名,将文件另存为新文件,例如:

```
w filename2
```

该命令将当前文件另存为 filename2。

注意：vi 编辑文件时，用户的操作都是基于缓冲区中的副本进行的。如果退出时没有保存到磁盘，则缓冲区中的内容就会被丢失。

4.1.4　移动光标

为了不影响文件内容，必须在普通模式下移动光标。使用表 4-3 中的命令每次可以移动一个字符。

表 4-3　典型移动光标命令

命　　令	描　　述
k	向上移动光标(移动一行)
j	向下移动光标(移动一行)
h	向左移动光标(移动一个字符)
l	向右移动光标(移动一个字符)

值得注意的是，vi 是区分大小写的，输入命令时注意不要锁定大写。用户可以在命令前边添加一个数字作为前缀，例如，2j 将光标向下移动两行。

当然，还有很多其他命令来移动光标，如表 4-4 所示。这些命令要在普通模式下执行。

表 4-4　其他移动光标命令

命　　令	说　　明
0 或 |	将光标定位在一行的开头
$	将光标定位在一行的末尾
w	定位到下一个单词
b	定位到上一个单词
(	定位到一句话的开头,句子是以!、.、? 三种符号来界定的
)	定位到一句话的结尾
{	移动到段落开头
}	移动到段落结束
[[	回到段落的开头处
]]	向前移到下一个段落的开头处
n|	移动到第 n 列(当前行)
1G	移动到文件第一行
G	移动到文件最后一行
: n/nG	移动到文件第 n 行
H	移动到屏幕顶部
nH	移动到距离屏幕顶部第 n 行的位置
M	移动到屏幕中间
L	移动到屏幕底部
nL	移动到距离屏幕底部第 n 行的位置
:x	x 是一个数字,表示移动到行号为 x 的行

4.1.5　控制命令

有一些控制命令可以与 Ctrl 键组合使用，如表 4-5 所示。

表 4-5　控制命令

命　令	描　述	命　令	描　述
Ctrl＋d	向前滚动半屏	Ctrl＋e	向上滚动一行
Ctrl＋f	向前滚动全屏	Ctrl＋y	向下滚动一行
Ctrl＋u	向后滚动半屏	Ctrl＋I	刷新屏幕
Ctrl＋b	向后滚动全屏		

4.1.6　编辑文件

编辑模式下用户才能编辑文件。vi 有很多命令可以从普通模式切换到编辑模式，如表 4-6 示。

表 4-6　编辑文件命令

命　令	描　述	命　令	描　述
i	在当前光标位置之前插入文本	A	在当前行的末尾插入文本
I	在当前行的开头插入文本	o	在当前位置下面创建一行
a	在当前光标位置之后插入文本	O	在当前位置上面创建一行

4.1.7　删除字符

如表 4-7 所示的命令，可以删除文件中的字符或行。用户可以在命令前面添加一个数字前缀，表示重复操作的次数，例如，2x 表示连续两次删除光标下的字符，2dd 表示连续两次删除光标所在的行。

表 4-7　删除字符命令

命　令	说　明	命　令	说　明
x	删除当前光标下的字符	d^	删除从当前光标到行首的字符
X	删除光标前面的字符	D/d$	删除从当前光标到行尾的字符
dw	删除从当前光标到单词结尾的字符	dd	删除当前光标所在的行

4.1.8　修改文本

当对字符、单词或行进行修改时，可以使用如表 4-8 所示的命令。

表 4-8　修改文本命令

命　令	描　述
cc	删除当前行，并进入编辑模式
cw	删除当前字(单词)，并进入编辑模式
r	替换当前光标下的字符
R	从当前光标开始替换字符，按 Esc 键退出
s	用输入的字符替换当前字符，并进入编辑模式
S	用输入的文本替换当前行，并进入编辑模式

4.1.9　复制/粘贴

vi 中的复制/粘贴命令如表 4-9 所示。

表 4-9　复制/粘贴命令

命　令	描　述
yy	复制当前行
nyw/nyy	复制 n 行
yw	复制一个字（单词）
p	将复制的文本粘贴到光标后面
P	将复制的文本粘贴到光标前面
: set bf	忽略输入的控制字符，如 BEL（响铃）、BS（退格）、CR（回车）等

4.1.10　运行命令

切换到命令模式后，再输入！命令即可运行 Linux 命令。例如，保存文件前，如果希望查看该文件是否存在，那么输入":! ls"即可列出当前目录下的文件。按任意键可回到 vi 编辑器。

4.2　PC 端设置：超级终端设置

4.2.1　设置超级终端

视频讲解

为了通过 PC 的串口和目标开发板进行交互，需要使用一个终端程序，基本所有的类似功能软件都可以使用，推荐使用 Windows 自带的超级终端，也可以选择其他合适的程序，如 hypertrm。下面介绍设置超级终端的方法。

（1）打开"开始"→"程序"→"附件"→"通讯"菜单的"超级终端"选项，出现询问"默认 Telnet 程序"的界面，选择"否"之后，会弹出"位置信息"的界面，填入区号号码后，单击"确定"按钮后继续。

（2）在"连接描述"界面输入图标的名称，这里可输入"超级终端"，选择好图标后，单击"确定"按钮继续。

（3）出现"连接到"界面，提示请选择所连接的 comN，N 代表连接的是 PC 的物理串口序号，由于本次使用的是 PC 的 COM1 口，所以这里选择的是 COM1，单击"确定"继续。

（4）出现如图 4-1 所示的"COM1 属性"界面，在这里设置波特率：115200，数据位：8，奇偶校验：无，停止位：1，数据流控制：无，然后单击"确定"按钮继续。

（5）出现超级终端窗口，单击"文件"菜单的"保存"选项，保存刚才设置的超级终端，以便后续使用。

图 4-1　超级终端端口设置

视频讲解

4.2.2 使用串口和 PC 实现文件互传

当通过串口超级终端登录系统之后,可以使用 rz 和 sz 命令通过串口和 PC 互传文件。操作如下。

1. 向 PC 主机发送文件

(1) 在超级终端窗口右击,在弹出的快捷菜单中选择"接收文件"命令。

(2) 如图 4-2 所示,在"接收文件"的界面中单击"接收"按钮继续。

(3) 在超级终端输入"sz /root/Documents/NewDivide.mp3"命令,开始向 PC 传送位于"/root/Documents/"目录下面的"NewDivide.mp3"文件(请注意,在输入命令的时候字母大小写和空格必须严格按要求输入)。

(4) 发送完毕后,系统会自动保存该文件到刚才设置的目录里面。

2. 向实验平台发送文件

(1) 在超级终端里面输入 rz 命令,开始接收从 PC 传过来的文件。

(2) 在超级终端窗口中,右击,在弹出的快捷菜单中选择"发送文件"命令。

(3) 如图 4-3 所示,在出现的"发送文件"界面,单击"浏览"按钮然后定位要发送的文件。

图 4-2 "接收文件"配置

图 4-3 "发送文件"配置

(4) 单击图 4-3 所示的"发送"按钮,然后就可以开始发送文件到当前目录下面。

4.3 虚拟机及系统配置服务

嵌入式 Linux 系统的开发需要主机端具有 Linux 环境,通常我们会采用"虚拟机+Linux"的主机端开发环境。虚拟机(virtual machine)是指模拟具有完整硬件系统功能、运行在一个完全隔离环境中的计算机系统。在实体计算机中能够完成的工作在虚拟机中都能够实现。在计算机中创建虚拟机时,需要将实体机的部分硬盘和内存容量作为虚拟机的硬盘和内存容量。每个虚拟机都有独立的 CMOS、硬盘和操作系统,可以像使用实体机一样对虚拟机进行操作。

VMware 是 EMC 公司旗下独立的软件公司,1998 年 1 月,斯坦福大学的 Mendel Rosenblum 教授带领他的学生 Edouard Bugnion 和 Scott Devine 及对虚拟机技术多年的研究成果创立了 VMware 公司,主要研究在工业领域应用的大型主机级的虚拟计算机技术,并于 1999 年发布了它的第一款产品:基于主机模型的虚拟机 VMware Workstation(以下简称为 VMware)。当前 VMware 是虚拟机市场上的领航者。

使用 VMware，可以同时运行 Linux 各种发行版、DOS、Windows 的各种版本、UNIX 等，甚至可以在同一台计算机上安装多个 Linux 发行版、多个 Windows 版本。

4.3.1 虚拟机及其虚拟工具安装

下面介绍在主机 PC 上基于 Windows 环境的虚拟机 VMware 及其虚拟工具的安装。

1. 虚拟机的安装

1）虚拟机准备

（1）打开 VMware 选择新建虚拟机，如图 4-4 所示。

图 4-4　新建虚拟机

（2）典型安装与自定义安装。

典型安装：VMware 会将主流的配置应用在虚拟机的操作系统上，适合新手。自定义安装：自定义安装可以根据用户需求配置，做到资源优化。这里选择自定义安装，如图 4-5 所示。

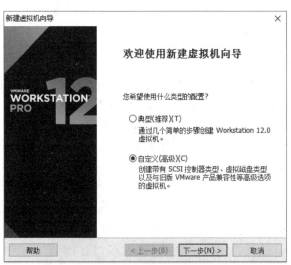

图 4-5　自定义安装虚拟机

2）虚拟机兼容性选择

安装虚拟机需要注意兼容性，如果是 VMware12 创建的虚拟机，复制到 VMware 11、VMware 10 或者更低的版本会出现不兼容的现象。如果是用 VMware10 创建的虚拟机，在 VMware 12 中打开则不会出现兼容性问题。如图 4-6 所示选择虚拟机的兼容性设置。

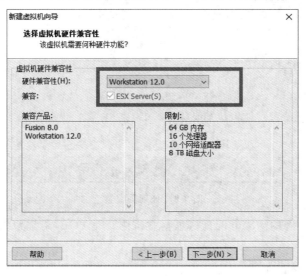

图 4-6　虚拟机的兼容性设置

3）操作系统的选择

这里选择安装的操作系统，正确的选择会让虚拟工具 VMware Tools 具有更好的兼容性。这里选择 Linux 下的 CentOS，如图 4-7 所示。

图 4-7　选择客户机操作系统

4）处理器与内存的分配

应根据用户的实际需求来分配处理器。在使用过程中如果发现 CPU 不够可以增加。这里只进行安装 CentOS 的演示，所以处理器与核心都选 1，如图 4-8 所示。

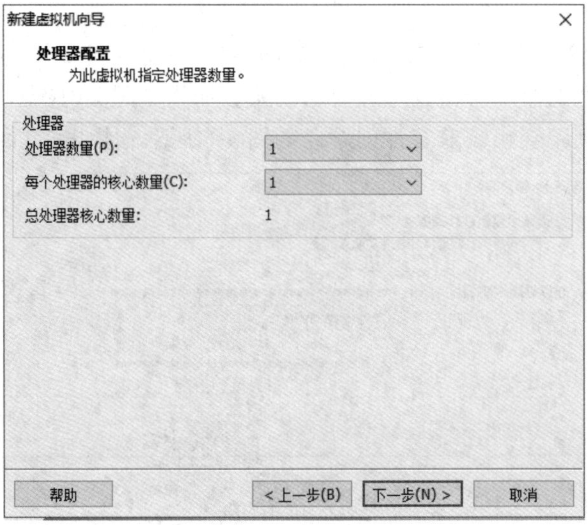

图 4-8 处理器配置

内存也要根据实际的需求分配。这里宿主机内存是 8GB,给虚拟机分配 2GB 内存,如图 4-9 所示。

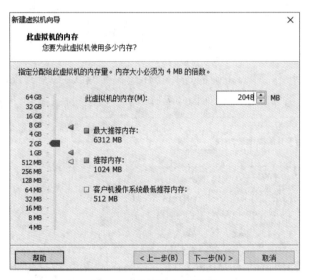

图 4-9 虚拟机内存配置

5）网络连接类型的选择

网络连接类型有桥接、NAT、仅主机和不联网 4 种。本节选择桥接模式,如图 4-10 所示。

6）指定磁盘容量

磁盘容量暂时分配 100GB 即可,后期可以根据需要更改,注意不要选中"立即分配所有磁盘空间"复选框,否则虚拟机会将 100GB 直接分配给 CentOS,会导致宿主机所剩硬盘容量减少。勾选"将虚拟磁盘拆分成多个文件"复选框,这样便于用存储设备复制虚拟机,如图 4-11 所示。

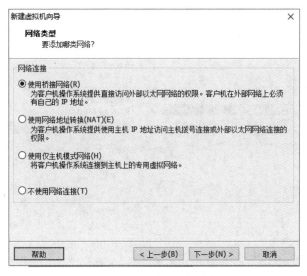

图 4-10 网络类型配置

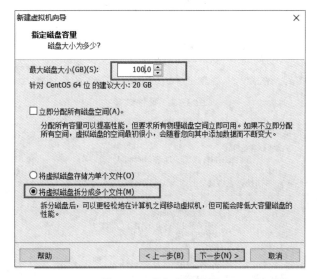

图 4-11 磁盘容量配置

7) 取消不需要的硬件

单击自定义硬件,选择声卡、打印机等不需要的硬件然后移除,如图 4-12 所示。

8) 虚拟机创建完成

在图 4-13 中单击"完成"按钮,虚拟机创建完毕。

2. 虚拟工具的安装

虚拟机 VMware Tools 工具的不同版本的安装方法基本相同。虚拟机 VMware Tools 工具是虚拟机为数据共享而开发的一种功能。此种数据共享是虚拟机与内部所安装的操作系统(如 Linux)间的共享。Linux 系统中共享的数据,默认放在/mnt/目录下,挂载节点为/mnt/hgfs 下。本节以安装脚本和安装 rpm 软件包两种方法实现文件共享。

图 4-12　硬件选择

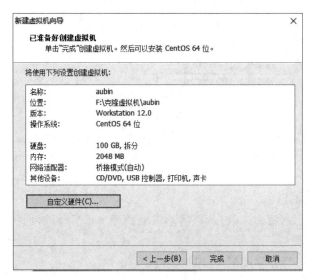

图 4-13　创建完毕的虚拟机配置

在虚拟机菜单选择中"虚拟机"→"安装 VMware Tools"命令，图 4-14 中显示了已安装过 VMware Tools 的菜单命令。

完成安装后，虚拟工具会以一个光盘图标的形式在桌面显示，并且可自动弹出光盘的内容。不同的虚拟机具有的虚拟工具有所不同，其区别在于安装文件的形式。有两种安装文件：一种安装文件是 tar 安装包，另一种是 rpm 安装包。

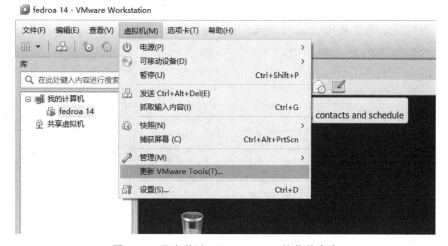

图 4-14 已安装过 VMware Tools 的菜单命令

安装方法如下所示。

1) 用 tar 包安装

```
tar xvfz VMware Tools - 7.8.4 - 126130. i386. tar. gz - C /opt
```

进入解压目录运行：./Vxxxx.pl。

后面步骤根据提示选择 yes 或者 no 即可。

综合来看,tar 形式的安装包的安装方法是通过 Linux 下的终端,运行相应的脚本文件来实现的,其安装路径为/media/VMware Tools。解压后,进入解压目录后,可以看到如图 4-15 所示的文件,其中 vmware-install.pl 为安装脚本文件。

图 4-15 安装脚本文件

2) 用 rpm 包安装

```
[root@localhost cdrom] # rpm - ivh VMware Tools - 7.8.4 - 126130. i386. rpm
Preparing... ################################# [100 %]
1:VMwareTools ################################# [100 %]
The installation of VMware Tools 7.8.4 for Linux completed successfully.
You can decide to remove this software from your system at any time by
invoking the following command: "rpm - e VMwareTools".
Before running VMware Tools for the first time, you need to
configure it for your running kernel by invoking the
following command: "/usr/bin/vmware - config - tools.pl".
Enjoy,
-- the VMware team
```

接下来设置共享目录。虚拟机设置菜单下的"选项"选项卡设置如图 4-16 所示。其中
Windows 中的目录为主机中显示的路径。Linux 中对应目录为/mnt/hgfs/name 中路径。
这两个路径的文件内容是相同的，也就是说，将 Windows 中的目录挂载到 Linux 中的
/mnt/hgfs 下。

图 4-16　虚拟机设置菜单下的"选项"选项卡

设置完成后，一般通过查看/mnt/ghfs 目录，就可以看到共享路径，进入目录即可获得
共享的文件。但如果是初次设置，则需要重新启动虚拟机才可以生效。安装完成后，需要根
据 Linux 提示进行操作。

4.3.2　虚拟机下的配置网络

4.3.1 节介绍了在创建虚拟机的过程中如何配置网络。本节介绍在虚拟机 VMware 下
如何配置网络。

(1) 通过虚拟机菜单项"编辑"→"虚拟网络编辑器"打开虚拟机网络配置界面。

(2) 通过桥接的方式，将实际的物理网卡配制成直连网络，如图 4-17 所示。

(3) 在虚拟机中的 Linux 系统中配置静态 IP 地址，执行 System→Network 命令。

(4) 打开网络地址配置界面，编辑 IP 地址，如图 4-18 所示。

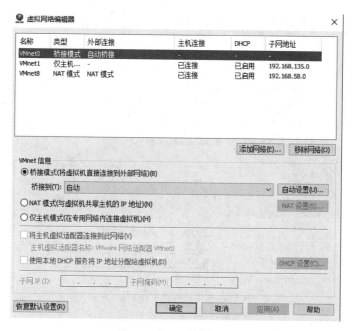

图 4-17　网络模式选择

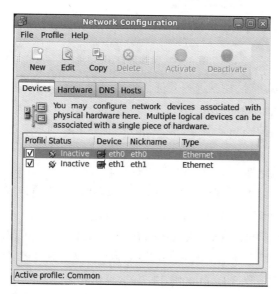

图 4-18　网络地址配置

（5）添加相应的静态 IP 地址，如图 4-19 所示。

（6）重启网络使设置生效。

```
/etc/init.d/network restart
```

（7）上述操作设置了固定的 IP 地址，有时需要对 IP 地址进行临时的修改，则可以使用以下命令：

```
Ifconfig eth0 192.168.1.230(临时的 IP 地址) up
```

Ethernet Device

General | Route | Hardware Device

Nickname: eth0

☑ Controlled by NetworkManager
☑ Activate device when computer starts
☐ Allow all users to enable and disable the device
☐ Enable IPv6 configuration for this interface

○ Automatically obtain IP address settings with: dhcp ⬍

DHCP Settings
Hostname (optional):
☑ Automatically obtain DNS information from provider

◉ Statically set IP addresses:
Manual IP Address Settings
Address: 192.168.1.20
Subnet mask: 255.255.255.0
Default gateway address:

Primary DNS:
Secondary DNS:
☐ Set MTU to: 1500

Cancel | OK

图 4-19　添加静态 IP 地址

（8）IP 地址生效成功后，需要进行验证。

① 主机（PC）IP 地址：192.168.1.60。

执行"开始"→"运行"→cmd 命令，输入 ipconfig 即可看到本地连接 IP 地址信息。如果网络正常，则可以 ping 通虚拟机和开发平台。

② 虚拟机（Linux）IP 地址：192.168.1.20。

可以通过虚拟机中的终端，输入 ipconfig 可以看到本地连接，一般是 eth0 的 IP 地址信息，如果网络正常，则应该可以 ping 通主机和开发平台。

③ 目标开发平台（移植在 ARM 芯片中 Linux）IP 地址：192.168.1.230（默认出厂设置）。

可以通过 PC 中的超级终端工具，输入 ipconfig 可以看到本地连接，一般是 eth0 的 IP 信息，如果网络正常，则应该可以 ping 通 PC 和虚拟机。

视频讲解

4.3.3　配置 PC Linux 的 FTP 服务

FTP（File Transfer Protocol，文件传输协议）是 TCP/IP 协议族中的协议之一。FTP 协议包括两个组成部分，其一为 FTP 服务器，其二为 FTP 客户端。其中 FTP 服务器用来存储文件，用户可以使用 FTP 客户端通过 FTP 协议访问位于 FTP 服务器上的资源。在开发网站的时候，通常利用 FTP 协议把网页或程序传到 Web 服务器上。此外，由于 FTP 传输效率非常高，所以在网络上传输大的文件时，一般也采用该协议。

嵌入式开发中 TFTP（Trivial File Transfer Protocol，简单文件传输协议）是最常用的 FTP 协议，因而本节介绍在虚拟机中如何配置 Linux 的 FTP 服务。

1. 测试系统是否安装相应软件服务包

在终端中运行 setup 命令,在工具选项中选择 System services,如图 4-20 所示。

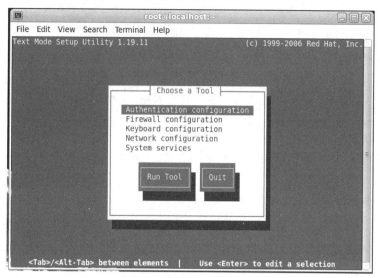

图 4-20 系统服务

然后查找是否启动了 tftp。

```
netstat  -a | grep  tftp
```

如果出现了 tftp 启动提示,则表明已经安装并启动。若没安装,则需要下载和安装 rpm
安装包。用户可以在官方网站下载复制到虚拟机下安装。

安装命令:

```
rpm   - ivh  tftp******
```

2. 修改配置文件

编辑配置文件。可以使用如下命令:

```
vi  /etc/xinet.d/tftp
```

或者如下命令:

```
gedit /etc/xinet.d/tftp
```

在该文件中将对应条目修改为:

```
disable = no
server_args = - s /tftpboot(所设置的 tftp 目录,可根据需要手动新建)
```

配置脚本更改完成后,查看根目录下是否有 tftpboot 目录,若没有则需要建立,命令
如下:

```
#mkdir tftpboot
#chmod 777 tftpboot(给予服务器目录充分的权限)
```

3. 启动 tftp

```
/etc/init.d/xinetd start
```

4. 测试

下面进行测试工作。

（1）在虚拟机 Linux 中的 tftpboot 目录下新建 tftpfile 文件，命令如下：

```
# cd /tftpboot
# touch tftpfile (测试的文件,代表任意可操作对象)
```

（2）连接网线，保证虚拟机中的 Linux 和 PC 主机及目标（开发平台）在同一个网段，且可以相互 ping 通。

（3）然后可以在开发平台（目标超级终端）上输入如下命令：

```
tftp - g  - r tftpfile  192.168.1.20(为虚拟机 IP)
```

查看前目录是否有 tftpfile 文件，若有则表明虚拟机上的 tftp 服务开启成功。这里给出 tftp 的语法。

```
Usage: tftp [OPTION]… HOST [PORT]
```

下面给出一个例子：

```
Transfer a file from/to tftp server
Options:
      - l FILE Local FILE
      - r FILE Remote FILE
      - g        Get file
      - p        Put file
      - b SIZE Transfer blocks of SIZE octets
```

4.3.4　配置 PC Linux 的 telnet 服务

telnet 是 TCP/IP 协议族中的一员，是 Internet 远程登录服务的标准协议和主要方式。它为用户提供了在本地计算机上完成远程主机工作的能力。在终端使用者的计算机上使用 telnet 程序，用它连接到服务器。终端使用者可以在 telnet 程序中输入命令，这些命令会在服务器上运行，就像直接在服务器的控制台上输入一样，在本地就能控制服务器。要开始一个 telnet 会话，必须输入用户名和密码来登录服务器。telnet 是常用的远程控制 Web 服务器的方法。

telnet 服务也是 Linux 开发中应用比较多的服务之一，同样应用之前，也需要安装相应的软件包，一般 Linux 完全安装的配置会自动安装相关的软件服务包。而如果在安装时，没有安装相应的软件包，则需要开发者手动安装相关的服务软件包。在不确定是否安装时，可以通过命令查看。

首先在 Linux 下查询是否安装了 telnet。

```
[root@localhost ~]# rpm - qa | grep telnet
```

如果出现"telnet-0.17-38.fc7",则表示已安装。

若没有安装,则需要安装,获取方式可以通过系统光盘或网上下载,安装命令如下:

```
rpm - i telnet - server - 0.17 - 37.i386.rpm
```

1. 开启服务

开启 telnet 服务有两种方法。方法一是图形模式,使用 ntsysv 命令(或 setup),在出现的窗口之中,选中 telnet,然后单击 Ok 按钮,如图 4-21 所示。

```
[root@localhost/]# ntsysv
```

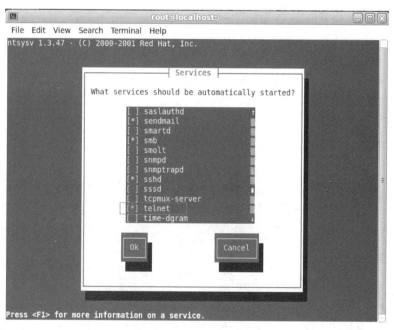

图 4-21　开启服务

方法二是命令模式,编辑 /etc/xinetd.d/telnet。

```
[root@ root]# vi /etc/xinetd.d/telnet
```

找到"disable = yes"这一行,然后将 yes 改成 no。

2. 激活服务

telnet 在 xinetd 中工作,所以只要重新激活 xinetd 就能重新读取 xinetd 中的设定,从而激活刚刚设定的 telnet。

```
[root@ root]# service xinetd restart
```

3. 在服务器端测试

执行"telnet localhost"命令,看是否可以成功登录,然后退出 telnet。

```
[root@localhost ~]# exit
Connection closed by foreign host
```

4.3.5 配置 PC Linux 的 NFS 服务

NFS(Network File System,网络文件系统)是 FreeBSD 支持的文件系统中的一种,它允许网络中的计算机之间共享资源。在 NFS 的应用中,本地 NFS 的客户端应用可以透明地读写位于远端 NFS 服务器上的文件,就像访问本地文件一样。

本节介绍如何配置 PC 主机的 Linux 的 NFS 服务。

1. 确定 NFS 服务软件包安装

在 Linux 中通过 Setup→"系统服务"→"查看 NFS 服务"命令查看 NFS 服务是否开启。也可以用命令"rpm-qa nfs *"检查配置。若没有安装,则需要下载相应软件,安装依赖包及相关服务包,如 rpm 安装包下载网站。

2. 修改配置文件

```
gedit   /etc/exports
```

配置如下:

```
/home/sqz                * (rw,sync,no_root_squash)
```

其中,

```
/home/sqz        允许其他计算机访问的目录,此路径根据实际需要定
192.168.1. *     被允许访问该目录的客户端 IP 地址
rw               可读可写权限
sync             同步写磁盘(async 资料会先暂存于内存中,而不是直接写入硬盘)
no_root_squash   表示客户端 root 用户对该目录具备写的权限
```

3. 开启 NFS 服务

输入命令如下:

```
#/etc/init.d/nfs  restart(stop/start)
```

4. 测试(前提是保证虚拟机 Linux 及主机和开发平台的网段相同,可以互相通信)

```
mount  - t  nfs 192.168.1.20:/home/sqz /mnt
```

其结果为/mnt 目录下的内容与/home/sqz 中的内容一致。

5. 挂载 NFS 目录到开发板上

首先设定 NFS 服务器(虚拟机上配置)IP 地址为 192.168.1.20。设定开发箱目标机地址为 192.168.1.230。然后设置虚拟机上网络配置为桥接,且可以 ping 通开发平台,即安装虚拟机的主机 IP 地址、虚拟机内 Linux、开发平台内 Linux 应该在同一网段内,且可相互ping 通。

在超级终端中输入:

```
mount - t nfs 192.168.1.20:/home/sqz   /mnt - o nolock
```

其结果为/mnt 目录下的内容,与/home/sqz 中的内容保持一致。此操作把虚拟机中的一块

磁盘空间当作一块外部存储设备挂载到了开发平台中的 Linux 系统上,并作为 Linux 系统上的一部分存储。

4.3.6　配置 PC Windows 的 TFTP 服务软件

4.3.3节介绍了在虚拟机中如何配置 Linux 的 TFTP 服务,本节介绍一种在 Windows 环境下使用 tftp32 软件来配置 TFTP 服务的常用操作,主要目的是下载和上传文件到 Linux 目标板或服务器。

需要注意的是,在用软件设置 TFTP 之前,需要先连通网络,确保主机 PC 与目标机开发平台之间是可相互 ping 通的。以下载文件到目标板中为例,将目标文件复制到服务器目录,目标对象为 beep,当然也可以变更其服务器目录为其他路径。

首先打开软件主程序。设置服务器地址,如图 4-22 所示,IP 地址为 192.168.1.30,其对应的 IP 地址为 Windows 主机上本地连接的 IP 地址,此软件是在 Windows 上建立 tftp 服务,故服务器 IP 地址为 Windows 主机 IP 地址。在软件界面中 Current Directory 为设置服务器当前目录,Server interface 为服务器 IP 地址。

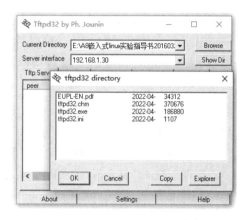

图 4-22　tftpd32 软件主程序界面

设置完成以上两项操作后,可以单击 Show Dir 按钮查看服务器目录下所操作的对象是否存在,并且发现成功在 Windows 上开启了 TFTP 服务,现在可以通过 TFTP 服务对服务器下的文件进行操作了,该操作与 4.3.3 节的介绍一致,此处不再赘述。

4.4　本章小结

本章介绍嵌入式 Linux 开发环境如何搭建的相关知识。主机端不仅可以采用虚拟机技术,也可以根据需要直接在主机端运行合适的 Linux 发行版本,如 RHEL、CentOS 或者 Fedora 等。这些都需要读者更多地去实践,以加深理解。

习题

1. 除了 4.3 节介绍的超级终端外,目前常用的同类工具有 Putty、XShell、AbsoluteTelnet、SecureCRT 等,此类软件大同小异,区别仅在于功能的多少。请查阅相关资料,使用上述软件。

2. 编译源程序,在命令终端中通过 vi 输入源程序:

a＞vi test.c

b＞通过输入 i 切换到编辑模式。

c＞输入下列代码:

```
# include"stdio. h"
Int main()
{
int I, sum = 0;
for (i = 0; i < 10; i++)
sum += I;
printf("sum = % d\n", sum);
}
```

代码输入完成后，需要检查一下代码，确认无误后，保存代码并退出。

d>退出 vi 编辑器，先按 Esc 键，然后输入":wq"，即可保存源代码并退出 vi。

代码编辑完成，然后用 gcc 进行编译，编译命令如下：

```
gcc - g test.c - o  test
```

命令参考说明：gcc 表示调用 gcc 编译器；-g 表示用 gcc 编译时加入 gdb 调试的信息；-o 表示生成输出，指定为后面规定的输出名称文件。

3. 练习超级终端和目标机的文件互传。

4. 实践配置 PC 的 Linux 的 FTP 服务。

5. 实践配置 PC 的 Linux 的 telnet 服务。

ARM-Linux 内核

第5章

CHAPTER 5

Linux 是一个一体化内核(monolithic kernel)系统。这里的"内核"是指一个提供硬件抽象层、磁盘及文件系统控制、多任务等功能的系统软件,一个内核不是一套完整的操作系统。一套建立在 Linux 内核之上的完整操作系统叫作 Linux 操作系统,或是 GNU/Linux。

Linux 操作系统的灵魂是 Linux 内核,内核为系统其他部分提供系统服务。ARM-Linux 内核是专门为适应 ARM 体系结构而设计的 Linux 内核,它负责实现整个系统的进程管理和调度、内存管理、文件管理、设备管理和网络管理等主要系统功能。

5.1 ARM-Linux 概述

5.1.1 GNU/Linux 操作系统的基本体系结构

如图 5-1 所示 GNU/Linux 操作系统的基本体系结构。从图 5-1 中可以看到,GNU/Linux 被分成了两个空间。

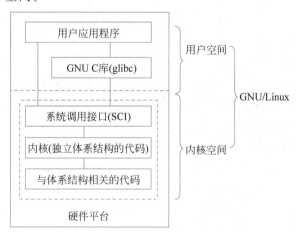

图 5-1 GNU/Linux 操作系统的基本体系结构

相对于操作系统其他部分,Linux 内核具有很高的安全级别和严格的保护机制。这种机制确保应用程序只能访问许可的资源,而不许可的资源是拒绝被访问的。因此系统设计者将内核和上层的应用程序进行抽象隔离,分别称之为内核空间和用户空间,如图 5-1 所示。

用户空间包括用户应用程序和 GNU C 库(glibc 库),负责执行用户应用程序。在该空间中,一般的应用程序由 glibc 库间接调用系统调用接口而不是直接调用内核的系统调用接口去访问系统资源,这样做的主要理由是内核空间和用户空间的应用程序使用的是不同的保护地址空间。每个用户空间的进程都使用自己的虚拟地址空间,而内核则占用单独的地址空间。从面向对象的思想出发,glibc 库对内核的系统调用接口做了一层封装。

用户空间的下面是内核空间,Linux 内核空间可以进一步划分成 3 层。最上面是系统调用接口(System Call Interface,SCI),它是用户空间与内核空间的桥梁,用户空间的应用程序通过这个统一接口来访问系统中的硬件资源,通过此接口,所有的资源访问都是在内核的控制下执行的,以免用户程序对系统资源的越权访问,从而保障了系统的安全和稳定。从功能上看,系统调用接口实际上是一个非常有用的函数调用多路复用器和多路分解服务器。用户可以在./Linux/kernel 中找到系统调用接口的实现代码。系统调用接口之下是内核代码部分,实际可以更精确地定义为独立于体系结构的内核代码。这些代码是 Linux 支持的所有处理器体系结构所通用的。在这些代码之下是依赖于体系结构的代码,构成了通常称为板级支持包(Board Support Package,BSP)的部分。这些代码用作给定体系结构的处理器和特定于平台的代码,一般位于内核的 arch 目录(./Linux/arch 目录)和 drivers 目录中。arch 目录含有诸如 x86、IA64、ARM 等体系结构的支持。drivers 目录含有块设备、字符设备、网络设备等不同硬件驱动的支持。

5.1.2　ARM-Linux 内核版本及特点

据前所述,ARM-Linux 内核是基于 ARM 处理器的 Linux 内核,因而 ARM-Linux 内核版本变化与 Linux 内核版本变化保持同步。由于 Linux 标准内核是针对 x86 处理器架构设计的,并不能保证在其他架构(如 ARM)上能正常运行。因而嵌入式 Linux 系统内核(如ARM-Linux 内核)往往在标准 Linux 基础上通过安装补丁实现,如 ARM-Linux 内核就是对 Linux 安装 rmk 补丁形成的,只有安装了这些补丁,内核才能顺利地移植到 ARM-Linux上。当然也可以通过已经安装好补丁的内核源代码包实现。

在 2.6 版本之前,Linux 内核版本的命名格式为"A.B.C"。数字 A 是内核版本号,版本号只有在代码和内核的概念有重大改变的时候才会改变,历史上有两次变化:第一次是1994 年的 1.0 版,第二次是 1996 年的 2.0 版。2011 年,3.0 版发布,但这次在内核的概念上并没有发生大的变化。数字 B 是内核主版本号,主版本号根据传统的奇-偶系统版本编号来分配:奇数为开发版,偶数为稳定版。数字 C 是内核次版本号,次版本号是无论在内核增加安全补丁、修复错误(bug)、实现新的特性或者驱动时都会改变。

2004 年 2.6 版本发布之后,内核开发者觉得基于更短的时间为发布周期更有益,所以大约七年的时间里,内核版本号的前两个数一直保持是 2.6,第三个数随着发布次数增加,发布周期大约是两三个月。考虑到对某个版本的错误(bug)和安全漏洞的修复,有时也会出现第四个数字。2011 年 5 月 29 日,设计者 Linus Torvalds 宣布为了纪念 Linux 发布20 周年,在 2.6.39 版本发布之后,内核版本将升级到 3.0。Linux 继续使用在 2.6.0 版本引入的基于时间的发布规律,但是使用第二个数字——例如在 3.0 发布的几个月之后发布3.1,同时当需要修复错误(bug)和安全漏洞的时候,增加一个数字(现在是第三个数)来表示,如 3.0.18。

在 Linux 内核官网上可以看到主要有 3 种类型的内核版本,如图 5-2 所示。

Protocol	Location
HTTP	https://www.kernel.org/pub/
GIT	https://git.kernel.org/
RSYNC	rsync://rsync.kernel.org/pub/

Latest Release
5.19 ⬇

mainline:	5.19	2022-07-31	[tarball] [pgp] [patch]		[view diff] [browse]	
stable:	5.18.15	2022-07-29	[tarball] [pgp] [patch]	[inc. patch]	[view diff] [browse] [changelog]	
longterm:	5.15.58	2022-07-29	[tarball] [pgp] [patch]	[inc. patch]	[view diff] [browse] [changelog]	
longterm:	5.10.134	2022-07-29	[tarball] [pgp] [patch]	[inc. patch]	[view diff] [browse] [changelog]	
longterm:	5.4.208	2022-07-29	[tarball] [pgp] [patch]	[inc. patch]	[view diff] [browse] [changelog]	
longterm:	4.19.254	2022-07-29	[tarball] [pgp] [patch]	[inc. patch]	[view diff] [browse] [changelog]	
longterm:	4.14.290	2022-07-29	[tarball] [pgp] [patch]	[inc. patch]	[view diff] [browse] [changelog]	
longterm:	4.9.325	2022-07-29	[tarball] [pgp] [patch]	[inc. patch]	[view diff] [browse] [changelog]	
linux-next:	next-20220728	2022-07-28			[browse]	

图 5-2　Linux 内核当前可支持版本一览

mainline 是主线版本,目前的主线版本号为 5.19。

stable 是稳定版,由 mainline 在时机成熟时发布,稳定版也会在相应版本号的主线上提供错误修复和安全补丁。

longterm 是长期支持版,目前还处在长期支持版的有 6 个版本的内核,等到不再支持长期支持版的内核时,也会标记 EOL(停止支持)。

操作系统内核主要可以分为两大体系结构:单内核和微内核。单内核中所有的部分都集中在一起,而且所有的部件在一起编译连接。这样做的好处比较明显,系统各部分直接沟通,系统响应速度高和 CPU 利用率好,而且实时性好。但是单内核的不足也显而易见,当系统较大时体积也较大,不符合嵌入式系统容量小、资源有限的特点。

微内核是将内核中的功能划分为独立的过程,每个过程被定义为一个服务器,不同的服务器保持独立并运行在各自的地址空间。这种体系结构在内核中只包含了一些基本的内核功能,如创建删除任务、任务调度、内存管理和中断处理等部分,而文件系统、网络协议栈等部分是在用户内存空间运行的。这种结构虽然执行效率不如单内核,但是大幅减小了内核体积、同时有利于系统的维护、升级和移植。

Linux 是一个内核运行在单独的内核地址空间的单内核,但是汲取了微内核的精华,如模块化设计、抢占式内核、支持内核线程及动态装载内核模块等特点。以 2.6 版本为例,其主要特点有:

(1) 支持动态加载内核模块机制。

(2) 支持对称多处理机制(SMP)。

(3) $O(1)$ 的调度算法。

(4) Linux 内核可抢占,Linux 内核具有允许在内核中运行的任务优先执行的能力。

(5) Linux 不区分线程和其他一般的进程,对内核来说,所有的进程都一样(仅部分共享资源)。

(6) Linux 提供具有设备类的面向对象的设备模块、热插拔事件,以及用户空间的设备文件系统。

5.1.3　ARM-Linux 内核的主要架构及功能

图 5-3 说明了 Linux 内核的主要架构。根据内核的核心功能,Linux 内核具有 5 个主要的子系统,分别负责进程管理、内存管理、虚拟文件系统、进程间通信和网络管理。

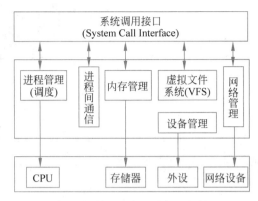

图 5-3　Linux 内核的主要架构

1. 进程管理

进程管理负责管理 CPU 资源，以便让各个进程能够以尽量公平的方式访问 CPU。进程管理负责进程的创建和销毁，并处理它们和外部世界之间的连接（输入/输出）。除此之外，控制进程如何共享调度器也是进程管理的一部分。概括来说，内核进程管理活动就是在单个或多个 CPU 上实现了多个进程的抽象。进程管理源代码可参考./Linux/kernel 目录。

2. 内存管理

Linux 内核所管理的另外一个重要资源是内存。内存管理策略是决定系统性能好坏的一个关键因素。内核在有限的可用资源之上为每个进程都创建了一个虚拟空间。内存管理的源代码可以在./Linux/mm 中找到。

3. 虚拟文件系统

文件系统在 Linux 内核中具有十分重要的地位，用于对外设的驱动和存储，隐藏了各种硬件的具体细节。Linux 引入了虚拟文件系统（Virtual File System，VFS），为用户提供了统一、抽象的文件系统界面，以支持越来越繁杂的具体的文件系统。Linux 内核将不同功能的外部设备（例如 Disk 设备（硬盘、磁盘、NAND Flash、Nor Flash 等）、输入/输出设备、显示设备等）抽象为可以通过统一的文件操作接口来访问的形式。Linux 中的绝大部分对象都可以视为文件并进行相关操作。

4. 进程间通信

不同进程之间的通信是操作系统的基本功能之一。Linux 内核通过支持 POSIX 规范中标准的 IPC（Inter Process Communication，进程间通信）机制和其他许多广泛使用的 IPC 机制实现进程间通信。IPC 不管理任何硬件，它主要负责 Linux 系统中进程之间的通信。比如 UNIX 中最常见的管道、信号量、消息队列和共享内存等。另外，信号（signal）也常被用来作为进程间的通信手段。Linux 内核支持 POSIX 规范的信号及信号处理并广泛应用。

5. 网络管理

网络管理提供了各种网络标准的存取和各种网络硬件的支持，负责管理系统的网络设备，并实现多种多样的网络标准。网络接口可以分为网络设备驱动程序和网络协议。

这 5 个子系统相互依赖，缺一不可，但是相对而言进程管理处于比较重要的地位，其他子系统的挂起和恢复进程的运行都必须依靠进程调度子系统的参与。当然，其他子系统的地位也非常重要：调度程序的初始化及执行过程中需要内存管理模块分配其内存地址空间并进行处理;进程间通信需要内存管理实现进程间的内存共享;而内存管理利用虚拟文件系统支持数据交换,交换进程(swapd)定期由调度程序调度;虚拟文件系统需要使用网络接口实现网络文件系统,而且使用内存管理子系统实现内存设备管理,同时虚拟文件系统实现了内存管理中内存的交换。

除了这些依赖关系外,内核中的所有子系统还依赖于一些共同的资源。这些资源包括所有子系统都用到的过程。例如,分配和释放内存空间的过程,打印警告或错误信息的过程,还有系统的调试例程等。

5.1.4 Linux 内核源代码目录结构

视频讲解

为了实现 Linux 内核的基本功能,Linux 内核源代码的各个目录也大致与此相对应,其组成如下:

arch 目录包括了所有和体系结构相关的核心代码。它下面的每一个子目录都代表一种 Linux 支持的体系结构,例如,ARM 就是 ARM CPU 及与之相兼容体系结构的子目录。

include 目录包括编译核心所需要的大部分头文件,例如,与平台无关的头文件在 include/Linux 子目录下。

init 目录包含核心的初始化代码,需要注意的是,该代码不是系统的引导代码。

mm 目录包含了所有的内存管理代码。与具体硬件体系结构相关的内存管理代码位于 arch/*/mm 目录下。

drivers 目录中是系统中所有的设备驱动程序。它又进一步划分成几类设备驱动,如字符设备、块设备等。每一种设备驱动均有对应的子目录。

ipc 目录包含了核心进程间的通信代码。

modules 目录存放了已建好的、可动态加载的模块。

fs 目录存放 Linux 支持的文件系统代码。不同的文件系统有不同的子目录对应,如 jffs2 文件系统对应的就是 jffs2 子目录。

kernel 目录存放内核管理的核心代码。另外,与处理器结构相关的代码都放在 arch/*/kernel 目录下。

net 目录中是核心的网络代码。

lib 目录包含了核心的库代码,但是与处理器结构相关的库代码被放在 arch/*/lib/目录下。

scripts 目录包含用于配置核心的脚本文件。

documentation 目录下是一些文档,是对目录作用的具体说明。

5.2 ARM-Linux 进程管理

进程是处于执行期的程序以及它所管理的资源的总称,这些资源包括如打开的文件、挂起的信号、进程状态、地址空间等。程序并不是进程,实际上两个或多个进程不仅有可能执行同一程序,而且有可能共享地址空间等资源。

进程管理是 Linux 内核中最重要的子系统,它主要提供对 CPU 的访问控制。由于计算机中的 CPU 资源是有限的,而众多的应用程序都要使用 CPU 资源,所以需要"进程调度子系统"对 CPU 进行调度管理。进程调度子系统包括 4 个子模块，如图 5-4 所示，它们的功能如下：

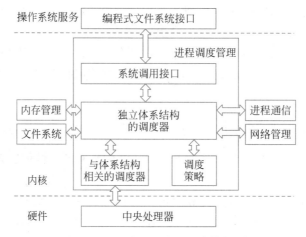

图 5-4　Linux 进程调度子系统基本架构

（1）调度策略（Scheduling Policy）模块。该模块实现进程调度的策略，它决定哪个（或者哪几个）进程将拥有 CPU 资源。

（2）与体系结构相关的调度器（Architecture-specific Schedulers）模块。该模块涉及体系结构相关的部分，用于将对不同 CPU 的控制抽象为统一的接口。这些控制功能主要在 suspend 和 resume 进程时使用，包含 CPU 的寄存器访问、汇编指令操作等。

（3）独立体系结构的调度器（Architecture-independent Scheduler）模块。该模块涉及体系结构无关的部分，会和调度策略模块沟通，决定接下来要执行哪个进程，然后通过与体系结构相关的调度器模块指定的进程予以实现。

（4）系统调用接口（System Call Interface）。进程调度子系统通过系统调用接口将需要提供给用户空间的接口开放出去，同时屏蔽掉不需要用户空间程序关心的细节。

5.2.1　进程的表示和切换

Linux 内核通过一个被称为进程描述符的 task_struct 结构体（也叫进程控制块）来管理进程，这个结构体记录了进程的最基本的信息，它的所有域按功能可以分为状态信息、链接信息、各种标志符、进程间通信信息、时间和定时器信息、调度信息、文件系统信息、虚拟内存信息、处理器环境信息等。进程描述符中不仅包含了许多描述进程属性的字段，而且包含了一系列指向其他数据结构的指针。内核将每个进程的描述符放在一个叫作任务队列的双向循环链表中，它定义在. /include/Linux/sched. h 文件中。

```
struct task_struct {
     volatile long state;          / * 进程状态, - 1 unrunnable, 0 runnable, > 0 stopped * /
     void * stack;
     atomic_t usage;
     unsigned int flags;           / * 每个进程的标志 * /
     unsigned int ptrace;
#ifdef CONFIG_SMP
```

```
        struct task_struct  * wake_entry;
        int on_cpu;
# endif
        int on_rq;
        int prio,static_prio,normal_prio;        /* 优先级和静态优先级 */
        unsigned int rt_priority;
        const struct sched_class * sched_class;
        struct sched_entity se;
        struct sched_rt_entity rt;
...
# define TASK_RUNNING            0
# define TASK_INTERRUPTIBLE      1
# define TASK_UNINTERRUPTIBLE    2
# define __TASK_STOPPED          4
# define __TASK_TRACED           8
# define EXIT_ZOMBIE             16
# define EXIT_DEAD               32
# define TASK_DEAD               64
# define TASK_WAKEKILL           128
# define TASK_WAKING             256
...
```

系统中的每个进程都必然处于以上所列进程状态中的一种。这里对进程状态给予说明。

TASK_RUNNING 表示进程要么正在执行,要么正要准备执行。

TASK_INTERRUPTIBLE 表示进程被阻塞(睡眠),直到某个条件变为真。条件一旦达成,进程的状态就被设置为 TASK_RUNNING。

TASK_UNINTERRUPTIBLE 的意义与 TASK_INTERRUPTIBLE 基本类似,除了不能通过接收一个信号来唤醒以外。

__TASK_STOPPED 表示进程被停止执行。

__TASK_TRACED 表示进程被 debugger 等进程监视。

TASK-WAKEKILL 该状态表示当进程收到致命错误信号时唤醒进程。

TASK_WAKING 状态说明该任务正在唤醒,其他唤醒操作均会失败,都被置为 TASK_DEAD 状态。

TASK_DEAD 表示一个进程在退出时,state 字段都被置于该状态。

EXIT_ZOMBIE 表示进程的执行被终止,但是其父进程还没有使用 wait() 等系统调用来获知它的终止信息。

EXIT_DEAD 表示进程的最终状态,进程在系统中被删除时将进入该状态。

EXIT_ZOMBIE 和 EXIT_DEAD 也可以存放在 exit_state 成员中。

调度程序负责选择下一个要运行的进程,它在可运行态进程之间分配有限的处理器时间资源,使系统资源最大限度地发挥作用,实现多进程并发执行的效果。进程状态的切换过程如图 5-5 所示。

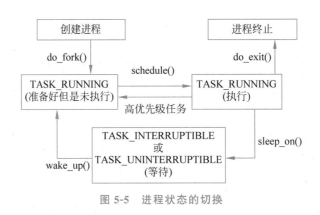

图 5-5　进程状态的切换

5.2.2　进程、线程和内核线程

在 Linux 内核中，内核是采用进程、线程和内核线程统一管理的方法实现进程管理的。内核将进程、线程和内核线程一视同仁，即内核使用唯一的数据结构 task_struct 来分别表示它们。内核使用相同的调度算法对这三者进行调度。并且内核也使用同一个函数 do_fork()来分别创建这 3 种执行线程（thread of execution）。执行线程通常是指任何正在执行的代码实例，比如一个内核线程、一个中断处理程序或一个进入内核的进程。Linux 内核的这种处理方法简洁方便，并且内核在统一处理这三者之余保留了它们本身所具有的特性。

本节首先介绍进程、线程和内核线程的概念，然后结合进程、线程和内核线程的特性分析进程在内核中的功能。

进程是系统资源分配的基本单位，线程是程序独立运行的基本单位。线程有时候也被称作小型进程，这是因为多个线程之间是可以共享资源的，而且多个线程之间的切换所花费的代价远比进程低。在用户态下，使用最广泛的线程操作接口即为 POSIX 线程接口，即pthread。通过这组接口可以进行线程的创建以及多线程之间的并发控制等。

如果内核要对线程进行调度，那么线程必须像进程那样在内核中对应一个数据结构。进程在内核中有相应的进程描述符，即 task_struct 结构。事实上，从 Linux 内核的角度而言，并不存在线程这个概念。内核对线程并没有设立特别的数据结构，而是与进程一样使用task_struct 结构进行描述。也就是说，线程在内核中也是以一个进程的形式存在的，只不过它比较特殊，它和同类的进程共享某些资源，比如进程地址空间、进程的信号、打开的文件等。这类特殊的进程称为轻量级进程（light weight process）。

按照这种线程机制的定义，每个用户态的线程都和内核中的一个轻量级进程相对应。多个轻量级进程之间共享资源，从而体现了多线程之间资源共享的特性。同时这些轻量级进程跟普通进程一样由内核进行独立调度，从而实现了多个进程之间的并发执行。

在内核中还有一种特殊的线程，称为内核线程（kernel thread）。由于在内核中对进程和线程不做区分，因此也可以将其称为内核进程。内核线程在内核中也是通过 task_struct 结构来表示的。

内核线程和普通进程一样也是内核调度的实体，但是有着明显的不同。首先，内核线程永远都运行在内核态，而不同进程既可以运行在用户态也可以运行在内核态。从地址空间的使用角度来讲，内核线程只能使用大于 3GB 的地址空间，而普通进程则可以使用整个

4GB的地址空间。其次,内核线程只能调用内核函数无法使用用户空间的函数,而普通进程必须通过系统调用才能使用内核函数。

5.2.3 进程描述符 task_struct 的几个特殊字段

上述 3 种执行线程在内核中都使用统一的数据结构 task_struct 来表示。这里简单介绍进程描述符中几个比较特殊的字段,它们分别指向代表进程所拥有的资源的数据结构。

(1) mm 字段:指向 mm_struct 结构的指针,该类型用来描述进程整个的虚拟地址空间。其数据结构如下所示:

```
struct mm_struct * mm, * active_mm;
# ifdef CONFIG_COMPAT_BRK
    unsigned brk_randomized:1;
# endif
# if defined(SPLIT_RSS_COUNTING)
    struct task_rss_stat    rss_stat;
# endif
```

(2) fs 字段:指向 fs_struct 结构的指针,该字段用来描述进程所在文件系统的根目录和当前进程所在的目录信息。

(3) files 字段:指向 files_struct 结构的指针,该字段用来描述当前进程所打开文件的信息。

(4) signal 字段:指向 signal_struct 结构(信号描述符)的指针,该字段用来描述进程所能处理的信号。其数据结构如下:

```
/ * signal handlers * /
    struct signal_struct * signal;
    struct sighand_struct * sighand;
    sigset_t blocked, real_blocked;
    sigset_t saved_sigmask; / * 如果 set_restore_sigmask 被使用,则存储该值 * /
    struct sigpending pending;
    unsigned long sas_ss_sp;
    size_t sas_ss_size;
int ( * notifier)(void * priv);
    void * notifier_data;
    sigset_t * notifier_mask;
```

对于普通进程来说,上述字段分别指向具体的数据结构以表示该进程所拥有的资源。对应每个线程而言,内核通过轻量级进程与其进行关联。轻量级进程之所轻量,是因为它与其他进程共享上述所提及的进程资源。比如进程 A 创建了线程 B,则 B 线程会在内核中对应一个轻量级进程。这个轻量级进程对应一个进程描述符,而且 B 线程的进程描述符中的某些代表资源指针会和 A 进程中对应的字段指向同一个数据结构,这样就实现了多线程之间的资源共享。

内核线程只运行在内核态,并不需要像普通进程那样的独立地址空间。因此内核线程的进程描述符中的 mm 指针即为 NULL。

5.2.4 do_fork()函数

进程、线程以及内核线程都有对应的创建函数,不过这三者所对应的创建函数最终在内核中都是由 do_fork()进行创建的,具体的调用关系如图 5-6 所示。

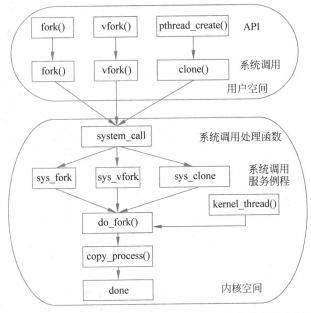

图 5-6　do_fork()函数对于进程、线程以及内核线程的应用

从图 5-6 中可以看出,内核中创建进程的核心函数即为 do_fork(),该函数的原型如下：

```
long do_fork(unsigned long clone_flags,
              unsigned long stack_start,
              struct pt_regs * regs,
              unsigned long stack_size,
              int __ user * parent_tidptr,
              int __ user * child_tidptr)
```

该函数的参数的功能说明如下。

- clone_flags：代表进程各种特性的标志。低字节指定子进程结束时发送给父进程的信号代码,一般为 SIGCHLD 信号,剩余 3 字节是若干标志或运算的结果。
- stack_start：子进程用户态堆栈的指针,该参数会被赋值给子进程的 esp 寄存器。
- regs：指向通用寄存器值的指针,当进程从用户态切换到内核态时通用寄存器中的值会被保存到内核态堆栈中。
- stack_size：未被使用,默认值为 0。
- parent_tidptr：该子进程的父进程用户态变量的地址,仅当 CLONE_PARENT_SETTID 被设置时有效。
- child_tidptr：该子进程用户态变量的地址,仅当 CLONE_CHILD_SETTID 被设置时有效。

既然进程、线程和内核线程在内核中都是通过 do_fork()完成创建的,那么 do_fork()如何体现其功能的多样性？其实,clone_flags参数在这里起到了关键作用,通过选取不同的标志,从而保证了do_fork()函数实现多角色——创建进程、线程和内核线程——功能的实现。clone_flags参数可取的标志很多,下面只介绍其中几个主要的标志。

- CLONE_VIM：子进程共享父进程内存描述符和所有的页表。
- CLONE_FS：子进程共享父进程所在文件系统的根目录和当前工作目录。
- CLONE_FILES：子进程共享父进程打开的文件。
- CLONE_SIGHAND：子进程共享父进程的信号处理程序、阻塞信号和挂起的信号。使用该标志必须同时设置CLONE_VM标志。

如果创建子进程时设置了上述标志,那么子进程会共享这些标志所代表的父进程资源。

5.2.5　进程的创建

视频讲解

在用户态程序中,可以通过接口函数fork()、vfork()和clone()创建进程,这3个函数在库中分别对应同名的系统调用。系统调用函数通过128号软中断进入内核后,会调用相应的系统调用服务例程。这3个函数对应的服务例程分别是sys_fork()、sys_vfork()和sys_clone()。

```
int sys_fork(struct pt_regs * regs)
{
        return do_fork(SIGCHLD, regs - > sp, regs, 0, NULL, NULL);
}
int sys_vfork(struct pt_regs * regs)
{
        return do_fork(CLONE_VFORK | CLONE_VM | SIGCHLD, regs - > sp, regs, 0, NULL, NULL);
}
long
sys_clone(unsigned long clone_flags, unsigned long newsp,
void __ user * parent_tid, void __ user * child_tid, struct pt_regs * regs)
{
        if (!newsp)
                newsp = regs - > sp;
        return do_fork(clone_flags, newsp, regs, 0, parent_tid, child_tid);
}
```

由上述系统调用服务例程的源代码可以发现,3个系统服务例程内部都调用了do_fork(),主要差别在于第一个参数所传的值不同。这也正好导致由这3个进程创建函数所创建的进程有不同的特性。下面予以简单说明。

(1) fork()。由于do_fork()中clone_flags参数除了子进程结束时返回给父进程的SIGCHLD信号外并无其他特性标志,因此由fork()创建的进程不会共享父进程的任何资源。子进程会完全复制父进程的资源,也就是说,父子进程相对独立。不过由于写时复制技术(Copy On Write)的引入,子进程可以只读父进程的物理页,只有当父进程或者子进程去写某个物理页时,内核此时才会将这个页的内容复制到一个新的物理页,并把这个新的物理页分配给正在写的进程。

(2) vfork()。在do_fork()中的clone_flags使用了CLONE_VFORK和CLONE_VM两个标志。CLONE_VFORK标志使得子进程先于父进程执行,父进程会阻塞到子进程结束或执行新的程序。CLONE_VM 标志使得子进程可以共享父进程的内存地址空间（父进程的页表项除外）。在引入写时复制技术前，vfork()适用子进程形成后立即执行 execv()的情形。因此，vfork()现如今已经没有特别的使用之处，因为写时复制技术完全可以取代它创建进程时所带来的高效性。

（3）clone()。这里 clone 通常用于创建轻量级进程。通过传递不同的标志可以对父子进程之间数据的共享和复制做精确的控制，一般 flags 的取值为 CLONE_VM|CLONE_FS|CLONE_FILES|CLONE_SIGHAND。由上述标志可以看到，轻量级进程通常共享父进程的内存地址空间、父进程所在文件系统的根目录以及工作目录信息、父进程当前打开的文件以及父进程所拥有的信号处理函数。

视频讲解

5.2.6 线程和内核线程的创建

每个线程在内核中对应一个轻量级进程，两者的关联是通过线程库完成的。因此通过 pthread_create()创建的线程最终在内核中是通过 clone()完成创建的，而 clone()最终调用 do_fork()。

一个新内核线程的创建是通过在现有的内核线程中使用 kernel_thread()而创建的，其本质也是向 do_fork()提供特定的 flags 标志而创建的。

```
Int kernel_thread(int ( * fn)(void * ),void * arg,unsigned long flags)
{
return do_fork(flags|CLONE_VM|CLONE_UNTRACED,0,&regs,0,NULL,NULL);
}
```

从上面的组合 flags 标志可以看出，新的内核线程至少会共享父内核线程的内存地址空间。这样做其实是为了避免赋值调用线程的页表，因为内核线程无论如何都不会访问用户地址空间。CLONE_UNTRACED 标志保证内核线程不会被任何进程所跟踪。

5.2.7 进程的执行——exec 函数族

fork()函数是用于创建一个子进程，该子进程几乎复制了父进程的所有内容。但是这个新创建的进程是如何执行的呢？ 在 Linux 中使用 exec 函数族来解决这个问题，exec 函数族提供了一个在进程中启动另一个程序执行的方法。它可以根据指定的文件名或目录名找到可执行文件，并用它来取代原调用进程的数据段、代码段和堆栈段，在执行完之后，除了进程号外，原调用进程的内容其他全部被新的进程替换了。

在 Linux 中使用 exec 函数族主要有两种情况。

（1）当进程认为自己不能再为系统和用户做出任何贡献时，就可以调用 exec 函数族中的任意一个函数让自己重生。

（2）如果一个进程希望执行另一个程序，那么它就可以调用 fork()函数新建一个进程，然后调用 exec 函数族中的任意一个函数，这样看起来就像通过执行应用程序而产生了一个新进程。

相对来说第二种情况非常普遍。实际上，在 Linux 中并没有 exec()函数，而是有 6 个以 exec 开头的函数，表 5-1 列举了 exec 函数族的 6 个成员函数的语法。

表 5-1　exec 函数族成员函数语法

所需头文件	#include <unistd.h>
函数原型	int execl(const char * path,const char * arg,…)
	int execv(const char * path,char * const argv[])
	int execle(const char * path,const char * arg,…,char * const envp[])
	int execve(const char * path,char * const argv[],char * const envp[])
	int execlp(const char * file,const char * arg,…)
	int execvp(const char * file,char * const argv[])
函数返回值	−1：出错

事实上，这6个函数中真正的系统调用只有 execve()，其他5个都是库函数，它们最终都会调用 execve()。这里简要介绍 execve() 的执行流程。

（1）打开可执行文件，获取该文件的 file 结构。

（2）获取参数区长度，将存放参数的页面清零。

（3）对 Linux_binprm 结构的其他项进行初始化。这里的 Linux_binprm 结构用来读取并存储运行可执行文件的必要信息。

5.2.8　进程的终止

当进程终结时，内核必须释放它所占有的资源，并告知其父进程。进程的终止可以通过以下3个事件驱动：正常的进程结束、信号和 exit() 函数的调用。进程的终结最终都要通过 do_exit() 来完成(Linux/kernel/exit.c 中)。进程终结后，与进程相关的所有资源都要被释放，进程不可运行并处于 TASK_ZOMBIE 状态，此时进程存在的唯一目的就是向父进程提供信息。当父进程检索到信息后，或者通知内核该信息是无关信息后，进程所持有的剩余内存被释放。

这里 exit() 函数所需的头文件为 #include<stdlib.h>，函数原型是：

```
void exit(int status)
```

其中，status 是一个整型的参数，可以利用这个参数传递进程结束时的状态。一般来说，0表示正常结束。其他的数值表示出现了错误，进程非正常结束。在实际编程时，可以用 wait() 系统调用接收子进程的返回值，从而针对不同的情况进行不同的处理。

下面简要介绍 do_exit() 的执行过程。

（1）将 task_struct 中的标志成员设置 PF_EXITING，表明该进程正在被删除，释放当前进程占用的 mm_struct，如果没有其他进程使用，即没有被共享，则彻底释放它们。

（2）如果进程排队等候 IPC 信号，则离开队列。

（3）分别将文件描述符、文件系统数据、进程名字空间的引用计数递减。如果这些引用计数的数值降为0，则表示没有进程在使用这些资源，可以释放。

（4）向父进程发送信号：将当前进程的子进程的父进程重新设置为线程组中的其他线程或者 init 进程，并将进程状态设成 TASK_ZOMBIE。

（5）切换到其他进程，处于 TASK_ZOMBIE 状态的进程不会再被调用。此时进程占用的资源就是内核堆栈、thread_info 结构、task_struct 结构，而进程存在的唯一目的就是向它的父进程提供信息。父进程检索到信息或者通知内核那是无关的信息后，由进程所持有的剩余内存被释放，归还给系统使用。

5.2.9 进程的调度

由于进程、线程和内核线程使用统一数据结构来表示，因此内核对这三者并不作区分，也不会为其中某一个设立单独的调度算法。内核将这三者一视同仁，进行统一的调度。

1. Linux 调度时机

Linux 进程调度分为主动调度和被动调度两种方式。

主动调度随时都可以进行，内核可以通过 schedule() 启动一次调度，当然也可以将进程状态设置为 TASK_INTERRUPTIBLE、TASK_UNINTERRUPTIBLE，暂时放弃运行而进入睡眠，用户空间也可以通过 pause() 达到同样的目的。如果为这种暂时的睡眠加上时间限制，内核态有 schedule_timeout，用户态有 nanosleep() 用于此目的。注意，内核中这种主动放弃是不可见的，而是隐藏在每一个可能受阻的系统调用中，如 open()、read()、select() 等。被动调度发生在系统调用返回的前、中断异常处理返回前或者用户态处理软中断返回前。

从 Linux 2.6 内核后，Linux 实现了抢占式内核，即处于内核态的进程也可能被调度出去。比如一个进程正运行在内核态，此时一个中断发生使另一个高优先级进程就绪，在中断处理程序结束之后，Linux 2.6 内核之前的版本会恢复原进程的运行，直到该进程退出内核态才会引发调度程序；而 Linux 2.6 抢占式内核，在处理完中断后，会立即引发调度，切换到高优先级进程。为支持内核代码可抢占，在 Linux 2.6 内核中通过采用禁止抢占的自旋锁（spin_unlock_mutex）来保护临界区。在释放自旋锁时，同样会引发调度检查。而对那些长期持锁或禁止抢占的代码片段插入了抢占点，此时检查调度需求，以避免发生不合理的延迟。而在检查过程中，只要新的进程不需要持有该锁，调度进程很可能就会中止当前的进程来让另外一个进程运行。

2. 进程调度的一般原理

调度程序运行时，要在所有可运行的进程中选择最值得运行的进程。选择进程的依据主要有进程的调度策略（policy）、静态优先级（priority）、动态优先级（counter）以及实时优先级（rt-priority）4 个部分。policy 是进程的调度策略，用来区分实时进程和普通进程，Linux 从整体上区分为实时进程和普通进程，二者调度算法不同，实时进程优先于普通进程运行。进程依照优先级的高低被依次调用，实时优先级级别最高。

counter 是实际意义上的进程动态优先级，它是进程剩余的时间片，起始值就是 priority 的值。从某种意义上讲，所有位于当前队列的任务都将被执行并且都将被移到"过期"队列中（实时进程则例外，交互性强的进程也可能例外）。当这种情况发生时，队列就会被进行切换，原来的"过期"队列成为当前队列，而空的当前队列也就变成了过期队列。

在 Linux 中，用函数 googness() 综合 4 项依据及其他因素，赋予各影响因素权重（weight），调度程序以优先级的高低作为选择进程的依据。

3. Linux O(1)调度

内核实现了一种新型的调度算法，不管有多少个线程在竞争 CPU，这种算法都可以在固定时间内进行操作。这种算法就称为 O(1)调度程序，这个名字就表示它调度多个线程所使用的时间和调度一个线程所使用的时间是相同的。Linux 2.6 实现 $O(1)$ 调度,每个 CPU 都有两个进程队列,采用优先级为基础的调度策略。内核为每个进程计算出一个反映其运行"资格"的权值,然后挑选优先级最高的进程投入运行。在运行过程中,当前进程的资格随时间而递减,从而在下一次调度的时候原来资格较低的进程可能就有资格运行了。到所有进程的资格都为零时,就重新计算。

schedule()函数是完成进程调度的主要函数,并完成进程切换的工作。schedule()用于确定最高优先级进程的代码非常快捷高效,其性能的好坏对系统性能有着直接影响,它在 /kernel/sched.c 中的定义如下:

```
asmlinkage void __sched schedule(void)
{
    struct task_struct * prev, * next;
    unsigned long * switch_count;
    struct rq * rq;
    int cpu;
need_resched:
    preempt_disable();
    cpu = smp_processor_id();
    rq = cpu_rq(cpu);
    rcu_sched_qs(cpu);
    prev = rq -> curr;
    switch_count = &prev -> nivcsw;
    release_kernel_lock(prev);
```

在上述代码中可以发现 schedule()函数中的两个重要变量: prev 指向当前正在使用 CPU 的进程,next 指向下一个将要使用 CPU 的进程。进程调度的一个很大的任务就是找到 next。

schedule 的主要工作可以分为两步。

(1) 找到 next。

- schedule()检查 prev 的状态。如果不是可运行状态,而且它没有在内核态被抢占,就应该从运行队列删除 prev 进程。不过,如果它是非阻塞挂起信号,而且状态为 TASH_INTERRUPTIBLE,那么函数就把该进程状态设置为 TASK_RUNNING,并将它插入运行队列。这个操作与把处理器分配给 prev 是不同的,它只是给 prev 一次选中执行的机会。在内核抢占的情况下,该步骤不会被执行。

- 检查本地运行队列中是否有进程。如果没有则在其他 CPU 的运行队列中迁移一部分进程过来。如果在单 CPU 系统或在其他 CPU 的运行队列中迁移进程失败,那么 next 只能选择 swapper 进程,然后马上跳去 switch_tasks 执行进程切换。

- 若本地运行队列中有进程,但没有活动进程队列为空集,也就是说,运行队列中的进程都在过期进程队列中,那么这时把活动进程队列改为过期进程队列,把原过期进程队列改为活动进程队列。空集用于接收过期进程。

- 在活动进程队列中搜索一个可运行进程。首先,schedule()搜索活动进程队列的集合位掩码的第一个非 0 位。当对应的优先级链表不为空时,就把位掩码的相应位置 1。因此,第一个非 0 位下标对应包含最佳运行进程的链表。随后,返回该链表的第一个进程。值得一提的是,在 Linux 2.6 下这一步能在很短的固定时间内完成。这时 next 就被找到了。

- 检查 next 是否是实时进程以及是否从 TASK_INTERRUPTIBLE 或 TASK_STOPPED 状态中被唤醒。如果这两个条件都满足，则重新计算其动态优先级。然后将 next 从原来的优先级撤离插入到新的优先级中。也就是说，实时进程是不会改变其优先级的。

（2）切换进程。

找到 next 后，就可以实施进程切换了。

- 把 next 的进程描述符第一部分字段的内容装入硬件高速缓存。
- 清除 prev 的 TIF_NEED_RESCHED 的标志。
- 设置 prev 的进程切换时刻。
- 重新计算并设置 prev 的平均睡眠时间。
- 如果 prev ！＝ next，则切换 prev 和 next 硬件上下文。

这时，CPU 已经开始执行 next 进程了。

5.3 ARM-Linux 内存管理

视频讲解

视频讲解

5.3.1 ARM-Linux 内存管理概述

内存管理是 Linux 内核中最重要的子系统之一，它主要提供对内存资源的访问控制机制。这种机制主要涵盖了如下功能。

- 内存的分配和回收。内存管理记录每个内存单元的使用状态，为运行进程的程序段和数据段等需求分配内存空间，并在不需要时回收它们。
- 地址转换。当程序写入内存执行时，如果程序中编译时生成的地址（逻辑地址）与写入内存的实际地址（物理地址）不一致，则要把逻辑地主转换成物理地址。这种地址转换通常是由内存管理单元（Memory Management Unit，MMU）完成的。
- 内存扩充。由于计算机资源的迅猛发展，内存容量在不断变大。同时，当物理内存容量不足时，操作系统需要在不改变物理内存的情况下通过对外存的借用实现内存容量的扩充。最常见的方法包括虚拟存储、覆盖和交换等。
- 内存的共享与保护。所谓内存共享是指多个进程能共同访问内存中的同一段内存单元。内存保护是指防止内存中的各程序在执行中相互干扰，并保证对内存中信息访问的正确性。

Linux 系统会在硬件物理内存和进程所使用的内存（称作虚拟内存）之间建立一种映射关系，这种映射是以进程为单位的，因而不同的进程可以使用相同的虚拟内存，而这些相同的虚拟内存，可以映射到不同的物理内存上。

内存管理子系统包括 3 个子模块，其结构如图 5-7 所示。

（1）与体系结构相关管理器子模块，涉及体系结构相关部分，提供用于访问硬件 Memory 的虚拟接口。

（2）独立体系结构管理器子模块，涉及体系结构无关部分，提供所有的内存管理机制，包括以进程为单位的内存映射（memory mapping）、虚拟内存的交换技术（Swapping）等。

（3）系统调用接口子模块。通过该接口，向用户空间程序应用程序提供内存的分配、释放，文件的映射等功能。

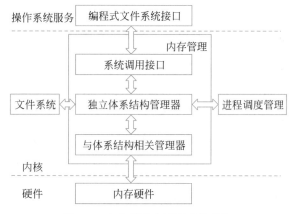

图 5-7 内存管理主要子系统架构

ARM-Linux 内核的内存管理功能是采用请求调页式的虚拟存储技术实现的。ARM-Linux 内核根据内存的当前使用情况动态换进换出进程页,通过外存上的交换空间存放换出页。内存与外存之间的相互交换信息是以页为单位进行的,这样的管理方法具有良好的灵活性,并具有很高的内存利用率。

5.3.2 ARM-Linux 虚拟存储空间及分布

32 位的 ARM 处理器具有 4GB 大小的虚拟地址容量,即每个进程的最大虚拟地址空间为 4GB,如图 5-8 所示。ARM-Linux 内核处于高端的 1GB 空间处,而低端的 3GB 属于用户空间,被用户程序所使用。所以在系统空间,即在内核中,虚拟地址与物理地址在数值上是相同的,至于用户空间的地址映射是动态的,根据需要分配物理内存,并且建立起具体进程的虚拟地址与所分配的物理内存间的映射。值得注意的是,系统空间的一部分不是映射到物理内存,而是映射到一些 I/O 设备,包括寄存器和一些小块的存储器。

这里简单说明进程对应的内存空间中所包含的 5 种不同的数据区。

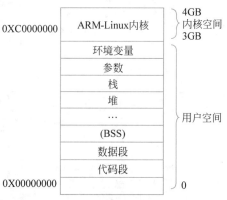

图 5-8 Linux 进程的虚拟内存空间及其组成(32 位平台)

- 代码段:代码段是用来存放可执行文件的操作指令,也就是说,它是可执行程序在内存中的镜像。代码段需要防止在运行时被非法修改,所以只准许读取操作,而不允许写入(修改)操作。
- 数据段:数据段用来存放可执行文件中已初始化全局变量,换句话说,就是存放程序静态分配的变量和全局变量。
- BSS 段:BSS 段包含了程序中未初始化的全局变量,在内存中 BSS 段全部置零。
- 堆(heap):堆是用于存放进程运行中被动态分配的内存段,它的大小并不固定,可动态扩张或缩减。当进程调用 malloc()等函数分配内存时,新分配的内存就被动态添加到堆上(堆被扩张)。当利用 free()等函数释放内存时,被释放的内存从堆中被剔除(堆被缩减)。

- 栈：栈是用户存放程序临时创建的局部变量，也就是函数括号"{ }"中定义的变量（但不包括 static 声明的变量，static 意味着在数据段中存放变量）。除此以外，在函数被调用时，其参数也会被压入发起调用的进程栈中，并且待到调用结束后，函数的返回值也会被存放回栈中。由于栈的先进先出特点，所以栈特别适合用来保存/恢复调用现场。从这个意义上讲，堆栈也被看成一个寄存、交换临时数据的内存区。

5.3.3　进程空间描述

1. 关键数据结构描述

视频讲解

一个进程的虚拟地址空间主要由两个数据结来描述：一个是最高层次的 mm_struct；另一个是较高层次的 vm_area_structs。最高层次的 mm_struct 结构描述了一个进程的整个虚拟地址空间。每个进程只有一个 mm_struct 结构，在每个进程的 task_struct 结构中，有一个指向该进程的 mm_struct 结构的指针，每个进程与用户相关的各种信息都存放在 mm_struct 结构体中，其中包括本进程的页目录表的地址，本进程的用户区的组成情况等重要信息。可以说，mm_struct 结构是对整个用户空间的描述。

mm_struct 用来描述一个进程的整个虚拟地址空间，在./include/Linux/mm_types.h 中描述如下：

```
struct mm_struct {
    struct vm_area_struct * mmap;                          //指向虚拟区间(VMA)链表
struct rb_root mm_rb;                                      //指向 red_black 树
    struct vm_area_struct * mmap_cache;                   //指向最近找到的虚拟区间
# ifdef CONFIG_MMU
    unsigned long ( * get_unmapped_area) (struct file * filp,
                 unsigned long addr, unsigned long len,
                 unsigned long pgoff, unsigned long flags);
    void ( * unmap_area) (struct mm_struct * mm, unsigned long addr);
# endif
    unsigned long mmap_base;
    unsigned long task_size;
    unsigned long cached_hole_size;
    unsigned long free_area_cache;
    pgd_t * pgd;                                           //指向进程的页目录
    atomic_t mm_users;
    int map_count;
    spinlock_t page_table_lock;                           //保护任务页表和 mm->rss
struct rw_semaphore mmap_sem;
    struct list_head mmlist;                              //所有活动的(active)mm 链表
    unsigned long hiwater_rss;
    unsigned long hiwater_vm;
    unsigned long total_vm, locked_vm, shared_vm, exec_vm;
    unsigned long stack_vm, reserved_vm, def_flags, nr_ptes;
    unsigned long start_code, end_code, start_data, end_data;
                                            // start_code 代码段起始地址,
                                            // end_code 代码段结束地址,
                                            // start_data 数据段起始地址,
                                            // start_end 数据段结束地址
    unsigned long start_brk, brk, start_stack;   // start_brk 和 brk 记录有关堆的信息
                                            // start_brk 是用户虚拟地址空间初
                                            // 始化时,堆的结束地址,brk 是当前
                                            // 堆的结束地址,start_stack 是栈的
                                            // 起始地址
```

```
unsigned long arg_start, arg_end, env_start, env_end;   // arg_start 参数段的起始地址,
                                                        // arg_end 参数段的结束地址,
                                                        // env_start 环境段的起始地址,
                                                        // env_end 环境段的结束地址
unsigned long saved_auxv[AT_VECTOR_SIZE];
struct mm_rss_stat rss_stat;
struct Linux_binfmt * binfmt;
cpumask_var_t cpu_vm_mask_var;
mm_context_t context;                                   // Architecture - specific
                                                        // MM context,是与平台相关的结构
unsigned int faultstamp;
unsigned int token_priority;
unsigned int last_interval;
    atomic_t oom_disable_count;
unsigned long flags;
};
```

Linux 内核中对应进程内存区域的数据结构是 vm_area_struct,内核将每个内存区域作为一个单独的内存对象管理,相应的操作也一致。每个进程的用户区是由一组 vm_area_struct 结构体组成的链表来描述的。用户区的每个段(如代码段、数据段和栈等)都由一个 vm_area_struct 结构体描述,其中包含了本段的起始虚拟地址和结束虚拟地址,也包含了当发生缺页异常时如何找到本段在外存上的相应内容(如通过 nopage()函数)。

vm_area_struct 是描述进程地址空间的基本管理单元,如上所述,vm_area_struct 结构是以链表形式链接,不过为了方便查找,内核又以红黑树(red_black tree)的形式组织内存区域,以便降低搜索耗时。值得注意的是,并存的两种组织形式并非冗余:链表用于需要遍历全部节点的时候用,而红黑树适用于在地址空间中定位特定内存区域的时候。内核为了内存区域上的各种不同操作都能获得高性能,所以同时使用了这两种数据结构。

图 5-9 反映了进程地址空间的管理模型。

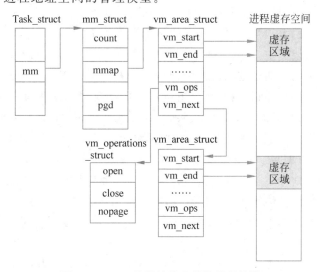

图 5-9　Linux 进程地址空间的管理模型

图 5-9 中的内存映射(mmap)是 Linux 操作系统的一个很大特色,它可以将系统内存映射到一个文件(设备)上,以便通过访问文件内容来达到访问内存的目的。这样做的最大好

处是提高了内存访问速度,并且可以利用文件系统的接口编程(设备在 Linux 中作为特殊文件处理)访问内存,降低了开发难度。许多设备驱动程序便是利用内存映射功能将用户空间的一段地址关联到设备内存上,无论何时,只要内存在分配的地址范围内进行读/写,实际上就是对设备内存的访问。同时对设备文件的访问等同于对内存区域的访问,也就是说,通过文件操作接口可以访问内存。vm_area_struct 结构体描述如下:

```
struct vm_area_struct {
    struct mm_struct * vm_mm;
    unsigned long vm_start;
    unsigned long vm_end;
    struct vm_area_struct * vm_next, * vm_prev;
    pgprot_t vm_page_prot;
    unsigned long vm_flags;
    struct rb_node vm_rb;
    union {
        struct {
            struct list_head list;
            void * parent;
            struct vm_area_struct * head;
        } vm_set;
        struct raw_prio_tree_node prio_tree_node;
    } shared;
```

2. Linux 的分页模型

由于分段机制和 Intel 处理器相关联,在其他的硬件系统中,可能并不支持分段式内存管理,因此在 Linux 中,操作系统使用分页的方式管理内存。在 Linux 2.6 中,Linux 采用了通用的四级页表结构,4 种页表分别称为:页全局目录、页上级目录、页中间目录、页表。

为了实现跨平台运行 Linux 的目标(如在 ARM 平台上),设计者提供了一系列转换宏使得 Linux 内核可以访问特定进程的页表。该系列转换宏实现逻辑页表和物理页表在逻辑上的一致。这样内核就无须知道页表入口的结构和排列方式。采用这种方法后,在使用不同级数页表的处理器架构中,Linux 就可以使用相同的页表操作代码了。

分页机制将整个线性地址空间及整个物理内存看成由许多大小相同的存储块组成的,并将这些块作为页(虚拟空间分页后每个单位称为页)或页帧(物理内存分页后每个单位称为页帧)进行管理。当不考虑内存访问权限时,线性地址空间的任何一页理论上可以映射为物理地址空间中的任何一个页帧。Linux 内核的分页方式是一般以 4KB 单位划分页,并且保证页地址边界对齐,即每一页的起始地址都应被 4K 整除。在 4KB 的页单位下,32 位机的整个虚拟空间就被划分成了 220 个页。操作系统按页为每个进程分配虚拟地址范围,理论上根据程序需要最大可使用 4GB 的虚拟内存。但由于操作系统需要保护内核进程内存,所以将内核进程虚拟内存和用户进程虚拟内存分离,前者可用空间为 1GB 虚拟内存,后者为 3GB 虚拟内存。

创建进程 fork()、程序载入 execve()、映射文件 mmap()、动态内存分配 malloc()/brk()等进程相关操作都需要分配内存给进程。而此时进程申请和获得的内存实际为虚拟内存,获得的是虚拟地址。值得注意的是,进程对内存区域的分配最终都会归结到 do_mmap()函数上来(brk 调用被单独以系统调用实现,不用 do_mmap()函数)。同样,释放一个内存区域应使用函数 do_ummap(),它会销毁对应的内存区域。

由于进程所能直接操作的地址都是虚拟地址,所以当进程需要内存时,从内核获得的仅仅是虚拟的内存区域,而不是实际的物理地址。进程并没有获得物理内存(物理页面),而只是对一个新的线性地址区间的使用权。实际的物理内存只有当进程实际访问新获取的虚拟地址时,才会由"请求页机制"产生"缺页"异常,从而进入分配实际页面的例程。这个过程可以借助 nopage()函数完成。当访问的进程虚拟内存并未真正分配页面时,便调用该函数来分配实际的物理页,并为该页建立页表项的功能。

这种"缺页"异常是虚拟内存机制赖以存在的基本保证——它会告诉内核去真正为进程分配物理页,并建立对应的页表,然后虚拟地址才真正地映射到了系统的物理内存中。当然,如果页被换出到外存,也会产生缺页异常,不用再建立页表了。这种请求页机制利用了内存访问的"局部性原理",请求页带来的好处是减少了空闲内存,提高了系统的吞吐率。

5.3.4　物理内存管理(页管理)

视频讲解

Linux 内核管理物理内存是通过分页机制实现的,它将整个内存划分成无数个固定大小的页,从而分配和回收内存的基本单位便是内存页了。在此前提下,系统可以拼凑出所需要的任意内存供进程使用。但实际上系统使用内存时还是倾向于分配连续的内存块,因为分配连续内存时,页表不需要更改,因此能降低 TLB(页地址块表)的刷新率(频繁刷新会在很大程度上降低访问速度)。

鉴于上述需求,内核分配物理页面时为了尽量减少不连续情况,采用了"伙伴"(buddy)算法来管理空闲页面。Linux 系统采用伙伴算法管理系统页框的分配和回收,该算法对不同的管理区使用单独的伙伴系统管理。伙伴算法把内存中的所有页框按照大小分成 10 组不同大小的页块,每块分别包含 1、2、4、……、512 个页框。每种不同的页块都通过一个 free_area_struct 结构体来管理。系统将 10 个 free_area_struct 结构体组成一个 free_area[] 数组。

其核心数据结构如下:

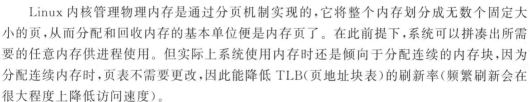

```
typedef struct free _ area _ struct
  {
struct list _ head free _ list.
unsigned long * map.
} free _ area _ t.
```

当向内核请求分配一定数目的页框时,若所请求的页框数目不是 2 的幂次方,则按稍微大于此数目的 2 的幂次方在页块链表中查找空闲页块,如果对应的页块链表中没有空闲页块,则在更大的页块链表中查找。当分配的页块中有多余的页框时,伙伴系统将根据多余的页框大小插入到对应的空闲页块链表中。向伙伴系统释放页框时,伙伴系统会将页框插入到对应的页框链表中,并且检查新插入的页框能否和原有的页块组合构成一个更大的页块,如果有两个块的大小相同且这两个块的物理地址连续,则合并成一个新页块并加入到对应的页块链表中,迭代此过程直到不能合并为止,这样可以极大限度地减少内存碎片。

ARM-Linux 内核中分配空闲页面的基本函数是 get_free_page/get_free_pages(),它们或是分配单页或是分配指定的页面(2、4、8、……、512 页)。值得注意的是,get_free_page()

是在内核中分配内存,不同于 malloc 函数在用户空间中分配方法。malloc()函数利用堆动态分配,实际上是调用 brk()系统调用,该调用的作用是扩大或缩小进程堆空间(它会修改进程的 brk 域)。如果现有的内存区域不够容纳堆空间,则会以页面大小的倍数为单位扩张或收缩对应的内存区域,但 brk 值并非以页面大小为倍数修改,而是按实际请求修改。因此,malloc()在用户空间分配内存时可以以字节为单位分配,但内核在内部仍然会以页为单位分配。

需要注意的是,物理页在系统中由页结构 struct_page 描述,系统中所有的页面都存储在数组 mem_map[]中,可以通过该数组找到系统中的每一页(空闲或非空闲)。而其中的空闲页面则可由上述提到的以伙伴关系组织的空闲页链表(free_area[MAX_ORDER])来索引。图 5-10 显示了内核空间物理页分配技术。

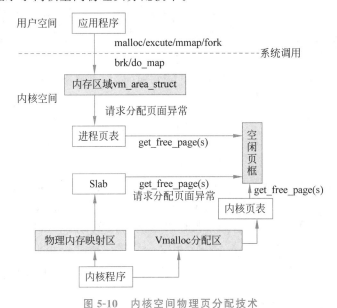

图 5-10　内核空间物理页分配技术

5.3.5　基于 slab 分配器的管理技术

伙伴算法采用页面作为分配内存的基本单位,虽然有利于解决外部碎片问题,但却只适合大块内存的请求,而且伙伴算法的充分条件要求较高并且容易产生内存浪费。由于内核自身最常使用的内存往往是很小(远远小于一页)的内存块——比如存放文件描述符、进程描述符、虚拟内存区域描述符等行为所需的内存都不足一页。这些用来存放描述符的内存相比页面是差距非常大的。一个整页中可以聚集多个小块内存。而且这些小块内存块一样频繁地被生成或者销毁。

为了满足内核对这种小内存块的需要,Linux 系统采用了一种被称为 slab 分配器(slab allocator)的技术。slab 并非脱离伙伴关系而独立存在的一种内存分配方式,slab 仍然是建立在页面基础之上的。slab 分配器主要的功能就是对频繁分配和释放的小对象提供高效的内存管理。它的核心思想是实现一个缓存池,分配对象的时候从缓存池中取,释放对象的时候再放入缓存池。slab 分配器是基于对象类型进行内存管理的,每种对象被划分为一类,例如,索引节点对象是一类,进程描述符又是一类等等。每当需要申请一个特定的对象时,就从相应的类中分配一个空白的对象出去。当这个对象被使用完毕时,就重新"插入"到相应的类中(其实并不存在插入的动作,仅仅是将该对象重新标记为空闲而已)。下面是 slab 的结构体定义。

```
struct slab {
    union {
        struct {
            struct list_head list;
            unsigned long colouroff;
            void * s_mem;
            unsigned int inuse;
            kmem_bufctl_t free;
            unsigned short nodeid;
        };
        struct slab_rcu __ slab_cover_slab_rcu;
    };
};
```

与传统的内存管理模式相比,slab 缓存分配器有很多优点。首先,内核通常依赖于对小对象的分配,它们会在系统生命周期内进行无数次分配,slab 缓存分配器通过对类似大小的对象进行缓存,可以大大减少内存碎片。同时,slab 缓存分配器还支持通用对象的初始化,从而避免了为同一目标而对一个对象重复进行初始化。事实上,内核中常用的 kmalloc() 函数(类似于用户态的 malloc())就使用了 slab 缓存分配器来进行可能的优化。

slab 缓存分配器不仅仅只用来存放内核专用的结构体,它还被用来处理内核对小块内存的请求。一般来说,内核程序中对小于一页的小块内存的请求才通过 slab 缓存分配器提供的接口 kmalloc() 来完成(虽然它可分配 32~131072B 的内存)。从内核内存分配的角度来讲,kmalloc() 可被看成是 get_free_page(s) 的一个有效补充,内存分配粒度更灵活了。

关于 kmalloc() 与 kfree() 的具体实现,可参考内核源程序中的 include/Linux/slab.h 文件。如果希望分配大一点的内存空间,那么内核会利用一个更好的面向页的机制。分配页的相关函数有以下 3 个,这 3 个函数定义在 mm/page_alloc.c 文件中。

- get_zeroed_page(unsigned int gfp_mask)函数的作用是申请一个新的页,初始化该页的值为零,并返回页的指针。
- __ get_free_page(unsigned int flags)函数与 get_zeroed_page 类似,但是它不初始化页的值为零。
- __ get_free_pages(unsigned int flags,unsigned int order)函数类似 __ get_free_page,但是它可以申请多个页,并且返回的是第一个页的指针。

5.3.6　内核非连续内存分配

伙伴关系也好、slab 技术也好,从内存管理理论角度而言目的基本是一致的,它们都是为了防止"分片",分片又分为外部分片和内部分片。所谓内部分片,是系统为了满足一小段内存区连续的需要,不得不分配了一大区域连续内存给它,从而造成了空间浪费。外部分片是指系统虽有足够的内存,但是分散的碎片,无法满足对大块"连续内存"的需求。无论哪种分片都是系统有效利用内存的障碍。由前面的介绍可知,slab 分配器使得一个页面内包含的众多小块内存可独立被分配使用,避免了内部分片,减少了空闲内存。伙伴关系把内存块按大小分组管理,一定程度上减轻了外部分片的危害,但并未彻底消除。

所以避免外部分片的最终解决思路还是落到了如何利用不连续的内存块组合成"看起来很大的内存块"——这里的情况类似于用户空间分配虚拟内存,内存在逻辑上连续,其实会映射到并不一定连续的物理内存上。Linux 内核借用了这个技术,允许内核程序在内核地址空间中分配虚拟地址,同样也利用页表(内核页表)将虚拟地址映射到分散的内存页上。以此完美地解决了内核内存使用中的外部分片问题。内核提供 vmalloc() 函数分配内核虚拟内存,该函数不同于 kmalloc(),它可以分配较 kmalloc() 大得多的内存空间(可远大于128KB,但必须是页大小的倍数),但相比 kmalloc() 来说,vmalloc() 需要对内核虚拟地址进行重映射,必须更新内核页表,因此分配效率上相对较低。

与用户进程相似,内核也有一个名为 init_mm 的 mm_strcut 结构来描述内核地址空间,其中页表项 pdg＝swapper_pg_dir 包含了系统内核空间的映射关系。因此,vmalloc()分配内核虚拟地址必须更新内核页表,而 kmalloc() 或 get_free_page() 由于分配的连续内存,所以不需要更新内核页表。

vmalloc()分配的内核虚拟内存与 kmalloc()/get_free_page()分配的内核虚拟内存位于不同的区间,不会重叠。因为内核虚拟空间被分区管理,各司其职。进程用户空间地址分布从 0 到 3GB(其到 PAGE_OFFSET),从 3GB 到 vmalloc_start 这段地址是物理内存映射区域(该区域中包含了内核镜像、物理页面表 mem_map 等等)。

vmalloc()函数的相关原型包含在 include/Linux/vmalloc.h 头文件中。

主要函数说明如下:

(1) void ＊ vmalloc(unsigned long size)——该函数的作用是申请 size 大小的虚拟内存空间,发生错误时返回 0,成功时返回一个指向大小为 size 的线性地址空间的指针。

(2) void vfree(void ＊ addr)——该函数的作用是释放一块由 vmalloc()函数申请的内存,释放内存的基地址为 addr。

(3) void ＊ vmap(struct page ＊＊ pages,unsigned int count,unsigned long flags,pgport_t prot)——该函数的作用是映射一个数组(其内容为页)到连续的虚拟空间中。第一个参数 pages 为指向页数组的指针。第二个参数 count 为要映射页的个数。第三个参数 flags 为传递 vm_area-> flags 值。第四个参数 prot 为映射时页保护。

(4) void vunmap(void ＊ addr)——该函数的作用是释放由 vmap 映射的虚拟内存,释放从 addr 地址开始的连续虚拟区域。

5.3.7 页面回收简述

有页面分配,就会有页面回收。页面回收的方法大体上可分为两种:

一是主动释放。就像用户程序通过 free()函数释放曾经通过 malloc()函数分配的内存一样,页面的使用者明确知道页面的使用时机。前面介绍的伙伴算法和 slab 分配器机制,一般都是由内核程序主动释放的。对于直接从伙伴系统分配的页面,这是由使用者使用 free_pages()之类的函数主动释放的,页面释放后被直接放归伙伴系统。从 slab 中分配的对象(使用 kmem_cache_alloc()函数),也是由使用者主动释放的(使用 kmem_cache_free()函数)。

二是通过 Linux 内核提供的页框回收算法(PFRA)进行回收。页面的使用者一般将页面当作某种缓存,以提高系统的运行效率。缓存一直存在固然好,但是如果缓存没有了也不会造成什么错误,仅仅是效率受影响而已。页面的使用者不需要知道这些缓存页面什么时候最好被保留,什么时候最好被回收,这些都交由 PFRA 来负责。

简单来说,PFRA 要做的事就是回收可以被回收的页面。PFRA 的使用策略是主要在内核线程中周期性地被调用运行,或者当系统已经页面紧缺,试图分配页面的内核执行流程因得不到需要的页面而同步地调用 PFRA。内核非连续内存分配方式一般是由 PFRA 来进行回收,也可以通过类似删除文件、进程退出这样的过程来同步回收。

5.4　ARM-Linux 模块

自 Linux 1.2 版本之后 Linux 引进了模块这一重要特性,该特性提供内核可在运行时进行扩展的功能。可装载模块(Loadable Kernel Module,LKM)也被称为模块,即可在内核运行时加载到内核的一组目标代码(并非一个完整的可执行程序)。这样做的最明显好处就是在重构和使用可装载模块时并不需要重新编译内核。

LKM 最重要的功能包括内核模块在操作系统中的加载和卸载两部分。内核模块是一些在启动操作系统内核时如有需要可以载入内核执行的代码块,这些代码块在不需要时由操作系统卸载。模块扩展了操作系统的内核功能但不需要重新编译内核和启动系统。需要注意的是,如果只是认为可装载模块就是外部模块或者认为在模块与内核通信时模块是位于内核的外部的,那么这在 Linux 下均是错误的。当模块被装载到内核后,可装载模块已是内核的一部分。

5.4.1　LKM 的编写和编译

视频讲解

1. 内核模块的基本结构

一个内核模块至少包含两个函数,模块被加载时执行的初始化函数 init_module()和模块被卸载时执行的结束函数 cleanup_module()。在 Linux 2.6 中,两个函数可以起任意的名字,通过宏 module_init()和 module_exit()实现。唯一需要注意的地方是函数必须在宏的使用前定义。例如:

```
static int __ init hello_init(void){}
static void __ exit hello_exit(void ){}
module_init(hello_init);
module_exit(hello_exit);
```

这里声明函数为 static 的目的是使函数在文件以外不可见,宏 __ init 的作用是在完成初始化后收回该函数占用的内存,宏 __ exit 用于模块被编译进内核时忽略结束函数。这两个宏只针对模块被编译进内核的情况,而对动态加载模块是无效的。这是因为编译进内核的模块是没有清理结束工作的,而动态加载模块却需要自己完成这些工作。

2. 内核模块的编译

内核模块编译时需要提供一个 Makefile 文件来隐藏底层大量的复杂操作,使用户通过 make 命令就可以完成编译的任务。下面列举一个简单的编译 hello.c 的 Makefile 文件。

```
obj- m += hello.ko
KDIR := /lib/modules/$(Shell uname - r)/build
PWD := $(Shell pwd)
default:
 $(MAKE) - C $(KDIR) SUBDIRS = $(PWD) modules
```

编译后获得可加载的模块文件 hello.ko。

5.4.2　LKM 版本差异比较

　　LKM 可装载模块虽然在设备驱动程序的编写和扩充内核功能中扮演着非常重要的角色,但它仍有许多不足的地方,其中最大的缺陷就是 LKM 对于内核版本的依赖性过强,每一个 LKM 都是靠内核提供的函数和数据结构组织起来的。当这些内核函数和数据结构因为内核版本变化而发生变动时,原先的 LKM 不经过修改就可能无法正常运行。如可装载模块在 Linux 2.6 与 Linux 2.4 之间就存在巨大差异,其最大区别就是模块装载过程变化:在 Linux 2.6 中可装载模块是在内核中完成连接的。其他一些变化大致包括:

- 模块的后缀及装载工具的变化。对于使用模块的授权用户而言,模块最直观的改变应是模块文件扩展名由原先的.o(即 object)变成了.ko(即 kernel object)。同时,在 Linux 2.6 中,模块使用了新的装卸载工具集 module-init-tools(工具 insmod 和 rmmod 被重新设计)。模块的构建过程改变巨大,在 Linux 2.6 中代码先被编译成.o 文件,再从.o 文件生成.ko 文件,构建过程会生成如.mod.c、.mod.o 等文件。
- 模块信息的附加过程的变化。在 Linux 2.6 中,模块的信息在构建时完成了附加过程,这与 Linux 2.4 不同,先前模块信息的附加是在模块装载到内核时进行的(在 Linux 2.4 时,这一过程由工具 insmod 完成)。
- 模块的标记选项的变化。在 Linux 2.6 中,针对管理模块的选项做了一些调整,如取消了 can_unload 标记(用于标记模块的使用状态),添加了 CONFIG_MODULE_ UNLOAD 标记(用于标记禁止模块卸载)等;还修改了一些接口函数,如模块的引用计数。

　　发展到 Linux 2.6 后,内核中越来越多的功能被模块化。这是由于可装载模块相对内核有着易维护、易调试的特点。由于模块一般是在真正需要时才被加载,因而 LKM 可装载模块还为内核节省了内存空间。根据模块的功能作用不同,可装载模块还可分三大类型:设备驱动模块、文件系统模块以及系统调用模块。值得注意的是,虽然可装载模块是从用户空间加载到内核空间的,但是并非用户空间的程序。

5.4.3　模块的加载与卸载

1. 模块的加载

　　模块的加载一般有两种方法:第一种是使用 insmod 命令加载,另一种是当内核发现需要加载某个模块时,请求内核后台进程 kmod 加载适当的模块。当内核需要加载模块时,kmod 被唤醒并执行 modprobe,同时传递需加载模块的名字作为参数。modprobe 像 insmod 一样将模块加载进内核,不同的是在模块被加载时应查看它是否涉及当前没有定义在内核中的任何符号。如果有,则在当前模块路径的其他模块中查找。如果找到,那么它们也会被加载到内核中。但在这种情况下使用 insmod,会以"未解析符号"信息结束。

关于模块加载,可以用图 5-11 来简要说明。

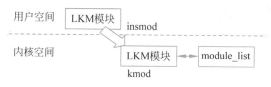

图 5-11 LKM 模块的加载

insmod 程序必须找到要求加载的内核模块,这些内核模块是已链接的目标文件。与其他文件不同的是,它们被链接成可重定位映像,这里的重定位映像首先强调的是映像没有被链接到特定地址上。insmod 将执行一个特权级系统调用来查找内核的输出符号,这些符号都以符号名和数值形式(如地址值)成对保存。内核输出符号表被保存在内核维护的模块链表的第一个 module 结构中。只有特殊符号才被添加,并且在内核编译与链接时确定。insmod 将模块读入虚拟内存并通过使用内核输出符号来修改其未解析的内核函数和资源的引用地址。这些工作通过由 insmod 程序直接将符号的地址写入模块中相应地址来进行。

当 insmod 修改完模块对内核输出符号的引用后,它将再次使用特权级系统调用申请足够的空间容纳新模块。内核将为其分配一个新的 module 结构以及足够的内核内存来保存新模块,并将其插入到内核模块链表的尾部,最后将新模块标记为 UNINITIALIZED。insmod 将模块复制到已分配空间中,如果为它分配的内核内存已用完,则再次申请,模块被多次加载必然处于不同的地址。

另外,此重定位工作包括使用适当地址来修改模块映像。如果新模块也希望将其符号输出到系统中,那么 insmod 将为其构造输出符号映像表。每个内核模块必须包含模块初始化和结束函数,所以为了避免冲突,它们的符号被设计成不输出,但是 insmod 必须知道这些地址,这样可以将它们传递给内核。在所有这些工作完成以后,insmod 将调用初始化代码并执行一个特权级系统调用将模块的初始化和结束函数地址传递给内核。

当将一个新模块加载到内核中时,内核必须更新其符号表并修改那些被新模块使用的老模块。那些依赖于其他模块的模块必须在其符号表尾部维护一个引用链表并在其module 数据结构中指向它。

2. 模块的卸载

可以使用 rmmod 命令删除模块,这里有个特殊情况是,请求加载模块在其使用计数为 0 时会自动被系统删除。模块卸载可以用图 5-12 来描述。

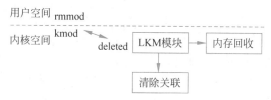

图 5-12 LKM 模块的卸载

内核中其他部分还在使用的模块不能被卸载。例如,若系统中安装了多个 VFAT 文件系统,则不能卸载 VFAT 模块。执行 lsmod 将看到每个模块的引用计数。模块的引用计数被保存在其映像的第一个常数字中,这个字还包含 autoclean 和 visited 标志。如果模块被标记成 autoclean，则内核知道此模块可以自动卸载。visited 标志表示此模块正被一个或多个文件系统部分使用，只要有其他部分使用此模块则这个标志被置位。当系统要删除未被使用的请求加载模块时，内核就扫描所有模块，一般只查看那些被标记为 autoclean 并处于运行状态的模块。如果某模块的 visited 标记被清除则该模块将被删除，并且此模块占有的内核内存将被回收。其他依赖于该模块的模块将修改各自的引用域，表示它们之间的依赖关系不复存在。

5.4.4　工具集 module-init-tools

在 Linux 2.6 中，工具 insmod 被重新设计并作为工具集 module-init-tools 中的一个程序，其通过系统调用 sys_init_module（可查看头文件 include/asm-generic/unistd.h）衔接了模块的版本检查、模块的加载等功能。module-init-tools 是为 Linux 2.6 内核设计的运行在 Linux 用户空间的模块加卸载工具集，其包含的程序 rmmod 用于卸载当前内核中的模块。表 5-2 列举了工具集 module-init-tools 中的部分程序。

表 5-2　工具集 module-init-tools 中的部分程序

名称	说　明	使用方法示例
insmod	装载模块到当前运行的内核中	＃insmod［/full/path/module_name］［parameters］
rmmod	从当前运行的内核中卸载模块	＃rmmod［-fw］module_name -f：强制将该模块删除掉，不论是否正在被使用 -w：若该模块正在被使用，则等待该模块被使用完毕后再删除
lsmod	显示当前内核已加装的模块信息，可以和 grep 指令结合使用	＃lsmod 或者＃lsmod｜grep XXX
modinfo	检查与内核模块相关联的目标文件，并打印出所有得到的信息	＃modinfo［-adln］［module_name｜filename］ -a：仅列出作者名 -d：仅列出该 modules 的说明 -l：仅列出授权 -n：仅列出该模块的详细路径
modprobe	利用 depmod 创建的依赖关系文件自动加载相关的模块	＃modprobe［-lcfr］module_name -c：列出目前系统上面所有的模块 -l：列出目前在/lib/modules/`uname-r`/kernel 当中的所有模块完整文件名 -f：强制加载该模块 -r：删除某个模块
depmod	创建一个内核可装载模块的依赖关系文件，modprobe 用它来自动加载模块	＃depmod［-Ane］ -A：不加任何参数时，depmod 会主动去分析目前内核的模块，并且重新写入/lib/modules/$(uname-r)/modules.dep 中。如果加-A 参数，则会查找比 modules.dep 内还要新的模块；找到后才会更新 -n：不写入 modules.dep，而是将结果输出到屏幕上 -e：显示出目前已加载的不可执行的模块名称

值得注意的是，在 module-init-tools 中可用于模块加载和卸载的程序 modprobe。程序 modprobe 的内部函数调用过程与 insmod 类似，只是其装载过程会查找一些模块装载的配

置文件,且 modprobe 在装载模块时可解决模块间的依赖性问题,也就是说,如果有必要,程序 modprobe 会在装载一个模块时自动加载该模块依赖的其他模块。

5.5 ARM-Linux 中断管理

5.5.1 ARM-Linux 中断的一些基本概念

视频讲解

1. 设备、中断控制器和 CPU

在一个完整的设备中,与中断相关的硬件可以划分为 3 类,它们分别是设备、中断控制器和 CPU 本身,图 5-13 展示了一个 SMP 系统中的中断硬件的组成结构。

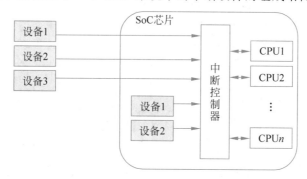

图 5-13 中断系统的硬件组成

- 设备:设备是发起中断的源,当设备需要请求某种服务的时候,它会发起一个硬件中断信号,通常,该信号会连接至中断控制器,由中断控制器做进一步的处理。在现代的移动设备中,发起中断的设备可以位于 SoC 芯片的外部,也可以位于 SoC 的内部。

- 中断控制器:中断控制器负责收集所有中断源发起的中断,现有的中断控制器几乎都是可编程的,通过对中断控制器的编程,用户可以控制每个中断源的优先级、中断的电气类型,还可以打开和关闭某一个中断源,在 SMP 系统中,甚至可以控制某个中断源发往哪一个 CPU 进行处理。对 ARM 架构的 SoC,使用较多的中断控制器是 VIC(Vector Interrupt Controller),进入多核时代以后,GIC(General Interrupt Controller)的应用也开始逐渐变多。

- CPU:CPU 是最终响应中断的部件,它通过对可编程中断控制器的编程操作,控制和管理者系统中的每个中断。当中断控制器最终判定一个中断可以被处理时,它会根据事先的设定,通知其中一个或者是某几个 CPU 对该中断进行处理,虽然中断控制器可以同时通知数个 CPU 对某一个中断进行处理,实际上,最后只会有一个 CPU 响应这个中断请求,但具体是哪个 CPU 进行响应可能是随机的,中断控制器在硬件上对这一特性进行了保证,不过这也依赖于操作系统对中断系统的软件实现。在 SMP 系统中,CPU 之间也通过 IPI(Inter Processor Interrupt)进行通信。

2. IRQ 编号

系统中每一个注册的中断源,都会分配一个唯一的编号用于识别该中断,称之为 IRQ 编号。IRQ 编号贯穿在整个 Linux 的通用中断子系统中。在移动设备中,每个中断源的

IRQ 编号都会在 arch 相关的一些头文件中,例如,arch/xxx/mach-xxx/include/irqs.h。驱动程序在请求中断服务时,会使用 IRQ 编号注册该中断,中断发生时,CPU 通常会从中断控制器中获取相关信息,然后计算出相应的 IRQ 编号,然后把该 IRQ 编号传递到相应的驱动程序中。

5.5.2　内核异常向量表的初始化

ARM-Linux 内核启动时,首先运行的是 arch/arm/kernel/head.s,进行一些初始化工作,然后调用 main.c-> start_kernel()函数,进而调用 trap_init()(或者调用 early_trap_init()函数)以及 init_IRQ()函数进行中断初始化,建立异常向量表。

```
asmlinkage void __init start_kernel(void)
{
...
  trap_init();
...
  early_irq_init();
  init_IRQ();
...
}
```

接着系统会建立异常向量表。首先会将 ARM 处理器异常中断处理程序的入口安装到各自对应的中断向量地址中。在 ARM V4 及 V4T 以后的大部分处理器中,中断向量表的位置可以有两个位置:一个是 0x00000000,另一个是 0xffff0000。需要说明的是,Cortex-A8 处理器支持通过设置协处理 CP15 的 C12 寄存器将异常向量表的首地址设置在任意地址。可以通过 CP15 协处理器 c1 寄存器中 V 位(bit[13])控制。V 位和中断向量表的对应关系如下:

V=0　　　～　　　0x00000000～0x0000001C
V=1　　　～　　　0xffff0000～0xffff001C

在 Linux 中,中断向量地址的复制由 trap_init()函数(或者调用 early_trap_init()函数)完成;对于 ARM 平台来说 trap_init()在 arch/arm/kernel/traps.c 中定义,为一个空函数。本节所使用内核版本使用了 early_trap_init()代替 trap_init()来初始化异常。代码如下所示。

```
void __init trap_init(void)
{
    return;
}
void __init early_trap_init(void)
{
    unsigned long vectors = CONFIG_VECTORS_BASE;

    extern char __stubs_start[], __stubs_end[];
    extern char __vectors_start[], __vectors_end[];
    extern char __kuser_helper_start[], __kuser_helper_end[];
    int kuser_sz = __kuser_helper_end - __kuser_helper_start;
```

```
/* __vectors_end 至 __vectors_start 之间为异常向量表. __stubs_end 至 __stubs_start 之间是异
常处理的位置.这些变量定义都在 arch/arm/kernel/entry-armv.s 中 */
    memcpy((void *)vectors, __vectors_start, __vectors_end - __vectors_start);
    memcpy((void *)vectors + 0x200, __stubs_start, __stubs_end - __stubs_start);
    memcpy((void *)vectors + 0x1000 - kuser_sz, __kuser_helper_start,kuser_sz);
    memcpy((void *)KERN_SIGRETURN_CODE,sigreturn_codes,
            sizeof(sigreturn_codes));
    memcpy((void *)KERN_RESTART_CODE,syscall_restart_code,
            sizeof(syscall_restart_code));
    flush_icache_range(vectors,vectors + PAGE_SIZE);
    modify_domain(DOMAIN_USER,DOMAIN_CLIENT);
}
```

early_trap_init()函数的主要功能是将中断处理程序的入口复制到中断向量地址。其中，

```
extern char __stubs_start[], __stubs_end[];
extern char __vectors_start[], __vectors_end[];
extern char __kuser_helper_start[], __kuser_helper_end[];
```

这3个变量是在汇编源文件中定义的,在源代码包里定义在 entry-armv.s 中。

```
__vectors_start:
    swi   SYS_ERROR0
    b     vector_und + stubs_offset
    ldr   pc,.LCvswi + stubs_offset
    b     vector_pabt + stubs_offset
    b     vector_dabt + stubs_offset
    b     vector_addrexcptn + stubs_offset
    b     vector_irq + stubs_offset
    b     vector_fiq + stubs_offset
    .globl __vectors_end
__vectors_end:
```

本节关注中断处理(vector_irq)。这里要说明的是,在采用了 MMU 内存管理单元后,
异常向量表放在哪个具体物理地址已经不那么重要了,只需要将它映射到 0xffff0000 的虚
拟地址即可。在中断前期处理函数中会根据 IRQ 产生时所处的模式来跳转到不同的中断
处理流程中。

Init_IRQ(void)函数是一个特定于体系结构的函数,对于 ARM 体系结构来说该函数的
定义如下：

```
void __init init_IRQ(void)
{
    int irq;
    for (irq = 0; irq < NR_IRQS; irq++)
        irq_desc[irq].status |= IRQ_NOREQUEST | IRQ_NOPROBE;

    init_arch_irq();
}
```

这个函数将 irq_desc[NR_IRQS]结构数组各个元素的状态字段设置为 IRQ_
NOREQUEST|IRQ_NOPROBE,也就是未请求和未探测状态。然后调用特定机器平台的

中断初始化函数 init_arch_irq()。init_arch_irq()实际上是一个函数指针，其定义如下：

```
void ( * init_arch_irq)(void) __initdata = NULL;
```

5.5.3 Linux 中断处理

从系统的角度来看，中断是一个流程。一般来说，它要经过如下几个环节：中断申请并响应、保存现场、中断处理及中断返回。

1. 中断申请并响应

ARM 处理器的中断是由处理器内部或者外部的中断源产生，通过 IRQ 或者 FIQ 中断请求线传递给处理器。在 ARM 模式下，中断可以配置成 IRQ 模式或者 FIQ 模式。但是在 Linux 系统中，所有的中断源都被配置成了 IRQ 中断模式。要想使设备的驱动程序能够产生中断，首先需要调用 request_irq()来分配中断线。在通过 request_irq()函数注册中断服务程序的时候，将会把设备中断处理程序添加进系统，使在中断发生的时候调用相应的中断处理程序。下面是 request_irq()函数的定义。

```
include/Linux/interrupt.h
static inline int __must_check
request_irq(unsigned int irq, irq_handler_t handler, unsigned long flags,
    const char * name, void * dev)
{
    return request_threaded_irq(irq, handler, NULL, flags, name, dev);
}
```

从上述代码中可以发现，request_irq()函数是 request_threaded_irq()函数的封装，内核用这个函数来完成分配中断线的工作，其主要参数说明如下：

- irq——要注册的硬件中断号。
- handler——向系统注册的中断处理函数，它是一个回调函数，在相应的中断线发生中断时，系统会调用这个函数。
- irqflags——中断类型标志，IRQF_ * 是中断处理的属性。
- devname——一个声明的设备的 ASCII 名字，是与中断号相关联的名称，在/proc/interrupts 文件中可以看到此名称。
- dev_id——I/O 设备的私有数据字段，典型情况下，它标志 I/O 设备本身（例如，它可能等于其主设备号和此设备号），或者它指向设备驱动程序的数据，这个参数会被传回给 handler()函数。在中断共享时会用到，一般设置为这个设备的驱动程序中任何有效的地址值或者 NULL。
- thread_fn——由 irq handler 线程调用的函数，如果为 NULL，则不会创建线程。这个函数调用分配中断资源，并使能中断线和 IRQ 处理。当调用完成之后，则注册的中断处理函数随时可能被调用。由于中断处理函数必须清除开发板产生的一切中断，因此必须注意初始化的硬件和设置中断处理函数的正确顺序。

如果希望针对目标设备设置线程化的 IRQ 处理程序，则需要同时提供 handler 和 thread_fn。handler 仍然在硬中断上下文被调用，所以它需要检查中断是否是由它服务的设备产生的。如果是，则返回 IRQ_WAKE_THREAD，这将会唤醒中断处理程序线程并执行 thread_fn。这种分开的中断处理程序设计是支持共享中断所必需的。dev_id 必须全局唯一。通常是设备数据结构的地址。如果要使用的共享中断,则必须传递一个非 NULL 的 dev_id,这是在释放中断的时候需要的。

request_threaded_irq()函数返回 0 表示成功,返回—EINVAL 表示中断号无效或处理函数指针为 NULL,返回—EBUSY 表示中断号已经被占用且不能共享。

2. 保存现场

处理中断时要保存现场,然后才能处理中断,处理完之后还要把现场状态恢复后才能返回到被中断的地方继续执行。需要说明的是,在指令跳转到中断向量的地方开始执行之前,由 CPU 自动完成了必要工作之后,每当中断控制器发出产生一个中断请求,CPU 总是到异常向量表的中断向量处取指令来执行。将中断向量中的宏解开,代码如下所示。

```
    .macro vector_stub,name,mode,correction = 0
    .align 5
vector_irq:
  sub    lr,lr,#4
  @ Save r0,lr_<exception>(parent PC) and spsr_<exception>
  @ (parent CPSR)
  stmia sp,{r0,lr}      @ save r0,lr
  mrs    lr,spsr
  str    lr,[sp,#8]    @ save spsr
  @ Prepare for SVC32 mode.  IRQs remain disabled.
  mrs    r0,cpsr
  eor    r0,r0,         #(IRQ_MODE ^ SVC_MODE | PSR_ISETSTATE)
  msr    spsr_cxsf,r0
  and    lr,lr,          #0x0f
  mov    r0,sp
  ldr    lr,[pc,lr,lsl #2]
  movs  pc,lr           @ branch to handler in SVC mode
  .long __irq_usr      @  0   (USR_26 / USR_32)
  .long __irq_invalid @  1   (FIQ_26 / FIQ_32)
  .long __irq_invalid @  2   (IRQ_26 / IRQ_32)
  .long __irq_svc      @  3   (SVC_26 / SVC_32)
  .long __irq_invalid @  4
  .long __irq_invalid @  5
  .long __irq_invalid @  6
  .long __irq_invalid @  7
  .long __irq_invalid @  8
  .long __irq_invalid @  9
  .long __irq_invalid @  a
  .long __irq_invalid @  b
  .long __irq_invalid @  c
  .long __irq_invalid @  d
  .long __irq_invalid @  e
  .long __irq_invalid @  f
```

可以看到,该汇编代码主要是把被中断的代码在执行过程中的状态(CPSR)、返回地址(lr)等保存在中断模式下的栈中,然后进入到管理模式下去执行中断,同时令 r0=sp,这样可以在管理模式下找到该地址,进而获取 SPSR 等信息。该汇编代码最终根据被中断的代码所处的模式跳转到相应的处理程序中。需要注意的是,管理模式下的栈和中断模式下的栈不是同一个。

还可以看出这是一段很巧妙的位置无关的代码，它将中断产生时，CPSR 的模式位的值作为相对于 PC 值的索引来调用相应的中断处理程序。如果在进入中断时是用户模式，则调用__ irq_usr 例程，如果为系统模式，则调用__ irq_svc；如果是其他模式，说明出错了，则调用__ irq_invalid。接下来分别简要说明这些中断处理程序。

3. 中断处理

ARM Linux 对中断的处理主要分为内核模式下的中断处理模式和用户模式下的中断处理模式。这里首先介绍内核模式下的中断处理。

内核模式下的中断处理，也就是调用__ irq_svc 例程，__ irq_svc 例程在文件 arch/arm/kernel/entry-armv.s 中定义，首先介绍这个例程的定义。

```
__ irq_svc:
  svc_entry
# ifdef CONFIG_PREEMPT
  get_thread_info tsk
  ldr    r8,  [tsk, # TI_PREEMPT]      @ get preempt count
  add    r7,  r8,  # 1                 @ increment it
  str    r7,  [tsk, # TI_PREEMPT]
# endif
    irq_handler
# ifdef CONFIG_PREEMPT
  str    r8,  [tsk, # TI_PREEMPT]      @ restore preempt count
  ldr    r0,  [tsk, # TI_FLAGS]        @ get flags
  teq    r8,  # 0                      @ if preempt count != 0
  movne  r0,  # 0                      @ force flags to 0
  tst    r0,  # _TIF_NEED_RESCHED
  blne   svc_preempt
# endif
  ldr    r4,  [sp, # S_PSR]            @ irqs are already disabled
# ifdef CONFIG_TRACE_IRQFLAGS
  tst    r4,  # PSR_I_BIT
  bleq   trace_hardirqs_on
# endif
  svc_exit r4                          @ return from exception
 UNWIND(.fnend)
ENDPROC(__ irq_svc)
```

程序中用到了 irq_handler，它在文件 arch/arm/kernel/entry-armv.s 中定义。

```
  .macro irq_handler
  get_irqnr_preamble r5,lr
get_irqnr_and_base r0,r6,r5,lr
  movne r1,sp
  @
  @ routine called with r0 = irq number,r1 = struct pt_regs *
  @
# ifdef CONFIG_SMP
  test_for_ipi r0,r6,r5,lr
  movne r0,sp
  adrne lr,BSYM(1b)
```

```
    bne    do_IPI
# ifdef CONFIG_LOCAL_TIMERS
    test_for_ltirq r0,r6,r5,lr
    movne r0,sp
    adrne lr,BSYM(1b)
    bne    do_local_timer
# endif
# endif
    .endm
```

对于 ARM 平台来说，get_irqnr_preamble 是空的宏，irq_handler 首先通过宏 get_irqnr_and_base 获得中断号并存入 r0。然后将上面建立的 pt_regs 结构的指针，也就是 sp 值赋给 r1，将调用宏 get_irqnr_and_base 的位置作为返回地址。最后调用 asm_do_IRQ 进一步处理中断。get_irqnr_and_base 是平台相关的，这个宏查询 ISPR(IRQ 挂起中断服务寄存器，该寄存器与具体芯片类型有关，这里只是统称，当有需要处理的中断时，这个寄存器的相应位会置位，任意时刻，最多一个位会置位)，计算出的中断号放在 irqnr 指定的寄存器中。该宏结束后，r0＝中断号。这个宏在不同的 ARM 芯片上是不一样的，它需要读/写中断控制器中的寄存器。

在上述汇编语言代码中可以看到，系统在保存好中断现场，获得中断号之后，调用了函数 asm_do_IRQ()，从而进入中断处理的 C 程序部分。在 arch/arm/kernel/irq.c 中 asm_do_IRQ()函数定义如下：

```
asmlinkage void __ exception asm_do_IRQ(unsigned int irq,struct pt_regs * regs)
{
    struct pt_regs * old_regs = set_irq_regs(regs);
    irq_enter();
    if (unlikely(irq >= NR_IRQS)) {
        if (printk_ratelimit())
            printk(KERN_WARNING "Bad IRQ % u\n",irq);
        ack_bad_irq(irq);
    } else {
        generic_handle_irq(irq);
    }
    irq_finish(irq);
    irq_exit();
    set_irq_regs(old_regs);
}
```

这个函数完成如下操作：

(1) 调用 set_irq_regs 函数更新处理器的当前帧指针，并在局部变量 old_regs 中保存老的帧指针。

(2) 调用 irq_enter()进入一个中断处理上下文。

(3) 检查中断号的有效性，有些硬件会随机地给一些错误的中断做一些检查以防止系统崩溃。如果不正确，则调用 ack_bad_irq(irq)，该函数会增加用来表征发生的错误中断数量的变量 irq_err_count。

(4) 若传递的中断号有效，则会调用 generic_handle_irq(irq)来处理中断。

（5）调用 irq_exit()来推出中断处理上下文。

（6）调用 set_irq_regs(old_regs)来恢复处理器的当前帧指针。

接下来介绍用户模式下的中断处理流程。中断发生时，CPU 处于用户模式下，则会调用 __irq_usr 例程。

```
    .align 5
__irq_usr:
    usr_entry
    kuser_cmpxchg_check
    get_thread_info tsk
#ifdef CONFIG_PREEMPT
    ldr    r8,  [tsk,  #TI_PREEMPT]      @ get preempt count
    add    r7,  r8,   #1                 @ increment it
    str    r7,  [tsk,  #TI_PREEMPT]
#endif
    irq_handler
#ifdef CONFIG_PREEMPT
    ldr    r0,  [tsk,  #TI_PREEMPT]
    str    r8,  [tsk,  #TI_PREEMPT]
    teq    r0,  r7
ARM( strne r0,[r0, -r0])
THUMB(  movne r0, #0 )
THUMB(  strne r0,[r0] )
#endif
#ifdef CONFIG_TRACE_IRQFLAGS
    bl trace_hardirqs_on
#endif
    mov  why, #0
    b  ret_to_user
UNWIND(.fnend)
ENDPROC(__irq_usr)
```

由该汇编代码可知，如果在用户模式下产生中断，则在返回的时候，会根据需要进行进程调度；如果中断发生在管理等内核模式下则不会进行进程调度。

4. 中断返回

前面已经分析过中断返回，此处不再赘述。这里只补充说明一点：如果是从用户态中断进入的则先检查是否需要调度，然后返回；如果是从系统态中断进入的则直接返回。

5.5.4 内核版本 2.6.38 后的中断处理系统的一些改变——通用中断子系统

在通用中断子系统（generic IRQ）出现之前，内核使用_do_IRQ 处理所有的中断，这意味着在_do_IRQ 中要处理各种类型的中断，这会导致软件的复杂性增加，层次不分明，而且代码的可重用性也不好。事实上，到了内核版本 2.6.38 以后，_do_IRQ 这种方式已经逐步在内核的代码中消失或者不再起决定性作用。通用中断子系统的原型最初出现于 ARM 体系中，一开始内核的开发者们把 3 种中断类型区分出来，它们分别是电平触发中断（level type）、边缘触发中断（edge type）和简易的中断（simple type）。

后来又针对某些需要回应 EOI（End Of Interrupt）的中断控制器加入了 fast eoi type，针对 SMP 系统加入了 per cpu type 等中断类型。把这些不同的中断类型抽象出来后，成为了中断子系统的流控层。为了使所有的体系架构都可以重用这部分的代码,中断控制器也被进一步地封装起来,形成了中断子系统中的硬件封装层。图 5-14 表示通用中断子系统的层次结构。接下来简要介绍这些层次。

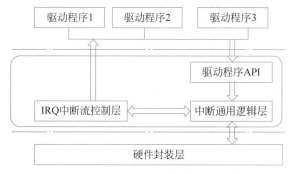

图 5-14　通用中断子系统的层次结构

1. 硬件封装层

它包含了体系架构相关的所有代码,包括中断控制器的抽象封装,体系结构相关的中断初始化,以及各个 IRQ 的相关数据结构的初始化工作,CPU 的中断入口也会在体系结构相关的代码中实现。中断通用逻辑层通过标准的封装接口(实际上就是 struct irq_chip 定义的接口)访问并控制中断控制器的行为,体系相关的中断入口函数在获取 IRQ 编号后,通过中断通用逻辑层提供的标准函数,将中断调用传递到中断流控制层中。

2. 中断流控制层

所谓中断流控制,是指合理并正确地处理连续发生的中断,比如一个中断在处理中,同一个中断再次到达时如何处理,何时应该屏蔽中断,何时打开中断,何时回应中断控制器等一系列的操作。该层实现了与体系和硬件无关的中断流控制处理操作,它针对不同的中断电气类型(如电平、边缘等),实现了对应的标准中断流控制处理函数。在这些处理函数中,最终会把中断控制权传递到驱动程序注册中断时传入的处理函数或者中断线程中。

3. 中断通用逻辑层

该层实现了对中断系统几个重要数据的管理,并提供了一系列的辅助管理函数。同时,该层还实现了中断线程的实现和管理,共享中断和嵌套中断的实现和管理,另外还提供了一些接口函数,它们将作为硬件封装层和中断流控制层以及驱动程序 API 层之间的桥梁,例如,以下 API: generic_handle_irq()、irq_to_desc()、irq_set_chip()、irq_set_chained_handler()。

4. 驱动程序 API

该部分向驱动程序提供了一系列的 API,用于向系统申请/释放中断,打开/关闭中断,设置中断类型和中断唤醒系统的特性等操作。驱动程序的开发者通常只会使用到这一层提供的这些 API 即可完成驱动程序的开发工作,其他的细节都由另外几个软件层较好地"隐藏"起来了,驱动程序开发者无须再关注底层的实现。

5.6　本章小结

本章主要介绍 ARM-Linux 内核的相关知识。内核是操作系统的灵魂,是我们了解和掌握 Linux 操作系统的最核心所在。ARM-Linux 内核是基于 ARM 处理器的 Linux 内核,

Linux 内核具有 5 个子系统，分别负责如下功能：进程管理、内存管理、虚拟文件系统、进程间通信和网络管理。本章主要从进程管理、内存管理、模块机制、中断管理这几个方面阐述 ARM-Linux 内核。限于篇幅，本章只是简要对内核的主要子模块进行了阐述，更多详细信息可参考 Linux 官网和阅读内核源代码。

习题

1. 什么是内核？内核的主要组成部分有哪些？

2. Linux 内核的五大主要组成模块之间存在什么关系？请简要描述。

3. 请在 Linux 官网上查阅当前内核主线版本和可支持版本情况，并比较最新版本与主线版本的差异。

4. Linux 内核 2.6 版本的主要特点有哪些？

5. 进程、线程和内核线程之间主要区别是什么？什么是轻量级进程？

6. Linux 内核的进程调度策略是什么？

7. 什么是 LKM？它的加载和卸载是如何进行的？

8. 可加载模块的最大优点是什么？

9. 在一个单 CPU 的计算机系统中，采用可剥夺式（也称抢占式）优先级的进程调度方案，且所有任务可以并行使用 I/O 设备。表 5-3 列出了 3 个任务 T1、T2、T3 的优先级和独立运行时占用 CPU 与 I/O 设备的时间。如果操作系统的开销忽略不计，这 3 个任务从同时启动到全部结束的总时间为多少毫秒，CPU 的空闲时间共有多少毫秒？

表 5-3　单 CPU 的任务优先级分配

任　务	优　先　级	每个任务独立运行时所需的时间
T1	最高	对每个任务：占用 CPU 12ms，I/O 使用 8ms，再占用 CPU 5ms
T2	中等	
T3	最低	

10. 在某工程中，要求设置一绝对地址为 0x987a 的整型变量的值为 0x3434。编译器是一个纯粹的 ANSI 编译器。编写代码完成这一任务。

11. 下段代码是一段简单的 C 循环函数，在循环中含有数组指针调用。

```
CodeA
    void increment(int * restrict b,    int * restrict c)
    {     int i;
        for(i = 0; i < 100; i++)
        {
            c[i] = b[i] + 1;
        }
    }
```

请改写上述代码段，以实现如下功能：循环 100 次变成了循环 50 次（loop unrolling），减少了跳转次数；数组变成了指针，减少每次计算数组偏移量的指令；微调了不同代码操作的执行顺序，减少了流水线暂缓（stall）的情况；从＋＋循环变成了－－循环，这样可以使用 ARM 指令的条件位，为每次循环减少了一条判断指令。

## 第 6 章

Linux 文件系统

文件系统是操作系统用于管理磁盘或分区上的文件的方法和数据结构。文件系统是负责存取和管理文件信息的机构,用于实现对数据、文件以及设备的存取控制,它提供对文件和目录的分层组织形式、数据缓冲以及对文件存取权限的控制功能。

文件系统是一种系统软件,是操作系统的重要组成部分。文件系统可以位于系统内核,也可以作为操作系统的一个服务组件而存在。信息以文件的形式存储在磁盘或外部介质上,需要使用时进程可以读取这些信息或者写入新的信息。外存上的文件不会因为进程的创建和终止而受到影响,只有通过文件系统提供的系统调用删除它时才会消失。文件系统必须提供创建文件、删除文件、读文件、写文件等功能的系统调用为文件操作服务。用户程序建立在文件系统上,通过文件系统访问数据,而不需要直接对物理存储设备进行操作。文件的存放通过目录完成,所以对目录的操作就成了文件系统功能的一部分。目录本身也是一种文件,也有相应的创建目录、删除目录和层次结构组织等系统调用。

文件系统具有以下主要功能:

(1) 对文件存储设备进行管理,分别记录空闲区和被占用区,以便于用户创建、修改以及删除文件时对空间的操作。

(2) 对文件和目录的按名访问、分层组织功能。

(3) 创建、删除及修改文件功能。

(4) 数据保护功能。

(5) 文件共享功能。

6.1　Linux 文件系统概述

尽管内核是 Linux 的核心,但文件是用户与操作系统交互所使用的主要工具。这对 Linux 来说尤其重要,因为在 UNIX 系统中,它使用文件 I/O 机制管理硬件设备和数据文件。最初的操作系统一般都只支持单一的文件系统,而且文件系统和操作系统内核紧密关联在一起,而 Linux 操作系统的文件系统结构是树状的,在根目录"/"下有许多子目录,每个目录都可以采用各自不同的文件系统类型。

Linux 中的文件不仅是指普通的文件和目录,而且将设备也当作一种特殊的文件,因此,每种不同的设备从逻辑上都可以看成是一种不同的文件系统。Linux 支持多种文件系统,除了常见的 Ext2、Ext3、reiserfs 和 Ext4 之外,还支持苹果的 HFS,也支持其他 UNIX 操作系统的文件系统,如 XFS、JFS、MINIX 及 UFS 等。在 Linux 操作系统中,为了支持多种不同的文件系统,采用了虚拟文件系统(Virtual File System,VFS)技术。虚拟文件系统是对多种实际文件系统的共有功能的抽象,它屏蔽了各种不同文件系统在实现细节上的差异,为用户程序提供了统一的、抽象的、标准的接口,以便对文件系统进行访问,如打开、读、写等操作。这样用户程序就不需要关心所操作的具体文件是属于哪种文件系统,以及这种文件系统是如何设计与实现的。虚拟文件系统确保了对所有文件的访问方式都是完全相同的。

我们可以从磁盘、硬盘、Flash 等存储设备中读取或写入数据,因为最初的文件系统都是构建在这些设备之上的。这个概念也可以推广到其他的硬件设备,例如内存、显示器、键盘、串口等等。我们对硬件设备的访问控制,也可以归纳为读取或者写入数据,因而可以用统一的文件操作接口实现访问。Linux 内核就是这样做的,除了传统的磁盘文件系统之外,它还抽象出了设备文件系统、内存文件系统等等,这些逻辑都是由 VFS 子系统实现的。

图 6-1 是 VFS 子系统的子模块构成图,它们的功能如下所示。

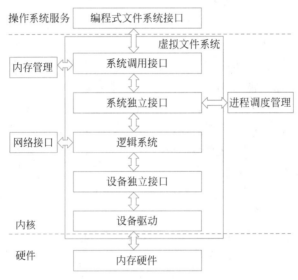

图 6-1　VFS 的子模块结构图

(1) 设备驱动(Device Drivers)。设备驱动用于控制所有的外部设备及控制器。由于存在大量不能相互兼容的硬件设备(特别是嵌入式产品),所以也必须有众多的设备驱动与之匹配。值得注意的是,Linux 内核中将近一半的源代码都是设备驱动。

(2) 设备独立接口(Device Independent Interface)。该模块定义了描述硬件设备的统一方式(统一设备模型),所有的设备驱动都遵守这个规则,同时可以用一致的形式向上提供接口。这样做可以有效降低开发难度。

(3) 逻辑系统(Logical System)。每一种文件系统都会对应一个逻辑文件系统,它会实现具体的文件系统逻辑。

(4) 系统独立接口(System Independent Interface)。该模块主要面向块设备和字符设备,负责以统一的接口表示硬件设备和逻辑文件系统,这样上层软件就不再关心具体的硬件形态了。

（5）系统调用接口（System Call Interface）。向用户空间提供访问文件系统和硬件设备的统一的接口。

由第5章可知，用户空间包含应用程序和 GNU C 库（glibc），它们为文件系统调用（打开、读、写和关闭等）提供用户接口。系统调用接口就像是交换器，它将系统调用从用户空间发送到内核空间中的适当端点。

VFS 是底层文件系统的主要组件（接口）。这个组件导出一组接口，然后将它们抽象到行为可能差异很大的各个文件系统。VFS 具有两个针对文件系统对象的缓存：inode 索引节点对象和 dentry 目录项对象，它们缓存最近使用过的文件系统对象。

每个文件系统实现（如 Ext2、JFFS2 等等）可以导出一组通用接口供 VFS 使用。利用缓冲区可以缓存文件系统和相关块设备之间的请求。例如，对底层设备驱动程序的读/写请求会通过缓冲区缓存来传递。这就允许在其中缓存请求，减少访问物理设备的次数，加快访问速度。VFS 以最近使用（LRU）列表的形式管理缓冲区缓存。

综合来看，Linux 虚拟文件系统采用了面向对象设计思想，文件系统中定义的 VFS 相当于面向对象系统中的抽象基类，从它出发可以派生出不同的子类，以支持多种具体的文件系统，但从效率考虑内核纯粹使用 C 语言编程，故没有直接利用面向对象的语义。

6.2 Ext2/Ext3/Ext4 文件系统

视频讲解

Ext2（the second extended file system）文件系统是 Linux 系统中的标准文件系统，主要包括普通文件、目录文件、特殊文件和符号链接文件。Ext2 文件系统是通过对 Minix 的文件系统进行扩展而得到的，其存取文件的性能良好，可以管理特大磁盘分区，文件系统最大可达 4TB。早期 Linux 都使用 Ext2 文件系统。

在 Ext2 文件系统中，文件由包含有文件所有信息的节点 inode 进行唯一标志。inode 又称文件索引节点，包含文件的基础信息以及数据块的指针。一个文件可能对应多个文件名，只有在所有文件名都被删除后，该文件才会被删除。同一文件在磁盘中存放和被打开时所对应的 inode 是不同的，并由内核负责同步。

Ext2 文件系统采用三级间接块来存储数据块指针，并以块（默认为 1KB）为单位分配空间。其磁盘分配策略是尽可能将逻辑相邻的文件分配到磁盘上物理相邻的块中，并尽可能将碎片分配给尽量少的文件，从而在全局上提高性能。Ext2 文件系统将同一目录下的文件尽可能地放在同一个块组中，但目录则分布在各个块组中以实现负载均衡。在扩展文件时，会给文件以预留空间的形式尽量一次性扩展 8 个连续块。

在 Ext2 系统中，所有元数据结构的大小均基于"块"，而不是"扇区"。块的大小随文件系统的大小而有所不同。而一定数量的块又组成一个块组，每个块组的起始部分有多种描述该块组各种属性的元数据结构。每个块组依次包括超级块、块组描述符、块位图和节点 inode 位图、inode 表及数据块区。Ext2 系统中对各个结构的定义都包含在 include/Linux/ext2_fs.h 文件中。

1. 超级块

每个 Ext2 文件系统都必须包含一个超级块，其中存储了该文件系统的大量基本信息，如块的大小、每块组中包含的块数等。同时系统会对超级块进行备份,备份被存放在块组的第一个块中。超级块的起始位置为其所在分区的第1024字节,占用1KB的空间。

2. 块组描述符

一个块组描述符用以描述一个块组的属性。块组描述符组由若干块组描述符组成,描述了文件系统中所有块组的属性,存放于超级块所在块的下一个块中。

3. 块位图和节点 inode 位图

块位图和 inode 位图的每一位分别指出块组中对应的哪个块或 inode 是否被使用。

4. 节点 inode 表

节点 inode 表用于跟踪定位每个文件,包括位置、大小等,不包括文件名。一个块组只有一个节点 inode 表。

5. 数据块

数据块中存放文件的内容,包括目录表、扩展属性、符号链接等。

在 Ext2 文件系统中,目录是作为文件存储的。根目录总是在 inode 表的第二项,而其子目录则在根目录文件的内容中定义。目录项在 include/Linux/ext2_fs.h 文件中定义,其结构如下:

```
struct ext2_dir_entry_2 {
    __le32   inode;                        /* 节点编号 */
    __le16   rec_len;
    __u8   name_len;                       /* 名称长度 */
    __u8   file_type;
    char   name[EXT2_NAME_LEN];            /* 文件名称 */
};
```

Ext3 是第三代扩展文件系统(the third extended file system),Ext3 在 Ext2 基础上增加日志形成的一个日志文件系统,常用于 Linux 操作系统。它是很多 Linux 发行版的默认文件系统。该文件系统从 2.4.15 版本的内核开始,合并到内核主线中。

如果在文件系统尚未关闭前就关机,那么下次重开机后会造成文件系统的信息不一致,因而此时必须重整文件系统,修复不一致和错误。然而该重整工作存在两个较大缺陷:一是耗时较多,特别是容量大的文件系统;二是不能确保信息的完整性。日志文件系统(Journal File System)可以较好地解决此问题。日志文件系统最大的特点是会将整个磁盘的写入动作完整记录在磁盘的某个区域上,以便有需要时可以回溯追踪。由于信息的写入动作包含许多的细节,比如改变文件标头信息、搜寻磁盘可写入空间、一个个写入信息区段等等,每一个细节进行到一半若被中断,就会造成文件系统的不一致,因而需要重整。然而,在日志文件系统中,由于详细记录了每个细节,故当在某个过程中被中断时,系统可以根据这些记录直接回溯并重整被中断的部分,而不必花时间去检查其他的部分,故重整的工作速度相当快。

除开日志文件系统所具有的优点,Ext3 的特点还主要有:

(1) Ext3 文件系统在非正常关机状况下,系统无须检查文件系统,而且 Ext3 的恢复时间也极短。

(2) Ext3 文件系统能够极大地提高文件系统的完整性,避免了意外宕机对文件系统的破坏。

（3）Ext3 文件系统可以不经任何更改，而直接加载成为 Ext2 文件系统。由 Ext2 文件系统转换成 Ext3 文件系统也非常容易。

（4）3 种日志模式可选：日记、顺序、回写，可适应不同场合对日志模式的要求。

（5）便于移植，无论是硬件体系或是内核修改，其移植工作均较容易。

第四代扩展文件系统 Ext4（the fourth extended file system）是 Linux 系统下的日志文件系统，是 Ext3 文件系统的后继版本。2008 年 12 月 25 日，Linux Kernel 2.6.28 的正式版本发布。随着这一新内核的发布，Ext4 文件系统也结束实验期，成为稳定版。

Ext4 文件系统的特点主要包括：Ext4 的文件系统容量达到 1EB，而文件容量则达到 16TB。Ext4 理论上支持无限数量的子目录。Ext4 文件系统具有 64 位空间记录块数量。Ext4 在文件系统层面实现了持久预分配并提供相应的 API，比应用软件自己实现更有效率。Ext4 支持更大的 inode 和支持快速扩展属性和 inode 保留。Ext4 给日志数据添加了校验功能，日志校验功能可以很方便地判断日志数据是否损坏。Ext4 支持在线碎片整理，并将提供 e4defrag 工具进行个别文件或整个文件系统的碎片整理。

6.3　嵌入式文件系统 JFFS2

6.3.1　嵌入式文件系统

嵌入式文件系统是指在嵌入式系统中实现文件存取、管理等功能的模块，这些模块提供一系列文件输入/输出等文件管理功能，为嵌入式系统和设备提供文件系统支持。在嵌入式系统中，文件系统是嵌入式系统的一个组成模块。它是作为系统的一个可加载选项提供给用户，由用户决定是否需要加载它。嵌入式文件系统具有结构紧凑、使用简单便捷、安全可靠、支持多种存储设备、可伸缩、可剪裁、可移植等特点。

在国内外流行的嵌入式操作系统中，多数均具有可根据应用需求而进行定制的文件系统组件，下面对几个主流的嵌入式操作系统的文件系统做简要介绍。

QNX 提供多种资源管理器，包括各种文件系统和设备管理，支持多个文件系统同时运行，包括提供完全的 POSIX 以及 UNIX 语法的文件系统，支持多种闪存设备的嵌入式文件系统，支持对多种文件服务器 Windows、LANManager 等的透明访问的 SMB 文件系统、FAT 文件系统、CD-ROM 文件系统等，并支持多种外部设备。

VxWorks 的文件系统提供的组件——"快速文件系统"（FFS）非常适合于实时系统的应用。它包括几种支持使用块设备（如磁盘）的本地文件系统，这些设备都使用一个标准的接口，从而使得文件系统能够被灵活地在设备驱动程序上移植。另外，也支持 SCSI 磁带设备的本地文件系统。同一个嵌入式操作系统可以支持多个文件系统并存，如支持 FAT、RT11FS、RAWFS、TAPES 4 种文件系统。

YAFFS（Yet Another Flash File System）/YAFFS2 是专为嵌入式系统使用 NAND 型闪存而设计的日志型文件系统。与 JFFS2 相比，它减少了一些功能如不支持数据压缩，所以速度更快，挂载时间很短，对内存的占用较小。另外它还是跨平台的文件系统，除了 Linux 和 eCos，还支持 WinCE、pSOS 和 ThreadX 等。YAFFS/YAFFS2 自带 NAND 芯片的驱动，并且为嵌入式系统提供了直接访问文件系统的 API，用户可以不使用 Linux 中的 MTD 与 VFS，直接对文件系统进行操作。当然，YAFFS 也可与 MTD 驱动程序配合使用。

YAFFS 与 YAFFS2 的主要区别在于：前者仅支持小页(512B) NAND 闪存,后者则可支持大页(2KB)NAND 闪存。同时,YAFFS2 在内存空间占用、垃圾回收速度、读/写速度等方面均有大幅提升。

Cramfs(Compressed ROM File System)是 Linux 的创始人 Linus Torvalds 参与开发的一种只读的压缩文件系统。在 Cramfs 文件系统中,每一页(4KB)被单独压缩,可以进行随机页访问,其压缩比高达 2:1,为嵌入式系统节省大量的 Flash 存储空间,使系统可通过更低容量的 Flash 存储相同的文件,从而降低系统成本。

网络文件系统(Network File System,NFS)是由 Sun 公司开发并发展起来的一项在不同机器、不同操作系统之间通过网络共享文件的技术。在嵌入式 Linux 系统的开发调试阶段,可以利用该技术在主机上建立基于 NFS 的根文件系统,挂载到嵌入式设备,可以很方便地修改根文件系统的内容。

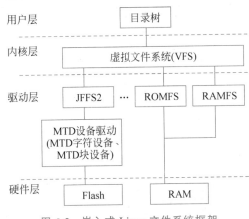

图 6-2　嵌入式 Linux 文件系统框架

嵌入式 Linux 文件系统结构如图 6-2 所示,自下而上主要由硬件层、驱动层、内核层和用户层组成。内核层的虚拟文件系统为内核中的各种文件系统如图 6-2 中的 JFFS2、RAMFS 等文件系统提供了统一、抽象的系统总线,并为上层用户提供了具有统一格式的接口函数,用户程序可以使用这些函数来操作各种文件系统下的文件。MTD(Memory Technology Device)是用于访问 Flash 设备的 Linux 子系统,其主要目的是使 Flash 设备的驱动程序更加简单。MTD 子系统整合底层芯片驱动,为上层文件系统提供了统一的 MTD 设备接口,MTD 设备可以分为 MTD 字符设备和 MTD 块设备,通过这两个接口,就可以像读/写普通文件一样对 Flash 设备进行读/写操作,经过简单的配置后,MTD 在系统启动以后可以自动识别支持 CFI 或 JEDEC 接口的 Flash 芯片,并自动采用适当的命令参数对 Flash 进行读/写或擦除。

在文件系统框架底层,Flash 和 RAM 都在嵌入式系统中得到了广泛应用。由于具有高可靠性、高存储密度、低价格、非易失、擦写方便等优点,Flash 存储器取代了传统的 EPROM 和 EEPROM,在嵌入式系统中得到了广泛的应用。Flash 存储器可以分为若干块,每块又由若干页组成,对 Flash 的擦除操作以块为单位进行,而读和写操作以页为单位进行。Flash 存储器在进行写入操作之前必须先擦除目标块。

根据所采用的制造技术不同,Flash 存储器主要分为 Nor Flash 和 Nand Flash 两种。Nor Flash 通常容量较小,其主要特点是程序代码可以直接在 Flash 内运行。Nor Flash 具有 RAM 接口,易于访问,缺点是擦除电路复杂,写速度和擦除速度都比较慢,最大擦写次数约 10 万次,典型的块大小是 128KB。Nand Flash 通常容量较大,具有很高的存储密度,从而降低了单位价格。Nand Flash 的块尺寸较小,典型大小为 8KB,擦除速度快,使用寿命也更长,最大擦写次数可以达到 100 万次,但是其访问接口是复杂的 I/O 口,并且坏块和位反转现象较多,对驱动程序的要求较高。由于 Nor Flash 和 Nand Flash 各具特色,因此它们的用途也各不相同,Nor Flash 一般用来存储体积较小的代码,而 Nand Flash 则用来存放大体积的数据。

在嵌入式系统中,Flash 上也可以运行传统的文件系统,如 Ext2 等,但是这类文件系统没有考虑 Flash 存储器的物理特性和使用特点,例如,Flash 存储器中各个块的最大擦除次数是有限的。

为了延长 Flash 的整体寿命需要均匀地使用各个块,这就需要磨损均衡的功能。为了提高 Flash 存储器的利用率,还应该有对存储空间的碎片收集功能。在嵌入式系统中,要考虑出现系统意外掉电的情况,所以文件系统还应该有掉电保护的功能,以保证系统在出现意外掉电时也不会丢失数据。因此在 Flash 存储设备上,目前主要采用了专门针对 Flash 存储器的要求而设计的 JFFS2(Journaling Flash File System Version 2)文件系统。

6.3.2 JFFS2 嵌入式文件系统

1. JFFS2 文件系统简介

JFFS(Journaling Flash File System)是瑞典的 Axis Communications 公司专门针对嵌入式系统中的 Flash 存储器的特性而设计的一种日志文件系统。如 6.3.1 节所述,在日志文件系统中,所有文件系统的内容变化都被记录到一个日志中,每隔一段时间,文件系统会对文件的实际内容进行更新,然后删除这部分日志,重新开始记录。如果对文件内容的变更操作由于系统出现意外(如系统掉电等)而中断,则系统重新启动时,会根据日志恢复中断以前的操作,这样系统的数据就更加安全,文件内容将不会因为系统出现意外而丢失。

Redhat 公司的 David Woodhouse 在 JFFS 的基础上进行了改进,发布了 JFFS2。和 JFFS 相比,JFFS2 支持更多节点类型,提高了磨损均衡和碎片收集的能力,增加了对硬链接的支持。JFFS2 还增加了数据压缩功能,这更有利于在容量较小的 Flash 中使用。和传统的 Linux 文件系统(如 Ext2)相比,JFFS2 处理擦除和读/写操作的效率更高,并且具有完善的掉电保护功能,使存储的数据更加安全。

2. JFFS2 文件系统有关原理

JFFS2 在内存中建立超级块信息 jffs2_sb_info 管理文件系统操作,建立索引节点信息 jffs2_inode_info 管理打开的文件。VFS 层的超级块 super_block 和索引节点 inode 分别包含 JFFS2 文件系统的超级块信息 jffs2_sb_info 和索引节点信息 jffs2_inode_info,它们是 JFFS2 和 VFS 间通信的主要接口。JFFS2 文件系统的超级块信息 jffs2_sb_info 包含底层 MTD 设备信息 mtd_info 指针,文件系统通过该指针访问 MTD 设备,实现 JFFS2 和底层 MTD 设备驱动之间的通信。如图 6-3 显示 JFFS2 文件系统层次。

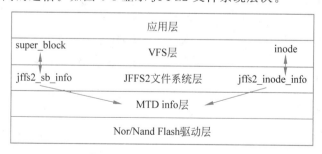

图 6-3　JFFS2 文件系统层次

JFFS2 在 Flash 上只存储两种类型的数据实体，分别为用于描述数据节点的 jffs2_raw_inode 和描述目录项 jffs2_raw_dirent。

jffs2_raw_dirent 主要包括文件名、节点 ino 号、父节点 ino 号、版本号、校验码等信息，它用来形成整个文件系统的层次目录结构。

```
struct jffs2_raw_dirent
{
    jint16_t magic;
    jint16_t nodetype;                  /* 节点类型设置为 JFFS2_NODETYPE_DIRENT */
    jint32_t totlen;
    jint32_t hdr_crc;                   /* jffs2_unknown_node 部分的 CRC 校验 */
    jint32_t pino; ;                    /* 上层目录节点(父节点)的标号 */
    jint32_t version;                   /* 版本号 */
    jint32_t ino; ;                     /* 节点编号,如果是 0,则表示没有链接的节点 */
    jint32_t mctime;                    /* 创建时间 */
    __u8 nsize; ;                       /* 大小 */
    __u8 type;
    __u8 unused[2];
    jint32_t node_crc;
    jint32_t name_crc;
    __u8 name[0];
};
```

jffs2_raw_inode 主要包括文件 ino 号、版本号、访问权限、修改时间、本节点所包含的数据文件中的起始位置及本节点所包含的数据大小等信息，它用来管理文件的所有数据。一个目录文件由多个 jffs2_raw_dirent 组成。而普通文件、符号链接文件、设备文件、FIFO 文件等都由一个或多个 jffs2_raw_inode 数据实体组成。

```
struct jffs2_raw_inode
{
    jint16_t magic;
    jint16_t nodetype;                          ;/* 设置为 JFFS_NODETYPE_inode */
    jint32_t totlen;
    jint32_t hdr_crc;
    jint32_t ino;                               /* 节点编号 */
    jint32_t version;                           /* 版本号 */
    jmode_t mode;
    jint16_t uid;                               /* 文件拥有着 */
    jint16_t gid;                               /* 文件组 */
    jint32_t isize;
    jint32_t atime;                             /* 最后访问时间 */
    jint32_t mtime;                             /* 最后修改时间 */
    jint32_t ctime;
    jint32_t offset;                            /* 写的起始位置 */
    jint32_t csize;                             /* (Compressed)数据大小 */
    jint32_t dsize;
    __u8 compr;
    __u8 usercompr;
    jint16_t flags;
    jint32_t data_crc;                          /* (compressed) data 的 CRC 校验算法 */
```

```
        jint32_t node_crc;
        __u8 data[0];
    };
```

JFFS2 文件系统在挂载时扫描整个 Flash,每个 jffs2_raw_inode 数据实体都会记录其所属的文件的 inode 号及其他元数据,还会记录数据实体中存储的数据的长度及其在文件内部的偏移。而 jffs2_raw_dirent 数据实体中存有目录项对应的文件的 inode 号及目录项所在的目录的 inode 号等信息。JFFS2 在扫描时根据 jffs2_raw_dirent 数据实体中的信息在内存中建立文件系统的目录树信息,类似地,根据 jffs2_raw_inode 数据实体中的信息建立起文件数据的寻址信息。为了提高文件数据的寻址效率,JFFS2 将属于同一个文件的 jffs2_raw_inode 数据实体组织为一棵红黑树,在挂载扫描过程中检测到的每一个有效的 jffs2_raw_inode 都会被添加到所属文件的红黑树。在文件数据被更新的情况下,被更新的旧数据所在的 jffs2_raw_inode 数据实体会被标记为无效,同时从文件的红黑树中删除。然后将新的数据组织为 jffs2_raw_inode 数据实体写入 Flash 并将新的数据实体加入红黑树。

与磁盘文件系统不同,JFFS2 文件系统不在 Flash 设备上存储文件系统结构信息,所有的信息都分散在各个数据实体节点之中,在系统初始化的时候,扫描整个 Flash 设备,从中建立起文件系统在内存中的映像,系统在运行期间,就利用这些内存中的信息进行各种文件操作。JFFS2 系统使用结构 jffs2_sb_info 来管理所有的节点链表和内存块,这个结构相当于 Linux 中的超级块。struct jffs2_sb_info 是一个控制整个文件系统的数据结构,它存放文件系统对 Flash 设备的块利用信息(包括块使用情况、块队列指针等)和碎片收集状态信息等。

下面介绍 JFFS2 的主要设计思想,包括 JFFS2 的操作实现方法、碎片收集机制和磨损均衡技术。

1) 操作实现

当进行写入操作时,在块还未被填满之前,仍然按顺序进行写操作,系统从 free_list 取得一个新块,而且从新块的开始部分不断地进行写操作,一旦 free_list 大小不够时,系统将会触发"碎片收集"功能回收废弃节点。

在介质上的每个 inode 节点都有一个 jffs2_inode_cache 结构用于存储其 inode 号、inode 当前链接数以及指向 inode 的物理节点链接列表开始的指针,该结构体的定义如下:

```
struct jffs2_inode_cache{
struct jffs2_scan_info * scan;
                         //在扫描链表的时候存放临时信息,在扫描结束以后设置成、NULL
struct  jffs2_inode_cache * next;
struct jffs2_raw_node_ref * node;
_u32 ino;
int nlink;
};
```

这些结构体存储在一个哈希表中,每一个哈希表都包括一个链接列表。哈希表的操作十分简单,它的 inode 号是以哈希表长度为模来获取它在哈希表中的位置。每个 Flash 数据实体在 Flash 分区上的位置、长度都由内核数据结构 jffs2_raw_node_ref 描述。它的定义如下:

```
struct jfffs2_raw_node_ref {
        struct jffs2_raw_node_ref * next_in_ino;
        struct jffs2_raw_node_ref next_phys;
        _u32 flash_offset;
        _u32 totlen;
        };
```

当进行 mount 操作时，系统会为节点建立映射表，但是这个映射表并不全部存放在内存中，存放在内存中的节点信息是一个缩小尺寸的 jffs2_raw_inode 结构体，即 struct jffs2_raw_node_ref 结构体。

在上述结构体中，flash_offset 表示相应数据实体在 Flash 分区上的物理地址，totlen 表示包括后继数据的总长度。同一个文件的多个 jffs2_raw_node_ref 由 next_in_ino 组成一个循环链表，链表首为文件的 jffs2_inode_cache 数据结构的 node 域，链表末尾元素的 next_in_ino 则指向 jffs2_inode_cache，这样任何一个 jffs2_raw_node_ref 元素就都知道自己所在的文件了。

每个节点包含两个指向具有自身结构特点的指针变量：一个指向物理相邻的块，另一个指向 inode 链表的下一节点。用于存储这个链表最后节点的 jffs2_inode_cache 结构类型节点，其 scan 域设置为 NULL，而 nodes 域指针指向链表的第一个节点。

当某个 jffs2_raw_node_ref 型节点无用时，系统将通过 jffs2_mark_mode_obsolete() 函数对其 flash_offset 域标记为废弃标志，并修改相应 jffs2_sb_info 结构与 jffs2_eraseblock 结构变量中的 used_size 和 dirty_size 大小。然后，将这个被废弃的节点从 clean_list 移到 dirty_list 中。

在正常运行期间，inode 号通过文件系统的 read_inode() 函数进行操作，用合适的信息填充 struct inode。JFFS2 利用 inode 号在哈希表中查找合适的 jffs2_inode_cache 结构，然后使用节点链表之间读取重要 inode 的每个节点，从而建立 inode 数据区域在物理位置上的一个完整映射。一旦用这种方式填充了所有的 inode 结构，它就会保留在内存中，直到内核内存不够的情况下裁剪 jffs2_inode_cache 为止，对应的额外信息也会被释放，剩下的只有 jffs2_raw_node_ref 节点和 JFFS2 中最小限度的 jffs2_node_cache 结构初始化形式。

2) 碎片收集

在 JFFS 中，文件系统与队列类似，每一个队列都存在唯一的头指针和尾指针。最先写入日志的节点作为头指针，而每次写入一个新节点时，这个节点作为日志的尾指针。每个节点存在一个与节点写入的顺序有关的 version 节点，它专门用来存放节点的版本号。该节点每写入一个节点其版本号加 1。

节点写入总是从日志的尾部进行，而读节点则没有任何限制。擦除和碎片收集操作总是在头部进行。当用户请求写操作时发现存储介质上没有足够的空余空间时，也就表明空余空间已经符合"碎片收集"的启动条件。如果有垃圾空间能够被回收，那么碎片收集进程启动将收集垃圾空间中的垃圾块；否则，碎片收集就线程处于睡眠状态。

JFFS2 的碎片收集技术与 JFFS 有很多类似的地方，但 JFFS2 对 JFFS 的碎片收集技术做了一些改进。如在 JFFS2 中，所有的存储节点都不可以跨越 Flash 的块界限，这样就可以在回收空间时按照 Flash 的各个块为单位进行选择，将最应擦除的块擦除之后作为新的空闲块,这样可以提高效率与利用率。

JFFS2 使用了多个级别的待收回块队列。在碎片收集的时候先检查 bad_used_list 链表中是否有节点,如果有,则先回收该链表的节点。当完成了 bad_used_list 链表的回收后,再进行回收 dirty_list 链表的工作。碎片收集操作的主要工作是将数据块里面的有效数据移动到空间块中,然后清除脏数据块,最后将数据块从 dirty_list 链表中摘除并且放入空间块链表。此外,可以回收的队列还包括 erasable_list、very_dirty_list 等。

碎片收集由专门相应的碎片收集内核线程负责处理。一般情况下,碎片收集进程处于睡眠状态,一旦 thread_should_wake()操作发现 jffs2_sb_info 结构变量中的 nr_free_blocks 与 nr_erasing_blocks 总和小于触发碎片收集功能特定值 6,且 dirty_size 大于 sector_size 时,系统将调用 thread_should_wake()来发送 SIGHUP 信号给碎片收集进程并且被唤醒。每次碎片收集进程只回收一个空闲块,如果空闲块队列的空闲块数仍小于 6,那么碎片收集进程再次被唤醒,一直到空闲数大于或等于 6。

由于 JFFS2 中使用了多种节点,所以在进行碎片收集的时候也必须对不同的节点及进行不同的操作。JFFS2 进行碎片收集时也对内存文件系统中的不连续数据块进行整理。

3) 数据压缩

JFFS2 提供了数据压缩技术。数据存入 Flash 之前,JFFS2 会自动对其进行压缩。目前,内嵌 JFFS2 的压缩算法很多,最常见的是 zlib 算法,这种算法仅对 ASCII 和二进制数据文件进行压缩。在嵌入式文件系统中引入数据压缩技术,使其数据能够得到最大限度的压缩,可以提高资源的利用率,有利于提高性能和节省开发成本。

4) 磨损均衡

由前文可知,Flash 有 Nor 和 Nand 两种类型,它们在使用寿命方面存在很大的差异。从擦除循环周期度量来看,NOR 的寿命限定每块大约可擦除 10 万次,而 NAND 的每块擦除次数约为 100 万次。为了提高 Flash 芯片的使用寿命,用户希望擦除循环周期在 Flash 上均衡分布,这种处理技术称为"磨损均衡"。

在 JFFS 中,碎片收集总是对文件系统队列头所指节点的块进行回收。如果该块填满了数据就将该数据后移,这样该块就成为空闲块。通过这种处理方式可以保证 Flash 中每块的擦除次数相同,从而提高了整个 Flash 芯片的使用寿命。

在 JFFS2 中进行碎片收集时,随机将干净块的内容移到空闲块,随后擦除干净块内容再写入新的数据。在 JFFS2 中,它单独处理每个擦除块,由于每次回收的是一块,所以碎片收集程序能够提高回收的工作效率,并且能够自动决定接下来该回收哪一块。每个擦除块可能是多种状态中的一种状态基本上是由块的内容决定。JFFS2 保留了结构列表的链接数,它用来描述单个擦除块。

在碎片收集过程中,一旦从 clean_list 中取得一个干净块,那么该块中的所有数据要被全部移到其他的空闲块,然后对该块进行擦除操作,最后将其挂接到 free_list。这样,它保证了 Flash 的磨损均衡而提高了 Flash 的利用率。

5) 断电保护技术

JFFS2 是一个稳定性高、一致性强的文件系统,不论电源以何种方式在哪个时刻停止供电,JFFS2 都能保持其完整性,即不需要为 JFFS2 配备像 Ext2 拥有的那些文件系统。断电保护技术的实现依赖于 JFFS2 的日志式存储结构,当系统遭受不正常断电后重新启动时,

JFFS2自动将系统恢复到断电前最后一个稳定状态，由于省去了启动时的检查工作，所以JFFS2的启动速度相当快。

3. JFFS2的不足之处

（1）挂载时间过长。JFFS2的挂载过程需要对闪存从头到尾扫描，这个过程比较花费时间。

（2）磨损均衡具有较大随意性。JFFS2对磨损均衡是用概率的方法来解决的，这很难保证磨损均衡的确定性。在某些情况下，可能造成对擦写块不必要的擦写操作。在某些情况下，又会引起对磨损均衡调整不及时。

（3）扩展性很差。首先，闪存越大，闪存上节点数目越多挂载时间就越长。其次，虽然JFFS2尽可能地减少内存的占用，但实际上对内存的占用量是同inode数和闪存上的节点数成正比的。

6.4 根文件系统

视频讲解

6.4.1 根文件系统概述

根文件系统是一种特殊的文件系统，该文件系统不仅具有普通文件系统的存储数据文件的功能，它还是内核启动时所挂载（mount）的第一个文件系统，内核代码的映像文件保存在根文件系统中，系统引导启动程序会在根文件系统挂载之后从中将一些初始化脚本和服务加载到内存中去运行。

Linux启动时，第一个挂载的必须是根文件系统。若系统不能从指定设备上挂载根文件系统，则系统会出错而退出启动。成功之后可以自动或手动挂载其他的文件系统。因此，一个系统中可以同时存在不同的文件系统。

在Linux中，将一个文件系统与一个存储设备关联起来的过程称为挂载（mount）。使用mount命令将一个文件系统附着到当前文件系统层次结构中。在执行挂载时，要提供文件系统类型、文件系统和一个挂载点。根文件系统被挂载到根目录下"/"上后，在根目录下就有根文件系统的各个目录和文件：/bin、/sbin、/mnt等，再将其他分区挂接到/mnt目录上，/mnt目录下就有这个分区的各个目录和文件。

Linux根文件系统中一般有如下的几个目录。

（1）/bin目录下的命令可以被root与一般账号所使用，由于这些命令在挂载其他文件系统之前就可以使用，所以/bin目录必须和根文件系统在同一个分区中。

/bin目录下常用的命令有cat、chgrp、chmod、cp、ls、sh、kill、mount、umount、mkdir、[、test等。其中"["命令就是test命令，在利用BusyBox制作根文件系统时，在生成的bin目录下，可以看到一些可执行的文件，也就是可用的一些命令。

（2）/sbin目录下存放系统命令，即只有系统管理员能够使用的命令，系统命令还可以存放在/usr/sbin、/usr/local/sbin目录下，/sbin目录中存放的是基本的系统命令，它们用于启动系统和修复系统等，与/bin目录相似，在挂载其他文件系统之前就可以使用/sbin，所以/sbin目录必须和根文件系统在同一个分区中。

/sbin目录下常用的命令有shutdown、reboot、fdisk、fsck、init等，本地用户自己安装的系统命令放在/usr/local/sbin目录下。

（3）/dev 目录下存放的是设备与设备接口的文件，设备文件是 Linux 中特有的文件类型，在 Linux 系统下，以文件的方式访问各种设备，即通过读/写某个设备文件操作某个具体硬件。比如通过 dev/ttySAC0 文件可以操作串口 0，通过/dev/mtdblock1 可以访问 MTD 设备的第 2 个分区。比较重要的文件有/dev/null、/dev/zero、/dev/tty、/dev/lp＊等。

（4）/etc 目录下存放着系统主要的配置文件，例如，人员的账号密码文件、各种服务的其实文件等。一般来说，此目录的各文件属性是可以让一般用户查阅的，但是只有 root 有权限修改。对于 PC 上的 Linux 系统，/etc 目录下的文件和目录非常多，这些目录文件是可选的，它们依赖于系统中所拥有的应用程序，依赖于这些程序是否需要配置文件。在嵌入式系统中，这些内容可以大为精简。

（5）/lib 目录下存放共享库和可加载驱动程序，共享库用于启动系统。

（6）/home 目录是系统默认的用户文件夹，它是可选的，对于每个普通用户，在/home 目录下都有一个以用户名命名的子目录，里面存放用户相关的配置文件。

（7）/root 目录是系统管理员（root）的主文件夹，即是根用户的目录，与此对应，普通用户的目录是/home 下的某个子目录。

（8）/usr 目录的内容可以存在另一个分区中，在系统启动后再挂接到根文件系统中的/usr 目录下。里面存放的是共享、只读的程序和数据，这表明/usr 目录下的内容可以在多个主机间共享，这些设置也符合文件系统层次 FHS 标准。文件系统层次标准 FHS（Filesystem Hierarchy Standard，FHS）规范了在根目录"/"下面各个主要的目录应该放置什么样的文件。/usr 目录在嵌入式系统中可以精简。

（9）/var 目录与 usr 目录相反，/var 目录中存放可变的数据，比如 spool 目录（mail、news）、log 文件、临时文件。

（10）/proc 目录是一个空目录，常作为 proc 文件系统的挂载点，proc 文件系统是一个虚拟的文件系统，它没有实际的存储设备，里面的目录、文件都是由内核临时生成的，用来表示系统的运行状态，也可以操作其中的文件控制系统。

（11）/mnt 目录用于临时挂载某个文件系统的挂接点，通常是空目录，也可以在里面创建一系列空的子目录，比如/mnt/cdram /mnt/hda1，用来临时挂载光盘、移动存储设备等。

（12）/tmp 目录用于存放临时文件，通常是空目录，由于一些需要生成临时文件的程序用到/tmp 目录，所以/tmp 目录必须存在并可以访问。

对于嵌入式 Linux 系统的根文件系统来说，一般可能没有上面所列出的那么复杂，比如嵌入式系统通常都不是针对多用户的，所以/home 这个目录在一般嵌入式 Linux 中可能很少用到。一般说来，只有/bin、/dev、/etc、/lib、/proc、/var、/usr 是必需的，其他都是可选的。

根文件系统一直以来都是所有类 UNIX 操作系统的一个重要组成部分，也可以认为是嵌入式 Linux 系统区别于其他传统嵌入式操作系统的重要特征，它给 Linux 带来了许多强大和灵活的功能，同时也带来了一些复杂性。

6.4.2 根文件系统的制作工具——BusyBox

根文件系统的制作就是生成包含上述各种目录和文件的文件系统的过程，可以通过直接复制宿主机上交叉编译器处的文件来制作根文件系统，但是这种方法制作的根文件系统一般过于庞大。也可以通过一些工具（如 BusyBox）来制作根文件系统，用 BusyBox 制作的根文件系统可以做到短小精悍并且运行效率较高。

BusyBox被形象地称为“嵌入式Linux的瑞士军刀”。它是一个UNIX工具集，可提供一百多种GNU常用工具、Shell脚本工具等。虽然BusyBox中的这些工具相对于GNU提供的完全工具有所简化，但是它们都很实用。BusyBox的特色是所有命令都编译成一个文件——BusyBox，其他命令工具（如sh、cp、ls等）都是指向BusyBox文件的链接。在使用BusyBox生成的工具时，会根据工具的文件名转到特定的处理程序。这样，所有这些程序只需被加载一次，所有的BusyBox工具组件就都可以共享相同的代码段，这在很大程度上节省了系统的内存资源，提高了应用程序的执行速度。BusyBox仅需用几百B的空间就可以运行，这使得BusyBox很适合嵌入式系统使用。同时，BusyBox的安装脚本也使得它很容易建立基于BusyBox的根文件系统。通常只需要添加/dev、/etc等目录以及相关的配置脚本，就可以实现一个简单的根文件系统。BusyBox源代码开放，遵守GPL协议。它提供了类似Linux内核的配置脚本菜单，很容易实现配置和裁剪，通常只需要指定编译器即可。

嵌入式系统用到的一些库函数和内核模块在嵌入式Linux根目录结构中的/lib目录下，比如嵌入式系统中常用到的Qt库文件。在嵌入式Linux中，应用程序与外部函数的链接方式共两种：第一种是在构建时与静态库进行静态链接，此时在应用程序的可执行文件中包含所用到的库代码；第二种是在运行时与共享库进行动态链接，与第一种方式的不同在于动态库是通过动态链接映射进应用程序的可执行内存中的。

在开发或者是构建文件系统时需要注意嵌入式Linux系统中动态链接库的规则。一个动态库文件既包含实际动态库文件，又包含指向该库文件的符号链接，复制时必须一起复制才会依然保持链接关系。

BusyBox的源代码可以从其官方网站下载，然后解压源代码包进行配置安装，操作如下所示。

```
#tar -xjvf busybox -1.24.1.tar.bz2
#cd busybox -1.24.1
#make menuconfig
#make
#make install
```

最常用的配置命令是make menuconfig，也可以根据需要配置BusyBox。如果希望选择尽可能多的功能，可以直接用make defconfig，它会自动配置为最大通用的配置选项，从而使得配置过程变得更加简单、快速。在执行make命令之前应该修改顶层Makefile文件（ARCH ?=arm，CROSS COMPLIE ?=arm-Linux-)。执行完make install命令后会在当前目录的install目录下生成bin、sbin、Linuxrc三个文件（夹）。其中包含的就是可以在目标平台上运行的命令。除了BusyBox是可执行文件外，其他都是指向BusyBox的链接。当用户在终端执行一个命令时，会自动执行BusyBox，最终由BusyBox根据调用的命令进行相应的操作。

这里展开对BusyBox的配置和编译部分说明。对BusyBox进行相关配置，在BusyBox目录下执行make menuconfig，一般默认BusyBox将采用动态链接方式，使用mdev进行设备文件支持。执行界面如图6-4所示。

由于嵌入式设备与宿主机之间存在较大差异，因而BusyBox的配置选择要根据目标板

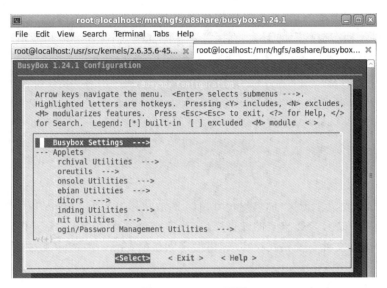

图 6-4　BusyBox 配置

的需求进行。这样裁剪完毕后即可以用上述的 make 命令进行交叉编译,在当前目录下生成 BusyBox 文件。BusyBox 的主要配置选项分类如表 6-1 所示。

表 6-1　BusyBox 的主要配置选项

菜 单 命 令	说　　明
BusyBox Settings-> general configuration	通用配置
BusyBox Settings-> build options	链接方式,编译选项
BusyBox Settings-> debugging options	调试选项,打印调试信息
BusyBox Settings-> installation options	安装路径
BusyBox Settings-> library tuning	性能微调设置
Archival Utilities	压缩和解压缩工具,可选
Console Utilities	控制台相关命令
Editors	编辑命令,如 vi
Login/Password Management Utilities	登录相关
Coreutils	核心命令部分,如 ls,cp 等

6.4.3　JFFS2 文件系统的创建

创建 JFFS2 根文件系统的步骤如下所示:

(1) 创建根目录 myrootfs,把 BusyBox 生成的 3 个文件复制到 myrootfs 目录下,并在此目录下分别建立 dev、lib、mnt、etc、sys、proc、usr、home、tmp、var 等目录(只有 dev、lib、sys、usr、etc 是不可或缺的,其他的目录可根据需要选择)。在 etc 目录下建立 init.d 目录。

(2) 建立系统配置文件 inittab、fstab、rcS,其中 inittab 和 fstab 放在 etc 目录下,rcS 放在/etc/init.d 目录中。

(3) 创建必需的设备节点,该文件必须在/etc 目录下创建。

(4) 如果 BusyBox 采用动态链接的方式编译,还需要把 BusyBox 所需要的动态库 libcrypt.so.1、libc.so.6、ldLinux.so.2 放到 lib 目录中。为了节约嵌入式设备的 Flash 空间，通常会采用动态链接方式，而不采用静态链接方式。如目前国内较有名气的厂商“友善之臂”官方提供了动态链接库的下载，直接将库文件复制到 rootfs/lib 目录下即可。

```
# cp -a /tmp/Friendly ARM-lib/*.so.* ${ROOTFS}/lib
```

另外，在某些版本的 Linux 系统中还需要为 bin/BusyBox 加上 SUID 和 SGID 特殊权限，否则某些命令如 passwd 等命令会出现权限问题。

```
# chmod 675 ${ROOTFS}/bin/BusyBox
```

（5）改变 rcS 的属性。

（6）上面已经建立了根文件目录 myrootfs，然后使用 mkjffs2image-128M 工具，把目标文件系统目录制作成 JFFS2 格式的映像文件，当它被烧写入 Nand Flash 中启动时，整个根目录将会以 JFFS2 文件系统格式存在（这里假定默认的 Linux 内核已经支持该文件系统）。

6.5 本章小结

文件系统是操作系统的重要组成部分，Linux 采用 VFS 虚拟文件系统技术支持多种类型的文件系统。Linux 虚拟文件系统采用了面向对象设计思想，VFS 相当于面向对象系统中的抽象基类，从它出发可以派生出不同的子类，以支持多种文件系统。嵌入式操作系统由于自身系统的特点，对文件系统提出了不同的要求。本章介绍的基于 Flash 存储体的 JFFS2 文件系统在嵌入式系统中有较大的运用范围。限于篇幅限制，本章只引用列举了部分源代码，读者可以阅读相关目录下源代码获得更多信息。

习题

1. 什么是文件系统？文件系统的主要功能是什么？
2. 什么是虚拟文件系统？其主要构成模块有哪些？
3. 简要说明主流嵌入式操作系统的文件系统类型。
4. 嵌入式操作系统所支持的文件系统应该具备哪些特点？
5. 简要说明嵌入式 Linux 文件系统的层次结构。
6. 尝试使用 BusyBox 制作一个 Linux 下的根文件系统。

第7章 嵌入式 Linux 系统移植及调试

CHAPTER 7

本章完整分析了嵌入式 Linux 系统的构成情况。一个嵌入式 Linux 系统通常由引导程序及参数、Linux 内核、文件系统和用户应用程序组成。嵌入式系统与开发主机运行的环境不同,这就对开发嵌入式系统提出了开发环境特殊化的要求。交叉开发环境正是在这种背景下应运而生。

Linux 内核的运行需要引导程序的加载,在嵌入式操作系统中的这一小段引导程序被定义为 BootLoader,它不仅能初始化相关硬件设备,还能建立内存空间映射关系,并配置内核的正确运行环境,因此具有十分重要的地位。U-Boot 是 BootLoader 中最常见、运用最广泛的一个工具,在 ARM9 中以开源形式出现,获得了巨大成功。完整的嵌入式 Linux 开发过程不光包括内核的编译、链接,还需要后期的调试。链接过程需要使用交叉编译工具链,主要由 glibc、GCC、binutils 和 Gdb 四部分组成。在嵌入式 Linux 调试技术环节主要介绍 Gdb 调试器的相关知识以及远程调试的原理与方法,对内核调试也做了相关介绍。

7.1 BootLoader 基本概念与典型结构

7.1.1 BootLoader 基本概念

在嵌入式操作系统中,BootLoader 是在操作系统内核运行之前运行的一小段程序,用来初始化硬件设备、建立内存空间映射图,从而使系统的软硬件环境处于一个适合的状态,为最终调用操作系统内核准备好正确的环境。在嵌入式系统中,通常并没有像通用计算机中 BIOS 那样的固件程序,因此整个系统的加载启动任务完全由 BootLoader 来完成。

BootLoader 是嵌入式系统在加电后执行的第一段代码,在它完成 CPU 和相关硬件的初始化之后,再将操作系统映像或固化的嵌入式应用程序装载到内存中,然后跳转到操作系统所在的空间,启动操作系统运行。

对于嵌入式系统而言,BootLoader 是基于特定硬件平台来实现的。因此,几乎不可能为所有的嵌入式系统建立一个通用的 BootLoader,不同的处理器架构有不同的 BootLoader。BootLoader 不仅依赖于 CPU 的体系结构,而且依赖于嵌入式系统板级设备的相关配置。对于两块不同的嵌入式开发板而言,即使它们使用同一种处理器,要想让运行在一块开发板上的 BootLoader 程序也能运行在另一块开发板上,一般也都需要修改部分 BootLoader 的源程序。

从另一个角度来说，大部分 BootLoader 仍然具有很多共性，某些 BootLoader 也能够支持多种体系结构的嵌入式系统。例如，U-Boot 就同时支持 PowerPC、ARM、MIPS 和 x86 等体系结构，支持的具体嵌入式开发板有上百种之多。一般来说，这些 BootLoader 都能够自动从存储介质上启动，都能够引导操作系统启动，并且大部分都支持串口和以太网接口。

在专用的嵌入式开发板运行 Linux 系统已经变得越来越流行。如图 7-1 所示，一个嵌入式 Linux 系统通常可以分为以下几个部分。

| BootLoader | 环境参数 | Linux内核 | 文件系统 | 用户应用程序 |

图 7-1　嵌入式 Linux 系统构成

（1）引导加载程序及其环境参数。这里通常是指 BootLoader 以及相关环境参数。

（2）Linux 内核。基于特定嵌入式开发板的定制内核以及内核的相关启动参数。

（3）文件系统。主要包括根文件系统和一般建立于 Flash 内存设备之上文件系统。

（4）用户应用程序（基于用户的应用程序）。有时在用户应用程序和内核层之间可能还会包括一个嵌入式图形用户界面程序（GUI）。常见的嵌入式 GUI 有 Qt 和 MiniGUI 等。

7.1.2　BootLoader 的操作模式

大多数 BootLoader 都包含两种不同的操作模式：自启动模式和交互模式。这种划分仅对开发人员有意义。从最终用户使用嵌入式系统的角度来看，BootLoader 的作用就是加载操作系统，而并不存在这两种模式的区别。

1. 自启动模式

自启动模式也叫启动加载模式。在这种模式下，BootLoader 自动从目标机上的某个固态存储设备上将操作系统加载到 RAM 中运行，整个过程并没有用户的介入。这种模式是 BootLoader 的正常工作模式，在嵌入式产品发布的时候，BootLoader 显然是必须工作在这种模式下的。

2. 交互模式

交互模式也叫下载模式。在这种模式下，目标机上的 BootLoader 将通过串口或网络等从开发主机上将内核映像、根文件系统下载到 RAM 中。然后内核映像和根文件系统被 BootLoader 写到目标机上的固态存储介质（如 Flash）中，或者直接进行系统引导。交互模式也可以通过接口（如串口）接收用户的命令。这种模式在初次固化内核、根文件系统时或者更新内核及根文件系统时都会用到。

7.1.3　BootLoader 的典型结构

BootLoader 启动大多分为两个阶段。第一阶段主要包含依赖于 CPU 的体系结构硬件初始化的代码，通常都用汇编语言来实现。这个阶段的任务有：

- 基本的硬件设备初始化（屏蔽所有的中断、关闭处理器内部指令/数据 Cache 等）。
- 为第二阶段准备 RAM 空间。
- 如果 BootLoader 是在某个固态存储介质中，则复制 BootLoader 的第二阶段代码到 RAM。
- 设置堆栈。
- 跳转到第二阶段的 C 程序入口点。

第二阶段通常用 C 语言完成，以便实现更复杂的功能，也使程序有更好的可读性和可移植性。这个阶段的任务有：

- 初始化本阶段要使用到的硬件设备。
- 检测系统内存映射。
- 将内核映像和根文件系统映像从 Flash 读到 RAM。
- 为内核设置启动参数。
- 调用内核。

7.1.4　常见的 BootLoader

嵌入式系统领域已经有各种各样的 BootLoader，种类划分也有多种方式，如按照处理器体系结构不同、按照功能复杂程度的不同等。表 7-1 列举了常见的开源 BootLoader 及其支持的体系结构。

表 7-1　常见开源 BootLoader

BootLoader	描　　述	x86	ARM	PowerPC
LILO	Linux 磁盘引导程序	是	否	否
GRUB	GNU 的 LILO 替代程序	是	否	否
Blob	LART 等硬件平台的引导程序	否	是	否
U-Boot	通用引导程序	是	是	是
Redboot	基于 eCos 的引导程序	是	是	是

1. Redboot

Redboot(Red Hat Embedded Debug and Bootstrap)是 Red Hat 公司开发的一个独立运行在嵌入式系统上的 BootLoader 程序，是目前比较流行的一个功能、可移植性好的 BootLoader。Redboot 是一个采用 eCos 开发环境开发的应用程序，并采用 eCos 的硬件抽象层作为基础，但它完全可以摆脱 eCos 环境运行，可以用来引导任何其他的嵌入式操作系统，如 Linux、Windows CE 等。

Redboot 支持的处理器构架有 ARM、MIPS、MN10300、PowerPC、Renesas SHx、v850、x86 等，是一个完善的嵌入式系统 BootLoader。

2. U-Boot

U-Boot(Universal BootLoader)于 2002 年 12 月 17 日发布了第一个版本 U-Boot-0.2.0。U-Boot 自发布以后已更新多次，其支持具有持续性。U-Boot 是在 GPL 下代码最完整的一个通用 BootLoader。

3. Blob

Blob(BootLoader Object)是由 Jan-Derk Bakker 和 Erik Mouw 发布的，是专门为 StrongARM 构架下的 LART 设计的 BootLoader。Blob 的最后版本是 blob-2.0.5。

Blob 功能比较齐全，代码较少，比较适合做修改移植，用来引导 Linux，目前大部分 S3C44B0 板都用 Blob 修改移植后加载 uCLinux。

4. vivi

vivi 是韩国 mizi 公司开发的 BootLoader，适用于 ARM9 处理器，现在已经停止开发了。它是三星官方板 SMDK2410 采用的 BootLoader。vivi 最主要的特点就是代码小巧，有利于移植新的处理器。同时 vivi 的软件架构和配置方法类似 Linux 风格，对于有编译 Linux 内核经验的用户来说，vivi 更容易上手。

视频讲解

7.2 U-Boot

7.2.1 U-Boot 概述

U-Boot 全称为 Universal BootLoader，是遵循 GPL 条款的开放源代码项目。从 FADSROM、8xxROM、PPCBOOT 逐步发展演化而来。其源代码目录、编译形式与 Linux 内核很相似，事实上，不少 U-Boot 源代码就是根据相应的 Linux 内核源程序进行简化而形成的，尤其是一些设备的驱动程序。

U-Boot 支持多种嵌入式操作系统，主要有 OpenBSD、NetBSD、FreeBSD、4.4BSD、Linux、SVR4、Esix、Solaris、Irix、SCO、Dell、NCR、VxWorks、LynxOS、pSOS、QNX、RTEMS、ARTOS、Android 等。同时，U-Boot 除了支持 PowerPC 系列的处理器外，还能支持 MIPS、x86、ARM、NIOS、XScale 等诸多常用系列的处理器。这种广泛的支持度正是 U-Boot 项目的开发目标，即支持尽可能多的嵌入式处理器和嵌入式操作系统。

U-Boot 的主要特点有：

- 源代码开放，目前有些版本的未开源。
- 支持多种嵌入式操作系统内核和处理器架构。
- 可靠性和稳定性均较好。
- 功能设置高度灵活，适合调试、产品发布等。
- 设备驱动源代码十分丰富，支持绝大多数常见硬件外设，并将与硬件平台相关的代码定义成宏并保留在配置文件中，开发者往往只需要修改这些宏的值就能成功使用这些硬件资源，从而简化了移植工作。

U-Boot 的源代码包含上千个文件，它们主要分布在如表 7-2 所示的目录中。

表 7-2　U-Boot 主要目录

目　　录	说　　明
board	目标机相关文件，主要包含 SDRAM、Flash 驱动等
common	独立于处理器体系结构的通用代码，如内存大小探测与故障检测
arch/../cpu	与处理器相关的文件。如 s5plcxx 子目录下含串口、网口、LCD 驱动及中断初始化等文件
driver	通用设备驱动
doc	U-Boot 的说明文档
examples	可在 U-Boot 下运行的示例程序，如 hello_world.c、timer.c
include	U-Boot 头文件。尤其 configs 子目录下与目标机相关的配置头文件是移植过程中经常要修改的文件
lib_xxx	处理器体系相关的文件，如 lib_ppc、lib_arm 目录分别包含与 PowerPC、ARM 体系结构相关的文件
net	与网络功能相关的文件目录，如 bootp、nfs、tftp
post	上电自检文件目录
rtc	RTC 驱动程序
tools	用于创建 U-Boot S-RECORD 和 BIN 镜像文件的工具

下面以 S5PV210 为例介绍几个比较重要的源文件。

(1) start.s(arch\arm\cpu\armv7\start.s)。

通常情况下 start.s 是 U-Boot 上电后执行的第一个源文件。该汇编文件包括定义了异常向量入口、相关的全局变量、禁用 L2 缓存、关闭 MMU 等,之后跳转到 lowlevel_init()函数中继续执行。

(2) lowlevel_init.s(board\samsung\smdkv210\lowlevel_init.s)。

该源文件用汇编代码编写,其中只定义了一个函数 lowlevel_init()。该函数实现对平台硬件资源的一系列初始化过程,包括关看门狗,初始化系统时钟、内存和串口。

(3) board.c(arch\arm\lib\board.c)。

board.c 主要实现了 U-Boot 第二阶段启动过程,包括初始化环境变量、串口控制台、Flash 和打印调试信息等,最后调用 main_loop()函数。

(4) smdkv210.h(include\configs\smdkv210.h)。

该文件与具体平台相关,比如这里就是 S5PV210 平台的配置文件,该源文件采用宏定义了一些与 CPU 或者外设相关的参数。

7.2.2　U-Boot 启动的一般流程

1. 第一阶段初始化

与大多数 BootLoader 的启动过程相似,U-Boot 的启动过程分为两个阶段:第一阶段主要由汇编代码实现,负责对 CPU 及底层硬件资源的初始化;第二阶段用 C 语言实现,负责使能 Flash、网卡等重要硬件资源和引导操作系统等。U-Boot 第一阶段启动流程如图 7-2 所示。

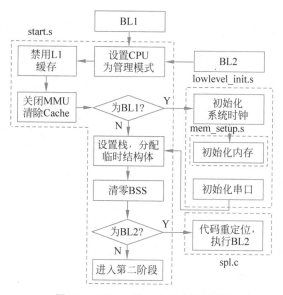

图 7-2　U-Boot 第一阶段启动流程

从图 7-2 可以发现,与 U-Boot 第一阶段有关的文件主要有 start.s 和 lowlevel_init.s。上电后,U-Boot 首先会设置 CPU 为管理模式、禁用 L1 缓存、关闭 MMU 和清除 Cache,之后调用底层初始化函数 lowlevel_init()。该函数的部分实现代码如下:

```
.globl lowlevel_init
lowlevel_init:
push{lr}
# if defined(CONFIG_SPL_BUILD)
  blsystem_clock_init                    /* 初始化时钟 */
blmem_ctrl_asm_init                      /* 初始化内存 */
  bluart_asm_init                        /* 初始化串口 */
# endif
pop{pc}
```

上述代码中 system_clock_init()、mem_ctrl_asm_init()、uart_asm_init()这 3 个函数需要开发者结合具体硬件环境进行修改和实现。

初始化完成之后，U-Boot 首先调用一个如下所示的复制函数将 BL2 复制到内存地址为 0x 3FF00000 处，然后跳转到该位置执行 BL2。在 U-Boot 中，BL1 和 BL2 是基于相同的一些源文件编译生成的。开发者在编写代码时需要使用预编译宏 CONFIG_SPL_BUILD 来实现 BL1 和 BL2 不同的功能。

```
void copy_code_2_sdram_and_run(void)
  {
  unsigned long ch;
  void (*u_boot)(void);
  ch = *(volatile unsigned int *)(0xD0037488);      /* 根据该地址的值判断传输通道 */
  copy_sd_mmc_to_mem copy_bl2 = (copy_sd_mmc_to_mem)(*(unsigned int *)(0xD0037F98));
  unsigned int ret;
  if (ch == 0xEB000000) {  /* CONFIG_SYS_TEXT_BASE = 0x3FF00000 */
  ret = copy_bl2(0, 49, 1024,(unsigned int *)CONFIG_SYS_TEXT_BASE, 0);
  } else if (ch == 0xEB200000) {
  ret = copy_bl2(2, 49, 1024,(unsigned int *)CONFIG_SYS_TEXT_BASE, 0);
  } else {
  return;
  }
  u_boot = (void *)CONFIG_SYS_TEXT_BASE;
  (*u_boot)();                                    /* 跳转到该地址执行 */
  }
```

值得注意的是，在上述代码中，copy_bl2()函数不需要开发者去实现，S5PV210 在出厂时已经将该函数固化在了 0xD0037F98 地址处。其函数原型如下：

```
u32 (*copy_sd_mmc_to_mem)(u32 channel, u32 start_block, u16 block_size, u32 *trg, u32
init);  /*
```

下面对主要参数进行简要介绍。
- channel：通道数，该值通过读取 0xD0037488 地址上的值判断。
- start_block：从第几个扇区开始复制，一个扇区为 512B。
- block_size：复制多少个扇区。
- trg：目的地址 0x3FF00000，即离内存顶部 1MB 空间的位置
- init：是否需要初始化 SD 卡，写 0 即可。

2. 第二阶段初始化

进入第二阶段后，U-Boot 首先声明一个 gd_t 结构体类型的指针指向内存地址

（0x40000000～GD_SIZE）处。0x40000000 为内存结束地址，GD_SIZE 为结构体 gd_t 的大小，这样相当于在内存最顶端分配了一段空间用于存放一个临时结构体 gd_t。该结构体在 global_data.h 中被定义，U-Boot 用它来存储所有的全局变量。之后 U-Boot 会调用 board_init_f() 和 board_init_r() 两个函数进一步对底板进行初始化。

1）board_init_f()

进入 board_init_f() 之后，U-Boot 首先设置之前分配的临时结构体，然后开始划分内存空间，其内存分配状态如图 7-3 所示。

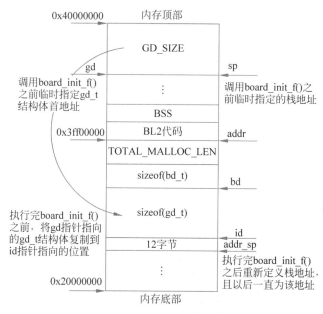

图 7-3　U-Boot 内存分配状态

从图 7-3 中可以发现，gd 指针指向的临时结构体存放于内存的最顶部。BL2 代码存放在内存地址 0x3ff00000 处，即距离内存顶部 1MB 空间的位置，接下来依次分配 malloc 空间、bd_t 结构体空间和 gd_t 结构体空间，并且重新设置栈，最后将临时结构体复制到 id 指针所指向的位置。board_init_f() 部分实现代码如下：

```
unsigned int board_init_f(ulong bootflag) {
memset((void *)gd, 0, sizeof(gd_t));
...
/* 设置 gd 结构体; */
...
addr = CONFIG_SYS_TEXT_BASE;      /* CONFIG_SYS_TEXT_BASE = 0x3ff00000 */
addr_sp = addr - TOTAL_MALLOC_LEN;
addr_sp -= sizeof (bd_t);
bd = (bd_t *) addr_sp;
gd -> bd = bd;
addr_sp -= sizeof (gd_t);
id = (gd_t *) addr_sp;
...
memcpy(id, (void *)gd, sizeof(gd_t));
base_sp = addr_sp;
return (unsigned int)id;
}
```

2）board_init_r()

board_init_r()负责对其他硬件资源进行初始化，如网卡、Flash、MMC、中断等，最后调用 main_loop()，等待用户输入命令。U-Boot 第二阶段在 board_init_r()函数控制下的流程图如图 7-4 所示。

图 7-4　U-Boot 第二阶段流程图

7.2.3　U-Boot 环境变量

U-Boot 的环境变量是使用 U-Boot 的关键，它可以由用户定义并遵守约定俗成的一些用法，也有一部分是 U-Boot 定义的并且不能更改。表 7-3 列举了一些常用的环境变量。

表 7-3　U-Boot 常用环境变量

环境变量名称	相 关 描 述	环境变量名称	相 关 描 述
bootdelay	执行自动启动的等候秒数	bootcmd	自动启动时执行的命令
baudrate	串口控制台的波特率	serverip	服务器端的 IP 地址
netmask	以太网接口的掩码	ipaddr	本地 IP 地址
ethaddr	以太网卡的网卡物理地址	stdin	标准输入设备
bootfile	默认的下载文件	stdout	标准输出设备
bootargs	传递给内核的启动参数	stderr	标准出错设备

值得注意的是，在未初始化的开发板中并不存在环境变量。U-Boot 在默认的情况下会存在一些基本的环境变量，当用户执行了 saveenv 命令之后，环境变量会首次保存到 Flash 中，之后用户对环境变量的修改和保存都是基于保存在 Flash 中的环境变量的操作。

U-Boot 的环境变量中最重要的两个变量是：bootcmd 和 bootargs。bootcmd 是指自动启动时默认执行的一些命令，因此用户可以在当前环境中定义各种配置和不同环境的参数，然后通过 bootcmd 配置好参数。

bootargs 是环境变量中的重中之重,甚至可以说整个环境变量都是围绕着 bootargs 来设置的。bootargs 的种类非常多,普通用户平常只会使用其中几种。bootargs 非常灵活,内核和文件系统的不同搭配就会有不同的设置方法,甚至也可以不设置 bootargs,而直接将其写到内核中去(在配置内核的选项中可以进行这样的设置),正是这些原因导致了 bootargs 使用上的困难。

7.3 交叉开发环境的建立

嵌入式系统是一种专用计算机系统,从普遍定义上来讲,以应用为中心、以计算机技术为基础、软件硬件可裁剪,对功能、可靠性、成本、体积、功耗严格要求的专用计算机系统都叫嵌入式系统。与通用计算机相比,嵌入式系统具有明显的硬件局限性,很难将通用计算机(如 PC)的集成开发环境完全直接移植到嵌入式平台上,这就使得设计者开发了一种新的模式:主机-目标机交叉开发环境模式(Host/Target),如图 7-5 所示。

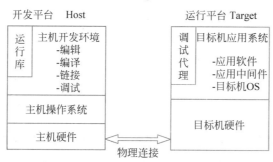

图 7-5 主机-目标机交叉开发环境

主机-目标机交叉开发环境模式是由开发主机和目标机两套计算机系统内组成的。开发主机一般指通用计算机,如 PC 等,目标机指嵌入式开发板(系统)。通过交叉开发环境,在主机上使用开发工具(如各种 SDK),针对目标机设计应用系统进行设计工作,然后下载到目标机上运行。在此之后的嵌入式系统应用程序的设计,都可以在主机上编辑,通过设置好的交叉编译工具链生成针对目标机运行的嵌入式应用程序,然后下载到目标机上测试执行,并可对该程序进行调试。

交叉开发模式一般采用以下 3 个步骤。

(1) 在主机上编译 BootLoader(引导加载程序),然后通过 JTAG 接口烧写到目标板。这种方式速度较慢,一般在目标板上还未运行可用的 BootLoader 时采用。如果开发板上已经运行了可用 BootLoader,并且支持烧写 Flash 功能,则可利用 BootLoader 通过网络下载映像文件并烧写,速度较快。

(2) 在主机上编译 Linux 内核,然后通过 BootLoader 下载到目标板以启动或烧写到 Flash。为了方便调试,内核应该支持网络文件系统(Network File System,NFS),这样,在目标板启动 Linux 内核后,就可以通过 NFS 方式挂载根文件系统。

(3) 在主机上编译各类应用程序,通过 NFS 运行、调试这些程序,验证无误后再将制作好的文件系统映像烧写到目标板。

下面简要介绍主机-目标机交叉开发环境中的几个概念。

7.3.1　主机与目标机的连接方式

主机与目标机的连接方式主要有串口、以太网接口、USB 接口、JTAG 接口等。主机可以使用 minicom、kermit 或者 Windows 超级终端等工具，通过串口发送文件。目标机亦可以把程序运行结果通过串口返回并显示。以太网接口方式使用简单，配置灵活，支持广泛，传输速率快；缺点是网络驱动的实现比较复杂。

JTAG(Joint Test Action Group，联合测试行动小组) 是一种国际标准测试协议(IEEE1149.1 标准)，主要实现对目标机系统中的各芯片的简单调试和对 BootLoader 的下载两个功能。在 JTAG 连接器中，其芯片内部封装了专门的测试电路 TAP(Test Access Port，测试访问口)，通过专用的 JTAG 测试工具对内部节点进行测试。因而该方式是开发调试嵌入式系统的一种简洁高效的手段。JTAG 有两种标准：14 针接口和 20 针接口。

JTAG 接口一端与 PC 并口相连，另一端是面向用户的 JTAG 测试接口，通过本身具有的边界扫描功能便可以对芯片进行测试，从而达到处理器的启动和停滞、软件断点、单步执行和修改寄存器等功能的调试目的。其内部主要是由 JTAG 状态机和 JTAG 扫描链组成。

虽然 JTAG 调试不占用系统资源，能够调试没有外部总线的芯片，代价也非常小，但是 JTAG 只能提供一种静态的调试方式，不能提供处理器实时运行时的信息。它是通过串行方式依次传递数据的，所以传送信息的速度比较慢。

7.3.2　主机与目标机的文件传输方式

主机与目标机的文件传输方式主要有串口传输方式、网络传输方式、USB 接口传输方式、JTAG 接口传输方式、移动存储设备方式。

串口传输协议常见的有 kermit、Xmodem、Ymoderm、Zmoderm 等。串口驱动程序的实现相对简单，但是速度慢，不适合较大文件的传输。

USB 接口方式通常将主机设为主设备端，目标机设为从设备端。与其他通信接口相比，USB 接口方式速度快，配置灵活，易于使用。如果目标机上有移动存储介质（如 U 盘）等，则可以制作启动盘或者将系统整体复制到目标机上，从而引导启动。

网络传输方式一般采用 TFTP(Trivial File Transport Protocol) 协议。TFTP 是一个传输文件的简单协议，是 TCP/IP 协议族中的一个用来在客户机与服务器之间进行简单文件传输的协议，提供较简单、开销不大的文件传输服务。端口号为 69。该协议只能从文件服务器上获得或写入文件，不能列出目录，不进行认证，它传输 8 位数据。传输中有 3 种模式：一是 netascii，这是 8 位的 ASCII 码形式；二是 octet，这是 8 位源数据类型；三是 mail，目前已经不再支持，它将返回的数据直接返回给用户而不是保存为文件。

7.3.3　交叉编译环境的建立

开发 PC 上的软件时，可以直接在 PC 上进行编辑、编译、调试、运行等操作。对于嵌入式开发，最初的嵌入式设备是一个空白的系统，需要通过主机为它构建基本的软件系统，并烧写到设备中。另外，嵌入式设备的资源并不足以用来开发软件，所以需要用到交叉开发模式：先在主机上编辑、编译软件，然后到目标机上运行。

交叉编译是在一个平台上生成另一个平台上执行的代码。在宿主机上对即将运行在目标机上的应用程序进行编译,形成可在目标机上运行的代码格式。交叉编译环境是由编译器、连接器和解释器组成的综合开发环境。交叉编译工具主要包括针对目标系统的编译器、目标系统的二进制工具、目标系统的标准库和目标系统的内核头文件。

7.4　交叉编译工具链

视频讲解

7.4.1　交叉编译工具链概述

若在一种计算机环境中运行的编译程序,能编译出在另外一种环境下运行的代码,则称这种编译器支持交叉编译。这个编译过程就叫交叉编译。简单地说,就是在一个平台上生成另一个平台上的可执行代码。需要注意的是,所谓平台实际上包含两个概念:体系结构和操作系统。同一个体系结构可以运行不同的操作系统。同样,同一个操作系统也可以在不同的体系结构上运行。

交叉编译这个概念的出现和流行是和嵌入式系统的广泛发展同步的。常用的计算机软件都需要通过编译的方式,把使用高级计算机语言编写的代码编译成计算机可以识别和执行的二进制代码。以常见的 Windows 平台为例,使用 Visual C++开发环境,编写程序并编译成可执行程序。在这种方式下,我们使用 PC 平台上的 Windows 工具开发针对 Windows 本身的可执行程序,这种编译过程称为本地编译。然而,在进行嵌入式系统的开发时,运行程序的目标平台通常具有有限的存储空间和运算能力,比如常见的 ARM 平台。在这种情况下,在 ARM 平台上进行本机编译就不太适合,因为一般的编译工具链需要足够大的存储空间和很强的 CPU 运算能力。为了解决这个问题,交叉编译工具就应运而生了。通过交叉编译工具,可以在 CPU 能力很强、存储空间足够的主机平台上(比如 PC 上)编译出针对其他平台(如 ARM)的可执行程序。

要进行交叉编译,就需要在主机平台上安装对应的交叉编译工具链(cross compilation tool chain),然后用这个交叉编译工具链编译链接源代码,最终生成可在目标平台上运行的程序。下面给出几个常见的交叉编译例子。

(1) 在 Windows PC 上,利用诸如类似 ADS、RVDS 等软件,使用 armcc 编译器,则可编译出针对 ARM CPU 的可执行代码。

(2) 在 Linux PC 上,利用 arm-Linux-gcc 编译器,可编译出针对 Linux ARM 平台的可执行代码。

(3) 在 Windows PC 上,利用 cygwin 环境,运行 arm-elf-gcc 编译器,可编译出针对 ARM CPU 的可执行代码。

图 7-6 演示了嵌入式软件生成阶段的 3 个过程:源程序的编写、编译成各个目标模块、链接成可供调试或固化的目标程序。从中可以看到交叉编译工具链的各项作用。

从图 7-6 可以看出,交叉开发工具链就是为了编译、链接、处理和调试跨平台体系结构的程序代码。每次执行工具链软件时,通过使用不同的参数,可以

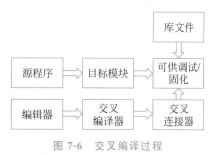

图 7-6　交叉编译过程

实现编译、链接、处理或者调试等不同的功能。从工具链的组成上来说，它一般由多个程序构成，分别对应着各个功能。

7.4.2 工具链的构建方法

通常构建交叉工具链有如下3种方法。

方法一：分步编译和安装交叉编译工具链所需要的库和源代码，最终生成交叉编译工具链。该方法相对比较困难，适合想深入学习构建交叉工具链的读者及用户。如果只是想使用交叉工具链，建议使用下面的方法二构建交叉工具链。

方法二：通过 Crosstool 脚本工具来实现一次编译，生成交叉编译工具链，该方法比方法一要简单许多，并且出错的机会也非常少，建议大多数情况下使用该方法构建交叉编译工具链。

方法三：直接通过网上下载已经制作好的交叉编译工具链。该方法的优点是简单可靠，缺点也比较明显——扩展性不足，对特定目标没有针对性，而且也存在许多未知错误的可能，建议读者慎用此方法。

视频讲解

视频讲解

7.4.3 交叉编译工具链的主要工具

交叉编译工具主要包括针对目标系统的编译器、目标系统的二进制工具、调试器、目标系统的标准库和目标系统的内核头文件，主要由 GCC、Binutils、Glibc 和 GDB 四个软件提供。GDB 调试器将在 7.6 节介绍。

1. GCC

通常所说的 GCC 是 GUN Compiler Collection 的简称，除了编译程序之外，它还包含其他相关工具，所以它能把用高级语言编写的源代码构建成计算机能够直接执行的二进制代码。GCC 是 Linux 平台下最常用的编译程序，它是 Linux 平台编译器的事实标准。同时，在 Linux 平台下的嵌入式开发领域，GCC 也是用得最普遍的一种编译器。GCC 之所以被广泛采用，是因为它能支持各种不同的目标体系结构。例如，它既支持基于主机的开发，也支持交叉编译。目前，GCC 支持的体系结构有四十余种，常见的有 x86 系列、ARM、PowerPC 等。同时，GCC 还能运行在多种操作系统上，如 Linux、Solaris、Windows 等。

在开发语言方面，GCC 除了支持 C 语言外，还支持多种其他语言，例如 C++、Ada、Java、Objective-C、Fortran、Pascal 等。

对于 GUN 编译器来说，GCC 的编译要经历 4 个相互关联的步骤：预处理（也称预编译，Preprocessing）、编译（Compilation）、汇编（Assembly）和链接（Linking）。

GCC 首先调用 cpp 命令进行预处理，在预处理过程中，对源代码文件中的文件包含（include）、预编译语句进行分析。然后调用 cc 命令进行编译，这个阶段根据输入文件生成以 .o 为扩展名的目标文件。汇编过程是针对汇编语言的步骤，调用 as 进行工作，一般来讲，以 .S 为扩展名的汇编语言源代码文件和汇编、以 .s 为扩展名的汇编语言文件经过预编译和汇编之后都生成以 .o 为扩展名的目标文件。当所有的目标文件都生成之后，GCC 就调用命令 ld 来完成最后的关键性工作，这个阶段就是链接。在链接阶段，所有的目标文件都被安排在可执行程序中的合理位置，同时该程序所调用的库函数也从各自所在的库中连到合适的地方。

源代码(这里以 file.c 为例)经过 4 个步骤后产生一个可执行文件,各部分对应不同的
文件类型,具体如下所示。

```
file.c        c程序源文件
file.i        c程序预处理后文件
file.cxx      c++程序源文件,也可以是 file.cc / file.cpp / file.c++
file.ii       c++程序预处理后文件
file.h        c/c++头文件
file.s        汇编程序文件
file.o        目标代码文件
```

下面以 hello 程序为例具体介绍 GCC 是如何完成这 4 个步骤的。

```
# include< stdio. h>
int main()
{
printf("Hello World!\n");
return 0;
}
```

1) 预处理阶段

在该阶段,编译器将上述代码中的 stdio.h 编译进来,并且用户可以使用GCC的选项-E进
行查看,该选项的作用是让 GCC 在预处理结束后停止编译过程。

预处理器(cpp)根据以字符♯开头的命令(directives),修改原始的 C 程序。如 hello.c
中"♯include < stdio.h>"命令通知预处理器读系统头文件 stdio.h 的内容,并把它直接插
入到程序文本中去。这样就得到了一个通常是以.i 作为文件扩展名的程序。需要注意的
是,GCC 命令的一般格式为:

```
GCC [选项] 要编译的文件 [选项] [目标文件]
```

其中,目标文件可默认,GCC 默认生成可执行的文件名为"编译文件.out"。

```
[king@localhost gcc]♯ gcc - E hello.c - o hello.i
```

选项-o 是指目标文件,.i 文件为已经过预处理的 C 语言原始程序。以下列出了 hello.i
文件的部分内容。

```
typedef int ( * __gconv_trans_fct) (struct __gconv_step *,
struct __gconv_step_data *, void *,
__const unsigned char *,
__const unsigned char **,
__const unsigned char *, unsigned char **,
size_t *);
...
# 2 "hello.c" 2
int main()
{
printf("Hello World!\n");
return 0;
}
```

由此可见，GCC 确实进行了预处理，它把 stdio.h 的内容插入到 hello.i 文件中。

2）编译阶段

接下来进行的是编译阶段。在这个阶段中，GCC 首先要检查代码的规范性及语法是否有错误等，在检查无误后，GCC 把代码翻译成汇编语言。用户可以使用-S 选项进行查看，该选项只进行编译而不进行汇编生成汇编代码。汇编语言是非常有用的，它为不同高级语言的不同编译器提供了通用的语言。如 C 编译器和 Fortran 编译器产生的输出文件用的都是一样的汇编语言。

```
[king@localhost gcc]# gcc - S hello.i - o hello.s
```

以下列出了 hello.s 的内容，可见 GCC 已经将其转化为汇编代码了，感兴趣的读者可以分析一下这个简单的 C 语言程序是如何用汇编代码实现的。

```
.file "hello.c"
.section .rodata
.align 4
.LC0:
.string "Hello World!"
.text
.globl main
.type main, @function
main:
pushl % ebp
movl % esp, % ebp
subl $ 8, % esp
andl $ - 16, % esp
movl $ 0, % eax
addl $ 15, % eax
addl $ 15, % eax
shrl $ 4, % eax
sall $ 4, % eax
subl % eax, % esp
subl $ 12, % esp
pushl $ .LC0
call puts
addl $ 16, % esp
movl $ 0, % eax
leave
ret
.size main, . - main
.section .note.GNU - stack,"",@progbits
```

3）汇编阶段

汇编阶段是把编译阶段生成的.s 文件转成目标文件，在此使用选项-c 就可看到汇编代码已转化为以.o 为扩展名的二进制目标代码文件了，如下所示：

```
[king@localhost gcc]# gcc - c hello.s - o hello.o
```

4）链接阶段

在成功编译之后，就进入了链接阶段。这里涉及一个重要的概念：函数库。

在这个源程序中并没有定义 printf 的函数实现,且在预编译中包含的 stdio.h 中也只有该函数的声明,而没有定义该函数的实现,那么在哪里实现 printf 函数呢? 其实系统把这些函数实现都放到名为 libc.so.6 的库文件中去了,在没有特别指定时,GCC 会到系统默认的搜索路径如"/usr/lib"下进行查找,也就是链接到 libc.so.6 库函数中去,这样就能实现函数 printf 了,而这也就是链接的作用。

函数库一般分为静态库和动态库两种。静态库是指编译链接时,把库文件的代码全部加入到可执行文件中,因此生成的文件比较大,但在运行时也就不再需要库文件了。其扩展名一般是.a。而动态库与之相反,在编译链接时并没有把库文件的代码加入到可执行文件中,而是在程序执行时由运行时链接文件加载库,这样能够节省系统的开销。动态库的扩展名一般是.so,如前面所述的 libc.so.6 就是动态库。GCC 在编译时默认使用动态库。Linux 下动态库文件的扩展名为.so(Shared Object)。按照约定,动态库文件名的形式一般是 libname.so,如线程函数库被称作 libthread.so,某些动态库文件可能会在名字中加入版本号。静态库的文件名形式是 libname.a,比如共享 archive 的文件名形式是 libname.sa。

完成了链接工作之后,GCC 就可以生成可执行文件,如下所示:

```
[king@localhost gcc]# gcc hello.o - o hello
```

运行该可执行文件,出现结果如下:

```
[root@localhost GCC]# ./hello
Hello World!
```

GCC 功能十分强大,具有多个命令选项。表 7-4 列出了部分常见的编译选项。

表 7-4　GCC 常见编译选项

参　　数	说　　明
-c	仅编译或汇编,生成目标代码文件,将.c、i、.s 等文件生成.o 文件,其余文件被忽略
-S	仅编译,不进行汇编和链接,将.c、.i 等文件生成.s 文件,其余文件被忽略
-E	仅预处理,并发送预处理后的.i 文件到标准输出,其余文件被忽略
-o file	创建可执行文件并保存在 file 中,而不是默认文件 a.out
-g	产生用于调试和排错的扩展符号表,用于 GDB 调试,注意-g 和-O 通常不能一起使用
-w	取消所有警告
-O[num]	优化,可以指定 0～3 作为优化级别,级别 0 表示没有优化
-Ldir	将 dir 目录加到搜索-lname 选项指定的函数库文件的目录列表中去,并优先于 GCC 默认的搜索目录,有多个-L 选项时,按照出现顺序搜索
-I dir	将 dir 目录加到搜寻头文件的目录中去,并优先于 GCC 中默认的搜索目录,有多个-I 选项时,按照出现顺序搜索
-U macro	类似于源程序开头定义#undef macro,也就是取消源程序中的某个宏定义
-lname	在链接时使用函数库 libname.a,链接程序在-L dir 指定的目录和/lib、/usr/lib 目录下寻找该库文件,在没有使用-static 选项时,如果发现共享函数库 libname.so,则使用 libname.so 进行动态链接
-fPIC	产生位置无关的目标代码,可用于构造共享函数库
-static	禁止与共享函数库链接
-shared	尽量与共享函数库链接(默认)

2．Binutils

Binutils 提供了一系列用来创建、管理和维护二进制目标文件的工具程序，如汇编（as）、连接（ld）、静态库归档（ar）、反汇编（objdump）、elf 结构分析工具（readelf）、无效调试信息和符号的工具（strip）等。通常 Binutils 与 GCC 是紧密相集成的。如果没有 Binutils，那么 GCC 是不能正常工作的。

Binutils 的常见工具如表 7-5 所示。

表 7-5　Binutils 常见工具

工具名称	说　　明
addr2line	将程序地址翻译成文件名和行号。给定地址和可执行文件名称，它使用其中的调试信息判断与此地址有关联的源文件和行号
ar	创建、修改和提取归档
as	一个汇编器，将 GCC 的输出汇编为对象文件
c++filt	被链接器用于修复 C++ 和 Java 符号，防止重载的函数相互冲突
elfedit	更新 ELF 文件的 ELF 头
gprof	显示分析数据的调用图表
ld	一个链接器，将几个对象和归档文件组合成一个文件，重新定位它们的数据并且捆绑符号索引
ld. bfd	到 ld 的硬链接
nm	列出给定对象文件中出现的符号
objcopy	将一种对象文件翻译成另一种
objdump	显示有关给定对象文件的信息，包含指定显示信息的选项。显示的信息对编译工具开发者很有用
ranlib	创建一个归档的内容索引并存储在归档内。索引列出其成员中可重定位的对象文件定义的所有符号
readelf	显示有关 ELF 二进制文件的信息
size	列出给定对象文件每个部分的尺寸和总尺寸
strings	对每个给定的文件输出不短于指定长度（默认为 4）的所有可打印字符序列。对于对象文件默认只打印初始化和加载部分的字符串，否则扫描整个文件
strip	移除对象文件中的符号
libiberty	包含多个 GNU 程序会使用的途径，包括 getopt、obstack、strerror、strtol 和 strtoul
libbfd	二进制文件描述器库

以下是这些工具的使用例子。

（1）编译单个文件。

```
vi hello.c              //创建源文件 hello.c
gcc - o hello hello.c   //编译为可执行文件 hello，默认情况下产生的可执行文件名为 a.out
./hello                 //执行文件，只写 hello 是错误的，因为系统会将 hello 当作指令来执行，
                        //然后报错
```

（2）编译多个源文件。

```
vi message.c
gcc - c message.c               //输出 message.o 文件，是一个已编译的目标代码文件
vi main.c
```

```
gcc - c main.c              //输出 main.o 文件
gcc - o all main.o message.o //执行连接阶段的工作,然后生成 all 可执行文件
./all
```

注意：GCC 对如何将多个源文件编译成一个可执行文件有内置的规则,所以前面的多个单独步骤可以简化为一个命令。

```
vi message.c
vi main.c
gcc - o all message.c main.c
./all
```

（3）使用外部函数库。

GCC 常常与包含标准例程的外部软件库结合使用,几乎每一个 Linux 应用程序都依赖于 GNU C 函数库 Glibc。

```
vi trig.c
gcc - o trig - lm trig.c
```

GCC 的-lm 选项用于告诉 GCC 查看系统提供的数学库 libm。函数库一般会位于目录/lib 或者/usr/lib 中。

（4）共享函数库和静态函数库。

静态函数库：每次当应用程序和静态连接的函数库一起编译时,任何引用的库函数的代码都会被直接包含进最终二进制程序。

共享函数库：包含每个库函数的单一全局版本,它在所有应用程序之间共享。

```
vi message.c
vi hello.c
gcc - c hello.c
gcc - fPIC - c message.c
gcc - shared - o libmessge.so message.o
```

其中,PIC 命令行选项告诉 GCC 产生的代码不要包含对函数和变量具体内存位置的引用,这是因为现在还无法知道使用该消息代码的应用程序会将它链接到哪一段地址空间。这样编译输出的文件 message.o 可以被用于建立共享函数库。-shared 选项将某目标代码文件变换成共享函数库文件。

```
gcc - o all - lmessage - L. hello.o
```

-lmessage 选项来告诉 GCC 在连接阶段使用共享数据库 libmessage.so,-L. 选项告诉GCC 函数库可能在当前目录中,首先查找当前目录,否则 GCC 连接器只会查找系统函数库目录。在本例情况下,就找不到可用的函数库了。

3. Glibc

Glibc 是 GNU 发布的 libc 库,也即 C 运行库。Glibc 是 Linux 系统中最底层的应用程序开发接口,几乎其他所有的运行库都依赖于 Glibc。Glibc 除了封装 Linux 操作系统所提供的系统服务外,它本身也提供了许多必要功能服务的实现,比如 open、malloc、printf 等

等。Glibc 是 GNU 工具链的关键组件，用于和二进制工具及编译器一起使用，为目标架构生成用户空间应用程序。

7.4.4 资源受限型设备适配的交叉编译工具链

GCC 主要服务于标准 Linux，Arm-linux-gcc 编译器则针对 ARM 平台工作，而对于物联网终端上运行的操作系统一般采用的是 arm-none-eabi-gcc 为代表的编译器。这里介绍适合物联网终端这些资源受限型设备（如 STM32/ARM 单片机）的工具链。接下来简要介绍 arm-none-eabi 工具链，该工具链包含 28 个相关文件。

1. arm-none-eabi-gcc

这个工具为 C 语言编译器，可以将.c 文件转化为.o 的执行文件。

```
arm – none – eabi – gcc   – c   hello.c
```

2. arm-none-eabi-g++

这个工具为 C++语言编译器，可以将.cpp 文件转化为.o 的执行文件，使用方式同上。

3. arm-none-eabi-ld

这个工具为链接器即最后链接所有.o 文件生成可执行文件的工具。需要注意的是，一般不使用 arm-none-eabi-ld 的指令调用，而是通过使用 arm-none-eabi-gcc 来调用，因为前者对.c 和.cpp 文件混合生成的.o 文件的支持性不佳，所以官方的说明书中也推荐使用 arm-none-eabi-gcc 指令来代替 arm-none-eabi-ld。

```
arm – none – eabi – gcc – o   hello   hello.o
```

4. arm-none-eabi-objcopy

此工具将链接器生成的文件转化为.bin 或.hex 等可烧写的格式，以下载进入微控制器，如下：

```
arm – none – eabi – objcopy hello hello.bin
```

5. arm-none-eabi-gdb

将工具链中的调试器连接到调试器硬件产生的网络端口，就可以进行硬件和代码的调试了。

7.4.5 Makefile 基础

视频讲解

随着应用程序的规模变大，对源文件的处理也越来越复杂，单纯靠手工管理源文件的方法已经力不从心。比如采用 GCC 对数量较多的源文件依次编译，特别是某些源文件已经做了修改后必须要重新编译。为了提高开发效率，Linux 为软件编译提供了一个自动化管理工具——GNU make。GNU make 是一种常用的编译工具，通过它，开发人员可以很方便地管理软件编译的内容、方式和时机，从而能够把主要精力集中在代码的编写上。GNU make 的主要工作是读取一个文本文件 Makefile。这个文件里主要记录了有关目的文件是从哪些依赖文件中产生的，以及用什么命令来完成这个产生过程。有了这些信息，make 会检查磁盘上的文件，如果目的文件的时间戳（该文件生成或被改动时的时间）比至少它的一个依赖文件旧的话,make 就执行相应的命令,以便更新目的文件。这里的目的文件不一定是最后的可执行文件,它可以是任何一个文件。

Makefile 一般被叫作 makefile 或 Makefile。当然也可以在 make 的命令行指定其他文件名,如果不特别指定,它会寻找 makefile 或 Makefile,因此使用这两个名字是最简单的。

一个 Makefile 主要含有一系列的规则,如下:

```
: ...
(tab)<command>
(tab)<command>
...
```

例如,考虑以下的 Makefile:

```
=== Makefile 开始 ===
myprog :foo.o bar.o
gcc foo.o bar.o - o myprog
foo.o :foo.c foo.h bar.h
gcc - c foo.c - o foo.o
bar.o bar.c bar.h
gcc - c bar.c - o bar.o
=== Makefile 结束 ===
```

这是一个非常基本的 Makefile 文件——make 从最上面开始,把上面第一个目的 myprog 作为它的主要目标(一个它需要保证其总是最新的最终目标)。给出的规则说明只要文件 myprog 比文件 foo.o 或 bar.o 中的任何一个旧,下一行的命令就将会被执行。

但是,在检查文件 foo.o 和 bar.o 的时间戳之前,它会往下查找那些把 foo.o 或 bar.o 作为目标文件的规则。以 foo.o 的规则为例,该文件的依赖文件是 foo.c、foo.h 和 bar.h。如果这 3 个文件中任何一个的时间戳比 foo.o 新,则执行“gcc - o　foo.o　foo.c”命令,从而更新文件 foo.o。

接下来对文件 bar.o 做类似的检查,依赖文件在这里是文件 bar.c 和 bar.h。现在 make 回到 myprog 的规则。如果刚才两个规则中的任何一个被执行,那么 myprog 就需要重建(因为其中一个.o 文件比 myprog 新),因而链接命令将被执行。

由此可以看出使用 make 工具来建立程序的好处是所有烦琐的检查步骤都由 make 完成了。源代码文件里一个简单改变都会造成那个文件被重新编译(因为.o 文件依赖.c 文件),进而可执行文件被重新连接(因为.o 文件被改变了)。这在管理大的工程项目时将非常高效。

如前所述,Makefile 中主要包含了一系列规则。综合来看,主要包含 5 方面内容:显式规则、隐含规则、变量定义、文件指示和注释。

(1) 显式规则。显式规则说明如何生成一个或多个目标文件。显式规则由书写者在 Makefile 中明确表示:要生成的文件、文件的依赖文件以及生成的命令。

(2) 隐含规则。由于 make 有自动推导的功能,所以隐晦的规则可以让我们比较简略地书写 Makefile,这是由 make 所支持的。

(3) 变量定义。在 Makefile 中要定义一系列的变量,变量一般都是字符串,这个有点像 C 语言中的宏,当 Makefile 被执行时,其中的变量都会被扩展到相应的引用位置上。

（4）文件指示。文件指示包括 3 部分：一是在一个 Makefile 中引用另一个 Makefile，就像 C 语言中的 include 一样；二是指根据某些情况指定 Makefile 中的有效部分，就像 C 语言中的预编译♯if 一样；三是定义一个多行的命令。

（5）注释。Makefile 中只有行注释，和 UNIX 的 Shell 脚本一样，其注释是用"♯"字符，这个就像 C/C++、Java 中的"//"一样。

值得注意的是，在 Makefile 中的命令，必须要以 Tab 键开始。

下面着重说明定义变量和引用变量。

变量的定义和应用与 Linux 环境变量一样，变量名要大写，变量一旦定义后，就可以通过将变量名用圆括号括起来，并在前面加上"$"符号来进行引用。

变量的主要作用包括：

- 保存文件名列表。
- 保存可执行命令名，如编译器。
- 保存编译器的参数。

变量一般都在 Makefile 的头部定义。按照惯例，所有的 Makefile 变量都应该是大写。GNU make 的主要预定义变量有：

- $ * 不包括扩展名的目标文件名称。
- $+所有的依赖文件，以空格分开，并以出现的先后为序，可能包含重复的依赖文件。
- $<第一个依赖文件的名称。
- $? 所有的依赖文件，以空格分开，这些依赖文件的修改日期比目标的创建日期晚。
- $@目标的完整名称。
- $^所有的依赖文件，以空格分开，不包含重复的依赖文件。
- $％如果目标是归档成员，则该变量表示目标归档成员的名称。

7.5 嵌入式 Linux 系统移植过程

移植就是把程序从一个运行环境转移到另一个运行环境。在主机-开发机的交叉模式下，就是把主机上的程序下载到目标机上运行。嵌入式 Linux 系统的移植主要针对 BootLoader（最常用的是 U-Boot）、Linux 内核、文件系统这 3 部分展开工作。U-Boot 在系统上电时开始执行，初始化硬件设备，准备好软件环境，然后才调用 Linux 操作系统内核。文件系统是 Linux 操作系统中用来管理用户文件的内核软件层。文件系统包括根文件系统和建立于 Flash 内存设备之上的文件系统。根文件系统包括系统使用的软件和库，以及所有用来为用户提供支持的架构和应用软件，并作为存储数据读/写结果的区域。

嵌入式 Linux 系统移植的一般流程是：首先构建嵌入式 Linux 开发环境，包括硬件环境和软件环境；然后，移植引导加载程序 BootLoader；接着移植 Linux 内核和构建根文件系统；最后，一般还要移植或开发设备驱动程序。这几个步骤完成之后，嵌入式 Linux 就可以在目标板上运行了，开发人员能够在串口控制台进行命令行操作。如果需要图形界面支持，还需要移植位于用户应用程序层次的 GUI（Graphical User Interface），比如 Qtopia、Mini GUI 等。本节介绍针对 ARM 处理器的嵌入式 Linux 移植过程。

7.5.1 U-Boot 移植

开始移植 U-Boot 之前,要先熟悉处理器和开发板。确认 U-Boot 是否已经支持新开发板的处理器和 I/O 设备,如果 U-Boot 已经支持该开发板或者十分相似的开发板,那么移植的过程将非常简单。从整体上看,移植 U-Boot 就是添加开发板硬件需要的相关文件、配置选项,然后编译和烧写到开发板。开始移植前,要先检查 U-Boot 已经支持的开发板,选择与硬件配置最接近的板子。选择的步骤是最先比较处理器,其次是比较处理器体系结构,最后是外围接口等。另外还需要验证参考开发板的 U-Boot,确保能够顺利编译通过。

U-Boot 的移植过程主要包括以下 4 个步骤。

1. 下载 U-Boot 源代码

U-Boot 的源代码包可以从 SourceForge 网站下载。

2. 修改相应的文件代码

U-Boot 源代码文件下包括一些目录文件和文本文件,这些文件可分为"与平台相关的文件"和"与平台无关的文件",其中 common 文件夹下的文件就是与平台无关的文件。与平台相关的文件又分为 CPU 级相关的文件和板级相关的文件: arch 目录下的文件就是 CPU 级相关的文件,而 board、include 等文件夹下的文件都是板级相关的文件。在移植的过程中,需要修改的文件就是这些与平台相关的文件。

检查源代码中是否有 CPU 级相关的代码,如 S5PV210 是 ARMV7 架构,查看 CPU 目录下面是否有 ARMV7 目录,由于 U-Boot 在嵌入式平台上的应用广泛性,所以大都具备 CPU 级相关代码。

下一步就是查看板级相关的代码了。一款主流 CPU 发布的时候,厂商一般会提供官方开发板,比如 S5PV210 发布的时候三星公司提供了官方开发板,使用的 U-Boot 是 1.3.4 版本,三星在官方提供的 U-Boot1.3.4 基础上进行了改进,比如增加了 SD 卡启动和 NandFlash 启动相关代码等等。在将新版本的 U-Boot 移植到开发板的时候,我们需要看一下 U-Boot 代码里面是否已经含有板级相关代码,如果已经有了,就不需要自己改动了,编译以后就可以使用,而有的时候在较新的 U-Boot 代码里面,是不含有这些板级支持包的,这时就需要增加自己的板级包了。

下面简要列举移植 2014.07 版本到 S5PV210 处理器上时修改(或添加)的文件。

以下文件均为与 CPU 级相关的文件。

```
U-Boot2014.07/arch/arm/cpu/armv7/start.s
U-Boot2014.07/arch/arm/cpu/armv7/Makefile
U-Boot2014.07/arch/arm/include/asm/arch-s5pc1xx/hardware.h
U-Boot2014.07/arch/arm/lib/board.c
U-Boot2014.07/arch/arm/lib/Makefile
U-Boot2014.07/arch/arm/config.mk
```

以下文件均为板级相关的文件。

```
U-Boot2014.07/board/samsung/SMDKV210/tools/mkv210_image.c
U-Boot2014.07/board/samsung/SMDKV210/lowlevel_init.s
U-Boot2014.07/board/samsung/SMDKV210/mem_setup.s
U-Boot2014.07/board/samsung/SMDKV210/SMDKV210.c
```

```
U-Boot2014.07/board/samsung/SMDKV210/SMDKV210_val.h
U-Boot2014.07/board/samsung/SMDKV210/mmc_boot.c
U-Boot2014.07/board/samsung/SMDKV210/Makefile
U-Boot2014.07/drivers/mtd/nand/s5pc1xx_nand.c
U-Boot2014.07/drivers/mtd/nand/Makefile
U-Boot2014.07/include/configs/SMDKV210.h
U-Boot2014.07/include/s5pc110.h
U-Boot2014.07/include/s5pc11x.h
U-Boot2014.07/Makefile
```

移植过程中最主要的就是代码的修改与文件的配置。国内嵌入式厂商研发的 S5PV210 开发板大都基于 SMDKV210 评估板做了减法和调整，所以三星提供的 U-Boot、内核、文件系统大都适用于这些 S5PV210 开发板，因而开发者在此基础上只需要根据相应的 Makefile 文件修改配置即可。

3. 编译 U-Boot

U-Boot 编译工程通过 Makefile 来组织编译。顶层目录下的 Makefile 和 boards.cfg 中包含开发板的配置信息。从顶层目录开始递归地调用各级子目录下的 Makefile，最后链接成 U-Boot 映像。U-Boot 的编译命令比较简单，主要分两步进行：第一步是配置，如 make smdkv210_config；第二步是编译，执行 make 就可以了。如果一切顺利，则可以得到 U-Boot 镜像。为避免错误，一开始可以尽量与参考评估板保持一致。表 7-6 列举了 U-Boot 编译生成的不同映像文件格式。

表 7-6 U-Boot 编译生成的映像文件

文 件 名 称	说　　明
System.map	U-Boot 映像的符号表
U-Boot	U-Boot 映像的 ELF 格式
U-Boot.bin	U-Boot 映像原始的二进制格式
U-Boot.src	U-Boot 影响的 S-Record 格式

由于上述的编译 U-Boot 往往是针对最小功能的 U-Boot，目的是让 U-Boot 能够运行起来，所以只需要关注最关键的代码，比如系统时钟的配置、内存的初始化代码、调试串口的初始化等，这些代码可以参考 U-Boot 评估板源代码以确保 U-Boot 的顺利运行。但是该 U-Boot 功能有限，需要开发者添加如 Flash 擦写、以太网接口等关键功能。下面简要介绍这些功能的相关情况。更多信息请查阅 U-Boot 文档。

Nand Flash 是嵌入式系统中重要的存储设备，存储对象包括 BootLoader、操作系统内核、环境变量、根文件系统等，所以使能 Nand Flash 读/写是 U-Boot 移植过程中必须完成的一个步骤。U-Boot 中 Nand Flash 初始化函数调用关系为：

```
board_init_r()->nand_init()->nand_init_chip()->board_nand_init()
```

board_nand_init()完成两件事：

（1）对 ARM 处理器如 S5PV210 关于 Nand Flash 控制器的相关寄存器进行设置。

（2）对 nand_chip 结构体进行设置。需要设置的成员有 IO_ADDR_R 和 IO_ADDR_W，这两个成员都指向地址 0x B0E0 0010，即 Nand Flash 控制器的数据寄存器的地址。

此外还需要实现以下 3 个成员函数。

（1）void（ * select_chip）（struct mtd_info * mtd,int chip）函数实现 Nand Flash 设备选中或取消选中。

（2）void（ * cmd_ctrl）（struct mtd_info * mtd,int dat,unsigned int ctrl）函数实现对 Nand Flash 发送命令或者地址。

（3）int（ * dev_ready）（struct mtd_info * mtd）函数实现检测 Nand Flash 设备状态,最后将成员 ecc. mode 设置为 NAND_ECC_SOFT,即 ECC 软件校验。

支持 NFS 或 TFTP 网络下载会极大地方便从 Linux 服务器上下载文件或镜像到硬件平台上,所以使能网卡在 U-Boot 移植过程中就显得非常重要。以网卡 DM9000 为例,U-Boot 已经抽象出一套完整的关于 DM9000 的驱动代码(其源代码路径为 drivers/net/dm9000x. c),用户只需要根据具体的硬件电路配置相应的宏即可。U-Boot 中 DM9000 网卡初始化函数的调用关系为：board_init_r()-> eth_initialize()-> board_eth_init()-> dm9000_initialize()。

为了方便用户配置,U-Boot 将一部分变量,如串口波特率、IP 地址、内核参数、启动命令等存储在 Flash 或 SD 卡上,这部分数据称为环境变量。每次上电启动时,U-Boot 会检查 Flash 或 SD 卡上是否存放有环境变量。如果有,则将其读取出来并使用;如果没有,则使用默认的环境变量。默认的环境变量定义在 env_default. h 中,用户也可以随时修改或保存环境变量到 Flash 或 SD 卡中。

环境变量的移植非常简单。以 Nand Flash 为例,开发人员在 smdkv210. h 源文件中只需要添加如下的宏定义：

```
#define CONFIG_ENV_IS_IN_NAND
#define CONFIG_ENV_OFFSET 0x80000        /* 环境变量保存的 Nand Flash 中的偏移地址 */
  #define CONFIG_ENV_SIZE 0x20000         /* 环境变量的大小 */
  #define CONFIG_ENV_OVERWRITE
 /* 规定环境变量和覆盖 */
```

4. 烧写到开发板上,运行并调试

新开发的板子没有任何程序可以执行,也不能启动,需要先将 U-Boot 烧写到 Flash 或者 SD 卡中。这里使用最为广泛的硬件设备就是前面介绍过的 JTAG 接口。下面首先通过烧写到 SD 卡的过程说明烧写的一些注意事项。U-Boot 编译的过程中会生成两个重要的文件：BL1 文件和 BL2 文件。编译完成之后将这些内容烧写到 SD 卡中,这里给出其中的一种烧写命令,如下：

```
1.dd bs = 512    seek = 1 if = /dev/zero of = /dev/sdb   count = 2048
2.dd bs = 512    iflag = dsync oflag = dsync   if = spl/smdkv210 - spl. bin  of = /dev/sdb   seek = 1
3.dd bs = 512    iflag = dsync oflag = dsync   if = U - Boot. bin  of = /dev/sdb   seek = 49
```

SD 卡引导的特点是：需要保留前 512B 的数据位以及包含 ECC 校验头,这部分代码有别于 Nand Flash 的 BL1 部分,需要进行特殊处理。

在这里说明几点：dd 命令是 Linux 下非常有用的一个命令,作用就是用指定大小的块复制一个文件,并在复制的同时进行指定的转换。命令中的 sdb 是 SD 卡的设备名称,在不同的主机上可能名称是不一样的,所以在烧写的过程中一定要注意这个设备名称。注意,这里的命令是在源代码的目录文件下输入的,否则找不到对应的文件。

要烧写到 SD 卡中,就一定要了解一下 SD 卡的分区。图 7-7 是 SD 卡分区示意图。

1Block=512B

保留 512B	BL1 8KB	EN 16KB	U-Boot.bin(BL2) 512KB	其他

1块　　　16块　　　32块

图 7-7　SD 卡分区示意图

从图 7-7 中可以看到，SD 卡一块的大小为 512B，第一块为保留块，紧接着的 8KB 存放 BL1，所以 BL1 烧写的起始块标号为 1，这也就是第二条烧写命令中 seek＝1 的来源了。接下来存放环境变量，有的资料中将环境变量与 BL1 文件总结为 BL1 文件，不过这时的 BL1 文件就不再是 8KB 大小了，而是加上环境变量的大小共 24KB，也就是 48 块。之后存放 BL2 文件，也就是 U-Boot.bin，起始块标号 49。最后的部分是开发者的复制空间了。图 7-8 显示了 Nand Flash 的存储顺序。

烧写完成，将 SD 卡插到开发板上，设置板子为 SD 卡启动，然后打开超级终端或者 minicom，配置好之后将板子上电，如果板子正常启动，则说明移植工作顺利完成了；如果没有启动起来，那么就要检查一下哪一步出现了问题，然后继续开始回去查看相应的 U-Boot 源代码。

(OneNAND/NAND)

0~(N-1)页	N~(M-1)页	M页~	块的结尾
必须使用	建议使用		用户文件 系统
BL1	BL2	内核	

图 7-8　Nand Flash 存储顺序

Flash 的烧写亦比较简单，前面说过，CPU 引导需要 BL1 部分，这部分需要在 U-Boot 中实现。即 U-Boot 的前 16KB 数据。查看 U-Boot 的 Makefile，可以发现 BL1 部分在 U-Boot 中被定义为 U-Boot-spl-16K，这部分代码是在 nand_spl 目录下的代码实现。表 7-7 是 U-Boot 常用的工具。

表 7-7　U-Boot 常用工具

工 具 名 称	说　　　明
bmp_logo	制作标记的位图结构体
envcrc	检验 U-Boot 内部嵌入的环境变量
gen_eth_addr	生成以太网接口 MAC 地址
Img2srec	转换 SREC 格式映像
mkimage	转换 U-Boot 格式映像
updater	U-Boot 自动更新升级工具

视频讲解

7.5.2　内核的配置、编译和移植

1. Makefile

内核 Linux-2.6.35 的文件数目总共达到 3 万多个，分布在顶层目录下的共 21 个子目录中。就 Linux 内核移植而言，最常接触到的子目录是 arch、drivers 目录。其中 arch 目录下存放是所有和体系结构有关的代码，比如 ARM 体系结构的代码就在 arch/arm 目录下。而 drivers 是所有驱动程序所在的目录（声卡驱动单独位于根目录下的 sound 目录），修改或者新增驱动程序都需要在 drivers 目录下进行。

Linux 内核中的哪些文件将被编译？怎样编译这些文件？连接这些文件的顺序如何？其实所有这些都是通过 Makefile 来管理的。在内核源代码的各级目录中含有很多个 Makefile 文件，有的还要包含其他的配置文件或规则文件。所有这些文件一起构成了

Linux 的 Makefile 体系,如表 7-8 所示。

表 7-8　Linux 内核源代码 Makefile 体系的 5 个部分

名　　称	描　　述
顶层 Makefile	Makefile 体系的核心,从总体上控制内核的编译、连接
.config	配置文件,在配置内核时生成。所有的 Makefile 文件都根据.config 的内容来决定使用哪些文件
Arch/$(ARCH)/Makefile	与体系结构相关的 Makefile,用来决定有哪些体系结构相关的文件参与生成内核
Scripts/Makefile.*	所有 Makefile 共用的通用规则、脚本等
Kbuild Makefile	各级子目录下的 Makefile,它们被上一层 Makefile 调用以编译当前目录下的文件

Makefile 编译、连接的大致工作流程如下:

(1) 内核源代码根目录下的.config 文件中定义了很多变量,Makefile 通过这些变量的值来决定源文件编译的方式(编译进内核、编译成模块、不编译),以及涉及哪些子目录和源文件。

(2) 根目录下顶层的 Makefile 决定根目录下有哪些子目录将被编译进内核,arch/$(ARCH)/Makefile 决定 arch/$(ARCH)目录下哪些文件和目录被编译进内核。

(3) 各级子目录下的 Makefile 决定所在目录下的源文件的编译方式,以及进入哪些子目录继续调用它们的 Makefile。

(4) 在顶层 Makefile 和 arch/$(ARCH)/Makefile 中还设置了全局的编译、连接选项:CFLAGS(编译 C 文件的选项)、LDFLAGS(连接文件的选项)、AFLAGS(编译汇编文件的选项)、ARFLAGS(制作库文件的选项)。

(5) 各级子目录下的 Makefile 可设置局部的编译、连接选项:EXTRA_CFLAGS、EXTRA_LDFLAGS、EXTRA_AFLAGS、EXTRA_ARFLAGS。

(6) 最后,顶层 Makefile 按照一定的顺序组织文件,根据连接脚本生成内核映像文件。

在(1)中介绍的.config 文件是通过配置内核生成的,.config 文件中定义了很多变量,这些变量的值也是在配置内核的过程中设置的。而用来配置内核的工具则是根据 Kconfig 文件来生成各个配置项的。

2. 内核的 Kconfig 分析

为了理解 Kconfig 文件的作用,需要先了解内核配置界面。在内核源代码的根目录下运行命令:

```
# make menuconfig ARCH = arm CROSS_COMPILE = arm - Linux -
```

这样会出现一个菜单式的内核配置界面,通过它就可以对支持的芯片类型和驱动程序进行选择,或者去除不需要的选项等,这个过程就称为“配置内核”。

这里需要说明的是,除了 make menuconfig 这样的内核配置命令之外,Linux 还提供了 make config 和 make xconfig 命令,分别实现字符接口和 X-window 图形窗口的配置接口。字符接口配置方式需要回答每一个选项提问,逐个回答内核上千个选项提问是行不通的。X-window 图形窗口的配置接口在这方面很出色,方便使用。本节主要介绍 make menuconfig

实现的光标菜单配置接口。

在内核源代码的绝大多数子目录中，都具有 Makefile 文件和 Kconfig 文件。Kconfig 就是内核配置界面的源文件，它的内容被内核配置程序读取用来生成配置界面，从而供开发人员配置内核，并根据具体的配置在内核源代码根目录下生成相应的配置文件.config。

内核的配置界面以树状的菜单形式组织，菜单名称末尾标有"--->"的表明其下还有其他的子菜单或者选项。每个子菜单或选项可以有依赖关系，用来确定它们是否显示，只有被依赖的父项被选中，子项才会显示。

Kconfig 文件的基本要素是 config 条目（entry），它用来配置一个选项，或者可以说，它用于生成一个变量，这个变量会连同它的值一起被写入配置文件.config 中。下面以 fs/jffs2/Kconfig 为例具体介绍。

```
tristate "Journalling Flash File System v2 (JFFS2) support"
select CRC32
depends on MTD
help
    JFFS2 is the second generation of the Journalling Flash File System
    for use on diskless embedded devices. It provides improved wear
    levelling, compression and support for hard links. You cannot use
    this on normal block devices, only on 'MTD' devices.
```

config JFFS2_FS 用于配置 CONFIG_JFFS2_FS，根据用户的选择，在配置文件.config 中会出现下面 3 种结果之一：

```
CONFIG_JFFS2_FS = y
CONFIG_JFFS2_FS = m
# CONFIG_JFFS2_FS is not set
```

之所以会出现这 3 种结果，是由于该选项的变量类型为 tristate（三态），它的取值有 3 种：y、m 或空，分别对应编译进内核、编译成内核模块、没有使用。如果变量类型为 bool（布尔），则取值只有 y 和空。除了三态和布尔型，还有 string（字符串）、hex（十六进制整数）、int（十进制整数）。变量类型后面所跟的字符串是配置界面上显示的对应该选项的提示信息。

fs/jffs2/Kconfig 中的第 2 行的"select CRC32"表示如果当前配置选项被选中，则 CRC32 选项也会被自动选中。第 3 行的"depends on MTD"则表示当前配置选项依赖于 MTD 选项，只有 MTD 选项被选中时，才会显示当前配置选项的提示信息。help 及之后的内容都是帮助信息。

菜单对应于 Kconfig 文件中的 menu 条目，它包含多个 config 条目。choice 条目将多个类似的配置选项组合在一起，供用户单选或多选。comment 条目用于定义一些帮助信息，这些信息出现在配置界面的第一行，并且还会出现在配置文件.config 中。最后，source 条目用来读入另一个 Kconfig 文件。

3. 内核的配置选项

Linux 内核配置选项非常多，如果从头开始一个个地进行选择既耗费时间，对开发人员的要求也比较高（必须要了解每个配置选项的作用）。一般是在某个默认配置文件的基础上进行修改。

在运行命令配置内核和编译内核之前,必须要保证为 Makefile 中的变量 ARCH 和 CROSS_COMPILE 赋予正确的值,当然,也可以每次都通过命令行给它们赋值,但一劳永逸的办法是直接在 Makefile 中修改这两个变量的值。

```
ARCH      ? = arm
CROSS_COMPILE  ? = arm - Linux -
```

这样,以后运行命令配置或者编译时就不用再去操心 ARCH 和 CROSS_COMPILE 这两个变量的值了。注意,编译 2.6 版的内核需要设置交叉编译器为 4.5.1 版,请确认主机端的 Linux 下面是否正确安装了 4.5.1 版的交叉编译器。

原生的内核源代码根目录下是没有配置文件.config 的,一般通过加载某个默认的配置文件来创建.config 文件,然后再通过命令"make menuconfig"来修改配置。

内核配置的基本原则是把不必要的功能都去掉,不仅可以减小内核大小,还可以节省编译内核和内核模块的时间。图 7-9 是内核配置的主界面。

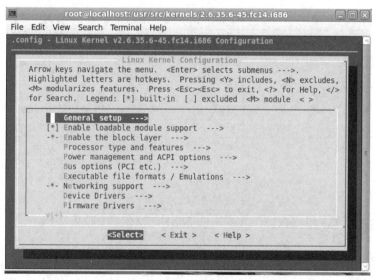

图 7-9　内核配置的主界面

Device Drivers 是有关设备驱动的子菜单。设备驱动部分的配置最为繁杂,有多达 42 个一级子菜单,每个子菜单都有一个 drivers/目录下的子目录与其一一对应,如表 7-9 所示。在配置过程中可以参考这个表格找到对应的配置选项,查看选项的含义和功能。

表 7-9　Device Drivers 子菜单描述

Device Drivers 子菜单	描　述
Generic Driver Options	对应 drivers/base 目录,这是设备驱动程序中的一些基本和通用的配置选项
Connector -unified userspace <-> kernelspace linker	对应 drivers/connector 目录,一般不需要此功能,应取消选中
Memory Technology Device (MTD) support	对应 drivers/mtd 目录,它用于支持各种新型的存储技术设备,比如 Nor Flash、Nand Flash 等

续表

Device Drivers 子菜单	描　述
Parallel port support	对应 drivers/parport 目录，它用于支持各种并口设备
Block devices	对应 drivers/block 目录，支持块设备，包括回环设备、RAMDISK 等的驱动
Misc devices	对应 drivers/misc 目录，用来支持一些不好分类的设备，称为杂项设备。保持默认选择即可
ATA/ATAPI/MFM/RLL support	对应 drivers/ide 目录，它用来支持 ATA/ATAPI 等接口的硬盘、软盘、光盘等，默认不选中
SCSI device support	对应 drivers/scsi 目录，支持各种 SCSI 接口的设备。保持默认选择即可
Serial ATA（prod）and Parallel ATA（experimental）drivers	对应 drivers/ata 目录，支持 SATA 与 PATA 设备，默认不选中
Multiple devices driver support（RAID and LVM）	对应 drivers/md 目录，表示多设备支持（RAID 和 LVM）。RAID 和 LVM 的功能是使多个物理设备组建成一个单独的逻辑磁盘。默认不选中
Network device support	对应 drivers/net 目录，用来支持各种网络设备
ISDN support	对应 drivers/isdn 目录，用来提供综合业务数字网的驱动程序，默认不选中
Telephony support	对应 drivers/telephony 目录，支持拨号。可用来支持 IP 语音技术（Vo IP），默认不选中
Input device support	对应 drivers/input 目录，支持各类输入设备
Character devices	对应 drivers/char 目录，它包含各种字符设备的驱动程序
I2C support	对应 drivers/i2c 目录，支持各类 I2C 设备
SPI support	对应 drivers/spi 目录，支持各类 SPI 总线设备
PPS support	对应 drivers/pps 目录，支持每秒脉冲数，用户可以利用它获得高精度时间基准
GPIO support	对应 drivers/gpio 目录，支持通用 GPIO 库
Dallas's 1-wire support	对应 drivers/w1 目录，支持一线总线，默认不选中
Power supply class support	对应 drivers/power 目录，支持电源供应类别，默认不选中
Hardware Monitoring support	对应 drivers/hwmon 目录。用于监控主板的硬件状态，在嵌入式系统中一般不选中
Generic Thermal sysfs deriver	对应 drivers/thermal 目录，用于散热管理，嵌入式一般用不到，不选中
Watchdog Timer support	对应 drivers/watchdog，看门狗定时器支持，保持默认选择即可
Sonics Silicon Backplane	对应 drivers/ssb 目录，SSB 总线支持，默认不选中
Multifunction device drivers	对应 drivers/mfd 目录，用来支持多功能的设备，比如 SM501，它既可用于显示图像又可用作串口，默认不选中
Voltage and Current Regulator support	对应 drivers/regulator 目录，它用来支持电压和电流调节，默认不选中
Multimedia support	对应 drivers/media 目录，包含多媒体驱动，比如 V4L（Video for Linux），它用于向上提供统一的图像、声音接口。摄像头驱动会用到此功能

续表

Device Drivers 子菜单	描　述
Graphics support	对应 drivers/video 目录,提供图形设备/显卡的支持
Sound card support	对应 sound/目录(不在 drivers/目录下),用来支持各种声卡
HID Devices	对应 drivers/hid 目录,用来支持各种 USB-HID 目录,或者符合 USB-HID 规范的设备(比如蓝牙设备)。HID 表示 Human Interface Device,比如各种 USB 接口的鼠标/键盘/游戏杆/手写板等输入设备
USB support	对应 drivers/usb 目录,包括各种 USB Host 和 USB Device 设备
MMC/SD/SDIO card support	对应 drivers/mmc 目录,用来支持各种 MMC/SD/SDIO 卡
LED Support	对应 drivers/leds 目录,包含各种 LED 驱动程序
Real Time Clock	对应 drivers/rtc 目录,用来支持各种实时时钟设备
Userspace I/O drivers	对应 drivers/uio 目录,用户空间 I/O 驱动,默认不选中

对于表 7-10 中比较复杂的几个子菜单项,需要根据实际情况进行配置,其原则是去掉不必要的选项以减小内核体积。如果不清楚是否必要,为保险起见就把它选中。另外,在配置完成后应将配置文件. config 进行备份。

4. 内核移植

对于内核移植而言,主要是添加开发板初始化和驱动程序的代码,这些代码大部分与体系结构相关。对 Cortex-A8 型开发板来说,Linux 已经有了较好的支持。比如从 Kernel 官方维护网站 kernel. org 上下载到 2. 6. 35 的源代码,解压后查看 arch/arm/目录下已经包含了三星 S5PV210 的支持,即三星官方评估开发板 SMDK210 的相关文件 mach-smdkv210 了。移植 Kernel 只需要修改两个开发板之间的不同之处就可以了。下面举几个常见的修改例子。

1) Nand Flash 移植

Linux-2. 6. 35 对 Nand Flash 的支持比较完善,已经自带了大部分的 Nand Flash 驱动, drivers/mtd/nand/nand_ids. c 中定义了所支持的各种 Nand Flash 类型。

```
struct nand_manufacturers nand_manuf_ids[] = {
    {NAND_MFR_TOSHIBA, "Toshiba"},
    {NAND_MFR_SAMSUNG, "Samsung"},
    {NAND_MFR_FUJITSU, "Fujitsu"},
    {NAND_MFR_NATIONAL, "National"},
    {NAND_MFR_RENESAS, "Renesas"},
    {NAND_MFR_STMICRO, "ST Micro"},
    {NAND_MFR_HYNIX, "Hynix"},
    {NAND_MFR_MICRON, "Micron"},
    {NAND_MFR_AMD, "AMD"},
    {0x0, "Unknown"}
};
```

以核心板采用三星 K9F2G08 Flash 芯片为例,这款 Flash 芯片的每页里可以保存(2K＋64)字节的数据,其中 2KB 存放数据信息,后面的 64B 存放前 2KB 数据的存储链表以及 ECC 校验信息。每个块包含了 64 页,整片 Nand Flash 包含 2048 个块。这里将 Nand Flash 的信息添加到/driver/mtd/nand/nand_ids.c 文件中的 nand_flash_ids 结构体中。

```
{"NAND 256Mi B 3,3V 8 - bit",   0x DA, 0, 256, 0, LP_OPTIONS}
```

修改分区表 s3c_nand.c：

```
struct mtd_partition s3c_partition_info[] = {
  {
   .name   = "misc",
   .offset   = (768 * SZ_1K),                 /* 针对 BootLoader */
.size   = (256 * SZ_1K),
   .mask_flags  = MTD_CAP_NANDFlash,
  },
  {
   .name      = "kernel",
   .offset     = MTDPART_OFS_APPEND,
   .size      = (5 * SZ_1M),
  },
  {
   .name      = "system",
   .offset     = MTDPART_OFS_APPEND,
   .size      = MTDPART_SIZ_FULL,
  },
};
```

这样 BootLoader 占用 1MB 空间,内核占用 5MB 空间,剩下空间留给文件系统。
由于这款 Flash 是 SLC Nand Flash,其 oob 区的 ECC 校验部分配置需要更改如下：

```
static struct nand_ecclayout s3c_nand_oob_64 = {
 .eccbytes = 16,
 .eccpos = {40, 41, 42, 43, 44, 45, 46, 47,
    48, 49, 50, 51, 52, 53, 54, 55},
 .oobfree = {
   {.offset = 2,
    .length = 38}}
};
```

2）添加对 JFFS2 文件系统的支持

JFFS2 是专门针对嵌入式设备,特别是使用 Nand Flash 作为存储器的嵌入式设备而创建的一种文件系统。如果默认 Linux 内核没有对 JFFS2 文件类型的支持,则需要通过打补丁的方式实现内核支持。

首先到 JFFS2 官方网站下载源代码包,并解压到＄{PROJECT}目录下。

```
# cd $ {PROJECT}
# tar zxvf /tmp/soft/jffs2 - 20100316.tar.gz
```

然后进入 JFFS2 源代码目录,运行命令给内核打上 JFFS2 补丁。

```
# cd $ {PROJECT}/jffs2
# ./patch- ker.sh c $ {LINUX_SRC}
```

打上补丁之后就可以进入内核配置界面进行 JFFS2 的配置了。在内核配置界面选择 File systems→Miscellaneous filesystems→JFFS2 file system support 选项,就可在内核中添加对 JFFS2 的支持。

经过前面的几个步骤,基本的内核已经移植完成,下面运行命令编译内核。

```
# make uImage
```

经过编译、链接之后,会在 arch/arm/boot/目录下生成 uImage 文件。uImage 是 U-Boot 格式的内核二进制映像,是专用于 U-Boot 引导程序的,如果是其他引导程序(如 Vivi、Red Boot 等),则一般编译成 zImage。制作 uImage 映像需要用到 U-Boot 工具 mkimage 程序,将 ${U-BOOT_SRC}/tools 目录下的 mkimage 程序复制到/bin 或/usr/bin 或/usr/local/bin 等目录下即可。

将 uImage 文件复制到 TFTP 服务器目录下以供下载到开发板。一般在调试阶段时先不把内核烧写到开发板的 Nand Flash,而是下载到开发板内存运行,根文件系统也是使用 NFS 方式挂载,等调试好之后,再烧写到 Nand Flash。

将内核下载到开发板内存并运行,命令如下:

```
@ # tftp 0x30100000 uImage      // 加载内核时,不要使用默认的 0x30008000
@ # bootm 0x30100000            // 否则会启动失败
```

当然,还需要根文件系统的支持,Linux 才能最终成功启动进入命令行操作界面。U-Boot 的环境变量 bootargs 中的命令行参数指定以何种方式挂载根文件系统。文件系统的移植见第 6 章,此处不再赘述。

7.6 GDB 调试器

无论是多么优秀的程序员,都难以保证自己在编写代码时不出现任何错误,因此调试是软件开发过程中一个必不可少的组成部分。当程序完成编译之后,它很可能无法正常运行,或者会彻底崩溃,或者不能实现预期的功能。此时如何通过调试找到问题的症结所在,就变成了摆在开发人员面前最严峻的问题。通常来说,软件项目的规模越大,调试就会越困难,越需要一个强大而高效的调试器作为后盾。对 Linux 程序员来说,目前可供使用的调试器非常多,GDB(GNU DeBugger)就是其中较为优秀的调试器。需要说明的是,GDB、Gdb、gdb 均表示同一个调试器,本书不做区分。

GDB 是自由软件基金会(Free Software Foundation,FSF)的软件工具之一。它的作用是协助程序员找到代码中的错误。如果没有 GDB 的帮助,程序员要想跟踪代码的执行流程,唯一的办法就是添加大量的语句来产生特定的输出。但这一手段本身就可能会引入新的错误,从而无法对那些导致程序崩溃的错误代码进行分析。GDB 的出现减轻了开发人员的负担,他们可以在程序运行的时候单步跟踪代码,或者通过断点暂时中止程序的执行。此外,GDB 还提供随时查看变量和内存的当前状态等功能,并可以监视关键的数据结构如何影响代码的运行。

GDB 是一个在 UNIX 环境下的命令行调试工具。如果需要使用 GDB 调试程序,则在

视频讲解

使用 GCC 时加上-g 选项。GDB 的命令很多,GDB 将之分成许多个种类。help 命令只是列出 GDB 的命令种类,如果要某一类命令,可以使用 help < class > 命令,如"help breakpoints"可查看设置断点的所有命令。也可以直接用"help < command >"来查看命令的帮助。下面的命令部分是简化版本,比如使用 l 代替 list 等。

下面首先介绍基本命令。

（1）进入 GDB。

```
Gdb test
```

test 是要调试的程序,由"gcc test. c -g -o test"生成。进入后提示符变为"(Gdb)"。

（2）查看源代码。

```
(Gdb) l
```

源代码会进行行号提示。

如果需要查看在其他文件中定义的函数,那么在 l 后加上函数名即可定位到这个函数的定义及查看附近的其他源代码,或者使用断点或单步运行,到某个函数处使用 s 进入这个函数。

（3）设置断点。

```
(Gdb) b 6
```

这样会在运行到源代码第 6 行时停止,从而查看此时的变量值、堆栈情况等,这个行号是 GDB 的行号。

（4）查看断点处的情况。

```
(Gdb) info b
```

可以键入"info b"来查看断点处的情况,还可以设置多个断点。

（5）运行代码。

```
(Gdb) r
```

（6）显示变量值。

```
(Gdb) p n
```

在程序暂停时,键入"p 变量名"(print)即可。

GDB 在显示变量值时都会在对应值之前加上"＄N"标记,它是当前变量值的引用标记,以后若想再次引用此变量,则可以直接写作"＄N",而无须写出冗长的变量名。

（7）观察变量。

```
(Gdb) watch n
```

在某一循环处,往往希望能够观察一个变量的变化情况,这时就可以键入命令 watch 来观察变量的变化情况,GDB 在 n 行处设置了观察点。

（8）单步运行。

```
(Gdb) n
```

（9）程序继续运行。

```
(Gdb) c
```

使程序继续往下运行，直到再次遇到断点或程序结束。

（10）退出 GDB。

```
(Gdb) q
```

表 7-10 列出了常用的断点调试命令。

表 7-10　常用的断点调试命令

命 令 格 式	例　子	作　用
break＋设置断点的行号	break n	在第 n 行处设置断点
tbreak＋行号或函数名	tbreak n/func	设置临时断点，到达后被自动删除
break＋filename＋行号	break main. c：10	用于在指定文件对应行设置断点
break＋＜0x...＞	break 0x3400a	用于在内存某一位置处暂停
break＋行号＋if＋条件	break 10 if i＝＝3	用于设置条件断点，循环中使用非常方便
clear＋要清除的断点行号	clear 10	用于清除对应行的断点，要给出断点的行号，清除时 GDB 会给出提示
delete＋要清除的断点编号	delete 3	用于清除断点和自动显示的表达式的命令，要给出断点的编号，清除时 GDB 不会给出任何提示
disable/enable＋断点编号	disable 3	让所设断点暂时失效/使能，如果要让多个编号处的断点失效/使能，可将编号用空格隔开
awatch/watch＋变量	awatch/watch i	设置一个观察点，当变量被读出或写入时程序被暂停
catch		设置捕捉点来捕捉程序运行时的一些事件。如：载入共享库（动态链接库）或是 C++的异常

表 7-11 列出了常用调试运行环境相关命令。

表 7-11　常用调试运行环境相关命令

命　　令	例　子	作　用
set args	set args arg1 arg2	设置运行参数
show args	show args	参看运行参数
cd＋工作目录	cd../	切换工作目录
run	r/run	程序开始执行
step(s)	s	进入时（会进入到所调用的子函数中）单步执行，进入函数的前提是，此函数被编译时有 debug 信息提示
next(n)	n	非进入时（不会进入到所调用的子函数中）单步执行
until＋行数	u 3	执行到函数某一行
continue(c)	c	执行到下一个断点或程序结束
return <返回值>	return 5	改变程序流程，直接结束当前函数，并将指定值返回
call＋函数	call func	在当前位置执行所要运行的函数

在 GDB 中，输入命令时，可以不用输入完整的命令，只用输入命令的前几个字符就可以了。当然，命令的前几个字符应该能够标志一个唯一的命令。在 Linux 下，可以按两次 Tab键来补齐命令的全称，如果有重复的，那么 GDB 会将其列出来。下面给出几个示例。

（1）在进入函数 func 时，设置一个断点。可以输入"break func"，或者"b func"。

```
(Gdb) b func
Breakpoint 1 at 0x8048458: file hello.c, line 10.
```

（2）输入字母，并 b 按两次 Tab 键，会看到所有以 b 开头的命令。

```
(Gdb) b
backtrace   break    bt
(Gdb)
```

（3）只记得函数的前缀，可以如下操作：

```
(Gdb) b make_ <按 Tab 键>
(再按下一次 Tab 键)
make_a_section_from_file          make_environ
make_abs_section                  make_function_type
make_blockvector                  make_pointer_type
make_cleanup                      make_reference_type
make_command                      make_symbol_completion_list
(Gdb) b make_
```

结果是 GDB 把所有以 make 开头的函数全部列出来供用户查看。

7.7 远程调试

在通用计算机系统中，调试器与被调试的程序在同一台机器（相同操作系统）之上作为两个进程运行，而在嵌入式系统开发中，调试器与被调试的程序通常运行在不同机器不同操作系统之上，因此通用计算机系统与嵌入式系统的调试方式和技术有很大的差别。在嵌入式软件调试过程中，调试器通常运行于主机环境中，被调试的软件则运行于基于特定硬件平台的目标机上。主机上的调试器通过串口、并口或网卡接口等通信方式与目标机进行通信，控制目标机上程序的运行，实现对目标程序的调试，这种调试方式称为远程调试。

常用的远程调试技术主要有插桩（stub）和片上调试（On Chip Debugging，OCD）两种。前者指在目标操作系统和调试器内分别加入某些软件模块实现调试。后者指在微处理器芯片内嵌入额外的控制电路以实现对目标程序的调试。片上调试方式不占用目标平台的通信端口，但它依赖于硬件。插桩方式仅需要一个用于通信的端口，其他全部由软件实现。本节主要针对插桩方式对远程调试工具进行了阐述。

7.7.1 远程调试工具的构成

在插桩方式下，调试用的符号表信息存放在主机端，它在调试器加载被调试程序时一起加载到内存中。目标机启动后，就等待主机发来的联络信号。当主机上的调试器向目标机发送联络信号后，目标机立即回应，主机上的调试器接到回应信号后就开始通过目标机上的插桩控制模块控制被调试程序的活动。主机上的调试器的使用和一般的调试器的使用方法完全一致,可以设置断点,查看和修改变量、寄存器、内存单元,查看栈和栈帧等信息。从使用体验上看,用户感觉不到嵌入式调试器与非嵌入式调试器有什么区别。从物理装置上看,调试工具由主机、目标机和用于主机与目标机通信的电缆构成。从逻辑上看,它采用三层结构:第一层是物理层,实现主机与目标机之间的数据交换;第二层是通信层,实现远程通信协议,传输调试命令或调试信息;第三层是调试层,实现对目标机进行跟踪调试。当用户通过调试器发布调试命令后,调试器将调试命令传送给远程通信模块,远程通信模块将用户的调试命令按照远程通信协议的格式封装数据包,并通过硬件接口将数据包送往目标机。目标机收到数据包后拆解数据包,将调试命令取出,由插桩控制模块分析调试命令并交给执行单元执行,执行的结果再按相反的顺序送回主机。图 7-10 给出了远程调试环境的构成情况。

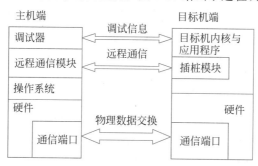

图 7-10　远程调试环境的构成

由上述分析可知,远程调试工具由 3 部分构成:主机端的调试器、远程通信模块和目标机端的插桩模块。前两部分可采用 GDB(GNU debugger)调试器来实现。GDB 在嵌入式系统开发中能够方便地以远程调试的方式单步执行目标平台上的程序代码、设置断点、查看内存,并同目标平台交换信息。GDB 同目标机交换信息的能力相当强,胜过绝大多数的商业调试工具,甚至可以与某些低端仿真器媲美。

使用 GDB 进行远程调试时,运行在宿主机上的 GDB 通过串口或 TCP 连接与运行在目标机上的调试插桩以 GDB 标准远程串行协议协同工作,从而实现对目标机上的系统内核和上层应用的监控和调试功能。调试插桩运行在目标系统中,作为宿主机 GDB 和目标机调试程序间的一个中间媒介存在。

为了监控和调试程序,主机 GDB 通过串行协议使用内存读/写命令,无损害地将目标程序原指令用一个 trap 指令代替,从而完成断点设置动作。当目标系统执行该 trap 指令时,stub 就可以顺利获得控制权。此时主机 GDB 可以通过 stub 来跟踪和调试目标机程序。调试 stub 会将当前现场传送给主机 GDB,然后接收其控制命令。stub 按照命令在目标系统上进行相应的动作,从而实现单步执行、读/写内存、查看寄存器内容和显示变量值等调试功能。从函数实现功能上来看,调试 stub 由 sets_debug_traps()、handle.exception()等一系列功能函数组合而成。

7.7.2　通信协议 RSP

在远程调试过程中,调试器要对目标机上的被调试程序进行有效控制,必须采用一定的通信协议才可实现双方的正常通信。在 GDB 调试器中采用了远程串口通信协议(Remote

Serial Protocol,RSP)。在该协议中,所有的调试命令和调试应答信息都被翻译成易于阅读的字符串。如果将每次通信的所有信息看作一个数据包,则该数据包分为4部分:第一部分是包头,由字符"＄"构成;第二部分是数据包内容,对应调试信息,它可以是调试器发布的命令串,也可以是目标机的应答信息,数据包中应该至少有1字节;第三部分是字符"＃",它是调试信息的结束标志;第四部分是由两位十六进制数的 ASCII 码字符构成的校验码,该值是将调试信息中所有字符的 ASCII 码值相加后取 256 的模,再转换成相应的十六进制 ASCII 码字符串。在接收到数据包后,对数据包进行校验,若正确则回应"＋";若错误则回应"－",发送方再次发送数据包。协议交换数据的格式如下所示。

```
$ <data> # [chksum]
```

目标机响应从 GDB 传来的消息有两种方式:一种是表示命令执行成功(或者消息发送正确)的符号 OK;另一种是目标机自己定义的错误代码。当 GDB 接收到错误代码时,可以通过 GDB 控制台向用户报告该错误代码。

7.7.3 远程调试的实现方法及设置

远程调试环境由宿主机 GDB 和目标机调试 stub 通过串口或 TCP 连接共同构成,使用 GDB 标准远程串行协议协同实现远程调试功能。若双方环境建立无误,则 stub 会首先中断程序的正常执行,等待宿主机 GDB 的连接。此时宿主机在 GDB 提示符下,运行 target remote 命令连接到目标机调试程序。若连接成功,则开发者可以在主机使用 GDB 调试命令对运行在目标系统中的程序进行远程调试了。

宿主机的设置只需要有一个可以运行 GDB 的系统环境即可,大多数情况下选择一个较好的 Linux 发行版就可以达到要求。但值得注意的是,开发者不能直接使用该发行版中的 GDB 来做远程调试,而是要首先获取 GDB 的源文件包,然后针对特定目标平台进行相应配置后,重新编译链接得到相应的 GDB。

相对于宿主机远程调试环境的建立过程,目标机调试 stub 的实现更复杂,它要提供一系列实现与主机 GDB 的通信和对被调试程序的控制功能的函数。这些功能函数 GDB 有的已经提供,如 GDB 文件包中的 m68k-stub.c、i386-stub.c 等文件提供了一些相应目标平台的 stub 子函数,有的函数需要开发者根据特定目标平台自行设计实现。下面介绍关于 stub 的主要子函数。

- sets_debug_traps():函数指针初始化,捕捉调试中断进入 handle.exception()函数。
- handle_exception():该函数是 stub 的核心部分。程序运行被中断时,首先发送一些主机的状态信息,如寄存器的值,然后在主机 GDB 的控制下执行程序,并检索和发送 GDB 需要的数据信息,直到主机 GDB 要求程序继续运行,handle_exception()将控制权交还给程序。handle_exception()函数具体执行流程图如图 7-11 所示。
- breakpoint():该功能函数可用于在调试程序中设置断点。

除以上函数外,开发人员需要针对特定目标平台,为 stub 实现以下底层功能函数,才能使调试 stub 正常与主机 GDB 协同工作。

- getDebugChar()、putDebugChar():读/写通过 GDB 远程串行协议与主机交互的数据。

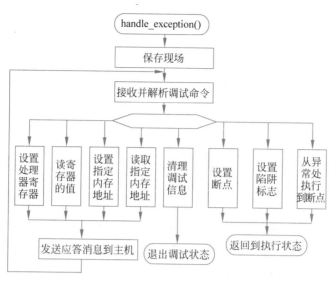

图 7-11　handle_exception（）函数执行流程

- exceptionHandler（）：各目标平台对系统中断向量的组织安排是不同的，该函数要能够使得系统中断发生时，程序可以正常获得中断服务程序的入口地址。
- memset（）：标准库函数，保证对特定目标平台的内存操作。

实现了上述关键功能函数，开发者就可以按以下步骤使用 stub 对目标程序进行远程调试了。

（1）在被调试程序开始处，插入两个函数调用：sets_debug_traps（）和 handle.exception（）。

（2）被调试程序、GDB 提供的 stub 功能函数和上述目标系统中实现的 stub 底层子函数一起编译链接生成一个包含调试 stub 的目标程序。

（3）建立主机与目标机的串口或以太口连接，保证通信物理链路的顺畅。

（4）将被调试目标代码下载到目标系统并运行该程序，它会被内部 stub 函数中断在开始处，等待宿主机 GDB 的连接请求。

（5）在宿主机运行针对目标平台编译链接 GDB。用 target remote 命令连接目标机 stub，然后使用相应 GDB 命令就可以对目标程序进行跟踪和调试了。

上述是设计和实现联调 stub 的一般方法，不同调试场合的 stub 的实现形式会有所不同，但是调试的过程和原则大致是相同的。

7.7.4　远程调试应用实例方法

在目前的嵌入式 Linux 系统中，主要有 3 种远程调试方法，分别适合不同场合的调试工作：用 ROM Monitor 调试内核装载程序、用 KGDB 调试系统内核和用 GDBserver 调试用户空间程序。这 3 种调试方法的区别主要在于目标机远程调试 stub 的存在形式不同，而设计思路和实现方法则大致相同，并且配合它们工作的主机 GDB 是同一个程序。

1. 用 ROM Monitor 调试目标机程序

在嵌入式 Linux 内核运行前的状态中，程序的装载、运行和调试一般都由 ROM Monitor 实现。系统一旦加电后，包含了远程调试 stub 的 ROM Monitor 即可首先获得系统控制权，对 CPU、内存、中断、串口、网络等重要硬件资源进行初始化并下载、运行和监控目标代码,内核的装载和引导也由 ROM Monitor 完成。

开发人员可以像调试桌面系统程序一样使用 GDB 对目标程序进行跟踪调试,比如用 list 查看代码,用 break 设置断点,用 continue 恢复程序的运行直至断点处。完成上述操作后开发人员就可以清晰地查看程序所使用的目标机资源的状态,如变量值、内存值、CPU 寄存器等重要参数。

2. 用 KGDB 调试系统内核

系统内核与硬件体系关系密切,因而其调试 stub 的实现也会因具体目标平台的差异而存在一些不同。嵌入式 Linux 开发团队针对大多数流行的目标平台采用源代码补丁形式对 Linux 内核远程调试 stub 给予了实现及发布。用户只需正确编译链接打好补丁的内核,就可对内核代码进行灵活的调试。

Linux 内核开发人员所熟知的基于 PC 平台的 KGDB 采用的就是这种实现形式,该方法也同样用于嵌入式 Linux 系统中。

3. 用 GDBserver 调试用户空间程序

在 Linux 内核已经正常运行的基础上,用户可以使用 GDBserver 作为远程调试 stub 的实现工具。GDBserver 是 GDB 自带的、针对用户程序的远程调试 stub,它具有良好的可移植性,可交叉编译到多种目标平台上运行。开发者可以在宿主机上用 GDBserver 方便地监控目标机用户空间程序的运行过程。由于有操作系统的支持,所以它的实现要比一般的调试 stub 简单很多。

7.8 内核调试

调试是软件开发过程中一个必不可少的环节,在 Linux 内核开发的过程中也不可避免地会面对如何调试内核的问题。但是,Linux 系统的开发者出于保证内核代码正确性的考虑,不愿意在 Linux 内核源代码树中加入一个调试器。他们认为内核中的调试器会误导开发者,从而引起不良的修正。所以对 Linux 内核进行调试一直是令内核程序员感到棘手的问题,调试工作的艰苦性是内核级的开发区别于用户级开发的一个显著特点。

尽管缺乏一种内置的调试内核的有效方法,但是 Linux 系统在内核发展的过程中也逐渐形成了一些监视内核代码和错误跟踪的技术。同时许多的补丁程序也应运而生,它们为标准内核附加了内核调试的支持。尽管这些补丁有些并不被 Linux 官方组织认可,但它们确实功能完备和强大。调试内核问题时,利用这些工具与方法跟踪内核执行情况,并查看其内存和数据结构将是非常行之有效的。

7.8.1 printk()

printk()是调试内核代码时最常用的一种技术。在内核代码中的特定位置加入 printk(),可以直接把所关心的信息打印到屏幕上,从而可以观察程序的执行路径和所关心的变量、指针等信息。printk()是内核提供的格式化打印函数。健壮性是 printk()最容易被接受的一个特质,几乎在任何地方,任何时候内核都可以调用它(如中断上下文、进程上下文、持有锁时、多处理器处理时等)。表 7-12 给出了 printk()函数的语法要点。

表 7-12　printk( )函数的语法要点

所需头文件	♯ include＜Linux/kernel＞	
函数原型	int printk(const char ＊ fmt,…)	
函数传入值	fmt: 日志级别	KERN_EMERG:紧急时间消息
		KERN_ALERT:需要立即采取动作的情况
		KERN_CRIT:临界状态,通常涉及严重的硬件或软件操作失败
		KERN_ERR:错误报告
		KERN_WARNING:对可能出现的问题提出警告
		KERN_NOTICE:有必要进行提示的正常情况
		KERN_INFO:提示性信息
		KERN_DEBUG:调试信息
	…:与 printf( )相同	
函数返回值	成功:0 失败:-1	

这些不同优先级的信息输出到系统日志文件(例如:"/var/log/messages"),有时也可以输出到虚拟控制台上。其中,输出给控制台的信息有一个特定的优先级 console_loglevel。只有打印信息的优先级小于这个整数值,信息才能被输出到虚拟控制台上;否则,信息仅仅被写入到系统日志文件中。若不加任何优先级选项,则消息默认输出到系统日志文件中。

7.8.2　Kdb

Linux 内核调试器(Linux Kernel debugger,Kdb)是 Linux 内核的补丁,它提供了一种在系统运行时对内核内存和数据结构进行检查的办法。Kdb 是一个功能较强的工具,它允许进行多个重要操作,如内存和寄存器修改、应用断点和堆栈跟踪等。下面列举一些最常用的 Kdb 命令。

1. 内存显示和修改

这一类别中最常用的命令是 md、mdr、mm 和 mmW。

md 命令以一个地址/符号和行计数为参数,显示从该地址开始的 line-count 行的内存。如果没有指定 line-count,那么就使用环境变量所指定的默认值。如果没有指定地址,那么md 就从上一次打印的地址继续。地址打印在开头,字符转换打印在结尾。

mdr 命令带有地址/符号以及字节计数,显示从指定的地址开始的 byte-count 字节数的初始内存内容。它本质上和 md 一样,但是它不显示起始地址并且不在结尾显示字符转换。mdr 命令较少使用。

mm 命令修改内存内容。它以地址/符号和新内容作为参数,用 new-contents 替换地址处的内容。

mmW 命令更改从地址开始的 W 字节。与 mm 的差别在于 mm 更改一个机器字。

这里给出几个示例。

显示从 0xc000000 开始的 15 行内存:

```
[0]kdb＞md 0xc000000 15
```

将内存位置为 $0xc000000$ 上的内容更改为 $0x10$：

```
[0]kdb > mm 0xc000000 0x10
```

2. 寄存器显示和修改

这一类别中的命令有 rd、rm 和 ef。

不带任何参数的 rd 命令显示处理器寄存器的内容。它也可以选择性地带有 3 个参数。如果传递了 c 参数，则 rd 显示处理器的控制寄存器；如果带有 d 参数，那么它就显示调试寄存器；如果带有 u 参数，则显示上一次进入内核的当前任务的寄存器组。

rm 命令修改寄存器的内容。它以寄存器名称和 new-contents 作为参数，用 new-contents 修改寄存器。寄存器名称与特定的体系结构有关。需要注意的是，目前尚不能修改控制寄存器。

ef 命令以一个地址作为参数，它显示指定地址处的异常帧。

这里给出一个示例：

```
[0]kdb > rd
[0]kdb > rm % ebx 0x25
```

其作用是显示通用寄存器组。

3. 断点

常用的断点命令有 bp、be、bl 和 bc。

bp 命令以一个地址/符号作为参数，它在相应地址处应用断点。当遇到该断点时停止执行程序并将控制权交予 KDB。该命令有几个有用的变体，如 bpa 命令对 SMP 系统中的所有处理器应用断点，bph 命令强制支持硬件寄存器的系统上必须使用，bpha 命令类似于 bpa 命令，差别在于它强制使用硬件寄存器。

be 命令的作用是启用断点。断点号是该命令的参数。

bl 命令列出当前启用的和禁用的断点集。

bc 命令从断点表中除去断点。它以具体的断点号或 * 作为参数，在后一种情况下它将除去所有断点。

这里给出几个示例。

对函数 sys_write()设置断点：

```
[0]kdb > bp sys_write
```

列出断点表中的所有断点：

```
[0]kdb > bl
```

4. 堆栈跟踪

主要的堆栈跟踪命令有 bt、btp 和 btc。

bt 命令的功能是提供有关当前线程的堆栈信息。它可以选择性地将堆栈帧地址作为参数。如果内核编译期间设置了 CONFIG_FRAME_POINTER 选项，那么就用帧指针寄存器来维护堆栈，从而可以正确地执行堆栈回溯。如果没有设置 CONFIG_FRAME_

POINTER,那么 bt 命令可能会产生错误的结果。

btp 命令将进程标志作为参数,并对这个特定进程进行堆栈回溯。

btc 命令对每个活动 CPU 上正在运行的进程执行堆栈回溯。它从第一个活动 CPU 开始执行 bt,然后切换到下一个活动 CPU,以此类推。

7.8.3 Kprobes

Kprobes 是一款功能强大的内核调试工具。它提供了一个可以强行进入任何内核的例程及从中断处理器无干扰地收集信息的接口。使用 Kprobes 可以轻松地收集处理器寄存器和全局数据结构等调试信息,而无须频繁编译和启动 Linux 内核。从实现方法上来看,Kprobes 向运行的内核中的给定地址写入断点指令并插入一个探测器,执行被探测的指令会产生断点错误,从而钩住(hook in)断点处理器并收集调试信息。Kprobes 吸引人的另一个重要之处在于它甚至可以单步执行被探测的指令。

以上介绍了进行 Linux 内核调试和跟踪时的常用技术和方法。当然,内核调试与跟踪的方法不止以上提到的这些。这些调试技术的一个共同的特点在于:它们都不能提供源代码级的有效的内核调试手段,有些只能称之为错误跟踪技术,因此这些方法都只能提供有限的调试能力。下面介绍的 KGDB 是一种实用的源代码级的内核调试方法。

7.8.4 KGDB

KGDB 提供了一种使用 GDB 调试 Linux 内核的机制。使用 KGDB 可以像调试普通的应用程序那样,在内核中进行设置断点、检查变量值、单步跟踪程序运行等操作。KGDB 调试时需要两台机器:一台作为主机(或开发机),另一台作为目标机。两台机器之间通过串口或者以太网口相连。在调试过程中,被调试的内核运行在目标机上,GDB 调试器运行在主机上。KGDB 已经发布了支持 i386、x86_64、32-bit PPC、SPARC 等几种体系结构的调试器,从 Linux 2.6 版本后也开始支持 ARM。Linux 从 2.6.26 开始已经集成了 KGDB,只需要重新编译 Linux 2.6.26(或更高)内核即可。

KGDB 补丁的主要作用是在 Linux 内核中添加了一个调试 stub。调试 stub 是 Linux 内核中的一小段代码,提供了运行 GDB 的开发机和所调试内核之间的一个媒介。GDB 和调试 stub 之间通过 GDB 串行协议进行通信。当设置断点时,KGDB 负责在设置断点的指令前增加一条 trap 指令,当执行到断点时控制权就转移到调试 stub 中去。此时,调试 stub 的任务就是使用远程串行通信协议将当前环境参数传送给 GDB,然后从 GDB 处接收命令。GDB 命令告诉 stub 下一步该做什么,当 stub 收到继续执行的命令时,将恢复程序的运行环境,把对 CPU 的控制权重新交还给内核。图 7-12 显示了 KGDB 的构成环境。

使用 KGDB 作为内核调试环境最大的不足在于对 KGDB 硬件环境的要求较高,必须使用两台计算机分别作为目标机和主机。尽管使用虚拟机的方法可以只用一台 PC 即能搭建调试环境,但是对系统其他方面的性能也提出了一定的要求,同时增加了搭建调试环境时复杂程度。KGDB 内核的编译、配置也比较复杂,对调试人员的技术功底有较高的要求。另外,当调试过程结

图 7-12　KGDB 的构成环境

束后时,还需要重新制作所要发布的内核,这也给开发工作增加了一定的负担。最后,使用 KGDB 并不能进行全程调试,也就是说,KGDB 并不能用于调试系统一开始的初始化引导过程。不过,KGDB 仍是一个不错的内核调试工具,使用它可以进行对内核的全面调试,甚至可以调试内核的中断处理程序。如果在一些图形化的开发工具的帮助下,对内核的调试将更方便。

7.9 本章小结

本章知识点众多,涉及面很广,需要读者结合教材、文档和相关工具多阅读、多实践。图 7-13 概括了本章对于嵌入式系统的基本组成和开发流程。需要说明的是,本章并没有列出应用程序的设计阶段和调试部分,只是给出一种经典的设计流程,其他的设计方法与本流程有众多相似之处。

在嵌入式操作系统中,BootLoader 是在操作系统内核运行之前运行的一小段程序,可以初始化硬件设备、建立内存空间映射图。U-Boot 是嵌入式系统中最常用的一种 BootLoader,目前针对 Cortex-A8 处理器尚未完全开源。在结合具体目标开发板的基础上,建立交叉编译模式,修改目标板与参考板的不同之处,形成特定目标的引导程序。内核是操作系统的灵魂,这里以目前常见的嵌入式 Linux 2.6 操作系统为例进行说明。与以往的版本相比,2.6 版本在很多方面做了改进和变化。2.6 版本以后的高阶版本亦适用于图 7-13。由于主机和目标机运行环境不一样,需要建立交叉开发环境,在此基础上,对内核进行修改、编译和下载。文件系统是 Linux 的重要组成部分,在嵌入式系统中通过制作根文件系统实现目标机的文件管理功能。在系统完备的基础上进行用户界面程序等其他应用程序的开发以及对系统的调试。

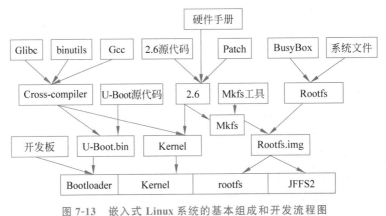

图 7-13 嵌入式 Linux 系统的基本组成和开发流程图

习题

1. BootLoader 的功能是什么？它的主要组成部分有哪些？
2. 简要说明 BootLoader 的普遍工作流程,并列举常用的 BootLoader。
3. 尝试阅读 U-Boot 源代码,找出与目标板相对应的文件及内容。

4. 简要说明 S5PV210 的启动过程。

5. 什么叫远程调试？远程调试工具是如何构成的？

6. 简要说明远程调试的实现方法。

7. 什么是内核调试？内核调试的主要方法有哪些？

8. 查找关于 ARM 公司的 RDI 协议资料，与 GDB 的 RSP 进行对比。分析这两种协议的异同。

9. 假设目标机 ARM 开发板的 IP 地址为 192.168.1.165，主机 IP 地址为 192.168.1.10，请首先在主机上编写程序实现对 10 个整数由大到小的排序(请写出完整源代码)，然后简述将该程序编译、下载至目标机、修改文件权限以及执行该程序的过程。

## 第 8 章

设备驱动程序设计

管理外部设备是操作系统的重要功能之一。Linux 管理设备的目标是为设备的使用提供简单、方便的统一接口,支持连接的扩充及优化 I/O 操作,并实现最优化并发控制。Linux 的一个重要特性就是将所有的设备都视为文件进行处理,这类文件被定义为设备文件。自从 Linux 2.4 版本在内核中加入了设备文件系统以后,所有设备文件均可作为一个能挂接的文件而存在。设备文件可以挂接到任何需要的地方,用户可以像操作普通文件一样操作设备文件。为了方便 Linux 内核对设备的管理,一般根据设备控制的复杂性和数据传输大小等特性将 Linux 系统设备分为 3 种类型:字符设备(char device)、块设备(block device)和网络设备(network device)。

设备驱动程序是应用程序和硬件设备之间的一个软件层,它向下负责和硬件设备的交互,向上通过一个通用的接口挂接到文件系统上,从而使用户或应用程序访问硬件时可以无须考虑具体的硬件实现环节。由于设备驱动程序对应用程序屏蔽了硬件细节,所以在用户或者应用程序看来,硬件设备只是一个透明的设备文件,应用程序对该硬件进行操作就像是对普通的文件进行访问(如打开、关闭、读和写等)。作为 Linux 内核的重要组成部分,设备驱动程序主要完成以下的功能。

(1) 对设备进行初始化和释放。

(2) 把数据从内核传送到硬件和从硬件读取数据。

(3) 读取应用程序传送给设备文件的数据和回送应用程序请求的数据。

(4) 检测错误和处理中断。

8.1 设备驱动程序开发概述

设备驱动程序是内核的一部分,在软件上的层次结构如图 8-1 所示。除了用户空间的用户进程在运行时处于进程的用户空间,其他层次均位于内核空间。用户空间的用户进程可以实现 I/O 调用及 I/O 格式化,它以系统调用的方式使用下层相关功能,并实现对于硬件设备的访问控制。设备无关软件是指与设备硬件操作无关的 I/O 管理软件,也叫逻辑 I/O 层,其功能大部分由文件系统去完成。其基本功能就是执行适用于所有设备的常用的输入/输出功能:向用户软件提供一个一致的接口。设备驱动程序也叫设备 I/O 层,通常包括设备服务子程序和中断处理程序两部分:设备服务子程序包含设备操作相关代码;中断处理程序负责处理设备通过中断方式向设备驱动程序发出的 I/O 请求,实现了硬件与软件的接口的功能。这种层次结构很好地体现了设计的一个关键的概念——设备无关性,也就是说,使程序员编写的软件无须修改就能对不同外设上的文件进行读操作。

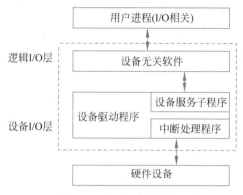

图 8-1 驱动层次结构图

Linux 设备驱动程序可以分为两个主要组成部分。

(1) 对子程序进行自动配置和初始化,检测驱动的硬件设备是否正常及能否正常工作。如果该设备正常,则进一步初始化该设备及相关设备驱动程序需要的软件状态。这部分驱动程序仅在初始化的时候被调用一次。

(2) 设备服务子程序和中断服务子程序,这两者分别是驱动程序的上下两部分。驱动程序的上半部分即设备服务子程序的执行是系统调用的结果,并且伴随着用户态向核心态的演变,在此过程中还可以调用与进程运行环境有关的函数,比如 sleep() 函数。驱动程序的下半部分即中断服务子程序。在 Linux 环境下,系统并不是直接从中断向量表中调用设备驱动程序的中断服务子程序,而是接收硬件中断,然后再调用中断服务子程序。中断可以产生于任何一个进程运行的过程中。

设备驱动程序和设备间不是一对一的关系,一个设备驱动程序一般支持属于同一类型的若干设备,为了能在系统调用中断服务子程序时,正确地区分属于同一类型的若干不同设备,需要由多个参数标识服务的设备。

Linux 设备驱动程序可以静态加载内核二进制代码,统一编译后执行。但是为了节省内存空间,一般会根据设备的具体要求通过动态加载模块(LKM)的方式动态加载设备驱动程序。

8.1.1 Linux 设备驱动程序分类

视频讲解

1. 字符设备

字符设备是数据以字符为单位进行传输的设备,字符设备驱动程序通常实现 open()、close()、read() 和 write() 等系统调用函数,常见的字符设备有键盘、串口、控制台等。通过文件系统节点可以访问字符设备,例如/dev/tty1 和/dev/lp1。字符设备和普通文件系统之间唯一的区别是普通文件允许往复读/写,而大多数字符设备驱动仅是数据通道,只能顺序读/写。此外,字符设备驱动程序不需要缓冲且不以固定大小进行操作,它与用户进程之间直接相互传输数据。

2. 块设备

所谓块设备，是指对其信息的存取以"块"为单位。如常见的光盘、硬磁盘、软磁盘、磁带等，块长大小通常取 512B、1024B 或 4096B 等。块设备和字符设备一样可以通过文件系统节点来访问。在大多数 Linux 系统中，只能将块设备看作多个块进行访问，一个块设备通常是 1024B 数据。块设备的特点是对设备的读/写是以块为单位的，并且对设备的访问是随机的。为了使高速的 CPU 同低速块设备能够匹配速度工作，提高读/写效率，操作系统设计了缓冲机制。当进行读/写时，首先对缓冲区读/写，只有当缓冲区中没有需要读数据或数据没有空间写时，才真正启动设备控制器去控制设备本身进行数据交换，而对于设备本身的数据交换同样运用缓冲区机制。

Linux 允许像字符设备那样读取块设备，即允许一次传输任意数目的字节。块设备和字符设备的区别主要在于内核内部的管理上，其中应用程序对于字符设备的每个 I/O 操作都会直接传递给系统内核对应的驱动程序。而应用程序对于块设备的操作要经过系统的缓冲区管理间接地传递给驱动程序处理。

3. 网络设备

网络设备驱动在 Linux 系统中是比较特殊的一类设备，它不像字符设备和块设备那样实现读/写等操作，通常是通过套接字（socket）等接口来实现操作。任何网络事务处理都可以通过接口来完成和其他宿主机数据的交换。接口通常是一个硬件设备，也可以是像回路（loopback）接口那样的软件工具。网络接口是由内核网络子系统驱动的，它负责发送和接收数据包，而且无须了解每次事务是如何映射到实际被发送的数据包的。尽管 telnet 和 ftp 连接都是面向流的，它们使用同样的设备进行传输，但设备无视任何流，仅发现数据包。由于不是面向流的设备，所以网络接口不能像/dev/tty1 那样简单地映射到文件系统的节点上。Linux 调用这些接口的方式是给它们分配一个独立的名字（如 eth0），这样的名字在文件系统中并没有对应项。内核和网络设备驱动程序之间的通信与字符设备驱动程序和块设备驱动程序与内核的通信是完全不同的。

8.1.2 驱动程序的处理过程

这里以块设备为例说明驱动程序的处理过程。

如果逻辑 I/O 层请求读取块设备的第 j 块，假设请求到来时驱动程序处于空闲状态，那么驱动程序立刻执行该请求，由于外设速度相比 CPU 要慢很多，因此进程会在该数据块缓存上阻塞，并调度新的进程运行。但是如果驱动程序同时正在处理另一个请求，那么就将请求挂在一个请求队列中，对应的请求进程也在所请求的数据块上发生阻塞。

当完成一个请求的处理时，设备控制器向系统发出一个中断信号。结束中断的处理方法是将设备控制器和通道的控制块均置为空闲状态，然后查看请求队列是否为空。如果为空则驱动程序返回；反之则继续处理下一个请求。如果传输错误，则向系统报告错误或者对相应进程重复执行处理。对于故障中断，则向系统报告故障，由系统进一步处理。

该工作过程涉及驱动程序工作中的几个重要的概念，下面分别介绍。

1. 内存与 I/O 端口

内存与 I/O 端口是 Linux 设备驱动开发经常用到的两个概念。大多数情况下，编写驱动程序的本质都是对内存和 I/O 端口的操作。

1) 内存

在第 5 章中已经介绍过,运行标准的 Linux 内核平台需要提供对 MMU(内存管理单元)的支持,并且 Linux 内核提供了复杂的存储管理系统,使得进程能够访问的内存达到 4GB。这 4GB 空间分为两个部分:一是用户空间,二是内核空间。用户空间的地址分布从 0~3GB。3~4GB 空间定义为内核空间。编写 Linux 驱动程序必须知道如何在内核中申请内存,内核中常用的内存分配和释放函数是 kmalloc() 和 kfree(),这两个函数与标准 C 库中的 malloc() 和 free() 非常像。这两个函数的原型如下:

```
void    * kmalloc(size_t size, int flags)。
void    kfree(void * obj)。
```

这两个函数被声明在内核源代码 include/linux/slab.h 文件中。设备驱动程序作为内核的一部分,不能使用虚拟内存,必须利用内核提供的 kmalloc() 与 kfree() 来申请和释放内核存储空间。kmalloc() 带两个参数:第一个参数 size 是要申请的内存数量;第二个参数 flags 用来控制 kmalloc() 的优先权。

以上的内存分配函数都是针对实际的物理内存而言的,但在 Linux 系统中经常会使用虚拟内存的技术,虚拟内存可被视为系统在硬盘上建立的缓冲区,它并不是真正的实际内存,是计算机使用的临时存储器,用来运行所需内存大于计算机所具有的内存的程序。虚拟内存必然涉及 Linux 的各种类型的地址。Linux 通常有以下几种地址类型。

(1) 用户虚拟地址。

这类地址是用户空间编程的常规地址,该地址通常是 32 位或 64 位的,它依赖于使用的硬件体系结构,并且每个进程有其自己的用户空间。

(2) 物理地址。

这类地址是用在处理器和系统内存之间的地址,该地址通常是 32 位或 64 位的。在有些情况下,32 位系统可以使用更大的物理地址。

(3) 总线地址。

这类地址用在外围总线和内存之间,通常它们和被 CPU 使用的物理地址一样。一些系统结构可以提供一个 I/O 内存管理单元,它可以在总线和主存之间重新映射地址。总线地址与体系结构是密不可分的。

(4) 内核逻辑地址。

该类地址是由普通的内核地址空间组成的。这些地址映射一部分或全部主存,并且经常被像物理地址一样对待。在许多体系结构下,逻辑地址和物理地址之间只差一个恒定的偏移量。逻辑地址通常存储一些变量类型,如 long、int、void 等。利用 kmalloc() 可以申请返回一个内核逻辑地址。

(5) 内核虚拟地址。

从内核空间地址映射到物理地址时,内核虚拟地址与内核逻辑地址类似。内核虚拟地址并不一定是线性地、一对一地映射到物理地址。所有的逻辑地址都是内核虚拟地址,但是许多内核虚拟地址不是逻辑地址。内核虚拟地址通常存储在指针变量中。

虚拟内存分配函数通常是 vmalloc()(也有 vmalloc_32 和 __vmalloc),它分配虚拟地址空间的连续区域。尽管这段区域在物理上可能是不连续的,内核却认为它们在地址上是连续的。分配的内存空间被映射进入内核数据段中,对用户空间是不可见的,这一点与其他分配技术不同。

2) I/O 端口

在 Linux 下,操作系统没有屏蔽 I/O 端口,任何驱动程序都可以对任意的 I/O 端口操作,这样很容易引起混乱。每个驱动程序都应该避免误用端口。I/O 端口有点类似于内存位置,可以用与访问内存芯片相同的电信号对它进行读/写,但这两者实际上并不一样。端口操作是直接对外设进行的,和内存相比更不灵活,而且有不同的端口存在(如 8 位、16 位、32 位端口),不能混淆使用。程序必须调用不同的函数来访问大小不同的端口。有两个重要的内核调用可以保证驱动程序使用正确的端口,它们定义在 include/linux/ioport.h 中。

```
int __check_region(struct resource *, resource_size_t, resource_size_t);
```

该函数的作用是查看系统 I/O 表,查看是否有其他驱动程序占用某一段 I/O 端口。

```
struct resource * __request_region(struct resource *,
                    resource_size_t start,
                    resource_size_t n,
                    const char * name, int flags).
```

该函数的作用是判断这段 I/O 端口如果没有被占用,那么在驱动程序中就可以使用它。在使用之前必须向系统注册,以防被其他程序占用。注册后,在/proc/ioports 文件中可以看到注册的 I/O 端口。

根据 CPU 系统结构的不同,CPU 对 I/O 端口的编址方式通常有两种:第一种是 I/O 映射方式,如 x86 处理器为外设专门实现了一个单独的地址空间,称为 I/O 地址空间,CPU 通过专门的 I/O 指令来访问这一空间的地址单元;第二种是内存映射方式,RISC 指令系统的 CPU(如 ARM、PowerPC 等)通常只实现一个物理地址空间,外设 I/O 端口和内存统一编址,此时 CPU 访问 I/O 端口就像访问一个内存单元,不需要单独的 I/O 指令。这两种方式在硬件实现上的差异对软件来说是完全可见的。

I/O 端口的主要作用是用来控制硬件,也就是对 I/O 端口进行具体操作。内核中对 I/O 端口进行操作的函数定义在与体系结构相关的 asm/io.h 文件中。Linux 将 I/O 映射方式和内存映射方式统称为"I/O 区域",当位于 I/O 空间时,一般被称为 I/O 端口(对应资源 IORESOURCE_IO);当位于内存空间时,被定义为 I/O 内存(对应于资源 IORESOURCE_MEM)。这里的资源在内核中是通过 resource 结构描述的,包含了资源的名称、起始和结束地址及资源类型描述。resource 结构体在 include/linux/ioport.h 中定义。

```
struct resource {
    resource_size_t start;
    resource_size_t end;
    const char * name;
    unsigned long flags;
    struct resource * parent, * sibling, * child;
};
```

上述结构体中的 flags 用来表明资源的类型。常见的资源类型同样在 include/linux/

ioport. h 中定义。

```
#define IORESOURCE_TYPE_BITS        0x00001f00/* Resource type */
#define IORESOURCE_IO               0x00000100/* I/O 资源 */
#define IORESOURCE_MEM              0x00000200/* 存储器资源 */
#define IORESOURCE_IRQ              0x00000400/* 中断资源 */
#define IORESOURCE_DMA              0x00000800/* DMA 资源 */
#define IORESOURCE_BUS              0x00001000
```

2. 并发控制

在驱动程序中经常会出现多个进程同时访问相同的资源时可能会出现竞态(race condition),即竞争资源状态,因此必须对共享资料进行并发控制。Linux 内核中解决并发控制最常用的方法是自旋锁(spinlock)和信号量(semaphore)。

1) 自旋锁

自旋锁是保护数据并发访问的一种重要方法,在 Linux 内核及驱动编写中经常被使用。自旋锁的名字来自它的特性,在试图加锁的时候,如果当前锁已经处于"锁定"状态,加锁进程就进行"旋转",用一个死循环测试锁的状态,直到成功地取得锁。自旋锁的这种特性避免了调用进程的挂起,用"旋转"来取代进程切换。而由于上下文切换需要一定时间,并且会使高速缓冲失效,对系统的性能影响很大,所以自旋锁在多处理器环境中非常方便。值得注意的是,自旋锁保护的"临界代码"一般都比较短,这是为了避免浪费过多的 CPU 资源。自旋锁是一种基于互斥现象的设备,它只能是两个值:locked(锁定)或 unlocked(解锁)。在任何时刻,自旋锁只能有一个保持者,也就是说,在同一时刻只能有一个进程获得锁。

自旋锁的实现函数主要有:

- spin_lock(spinlock_t * lock)函数用于获得自旋锁,如果能够立即获得锁就马上返回,否则将自旋直到该自旋锁的保持者释放,这时函数获得锁并返回。
- spin_lock_irqsave(spinlock_t * lock,unsigned long flags)函数获得自旋锁的同时,把标准寄存器的值保存到变量 flags 中并关中断。
- spin_lock_irq(spinlock_t * lock)函数类似于 spin_lock_irqsave()函数,差别是该函数不保存标准寄存器的值,并禁止本地中断并获取指定的锁。

自旋锁的释放函数主要有:

- spin_unlock(spinlock_t * lock)函数释放自旋锁,它与 spin_lock()配对使用。
- spin_unlock_irqrestore(spinlock_t * lock,unsigned long flags)函数释放自旋锁的同时也恢复标准寄存器的值为变量 flags 保存的值。它与 spin_lock_irqsave()配对使用。
- spin_unlock_irq(spinlock_t * lock)该函数释放自旋锁,同时激活本地中断。它与 spin_lock_irq()配对使用。

2) 信号量

信号量是一个结合一对函数的整型值,这对函数通常称为 P 操作和 V 操作。一个进程希望进入一个临界区域将调用 P 操作在相应的信号量上,如果这个信号量的值大于 0,那么这个值将被减 1 同时该进程继续进行;如果这个信号量的值小于或等于 0,则该进程将等待其他进程释放该信号量,然后才能执行。解锁一个信号量通过调用 V 操作来完成,这个函数的作用正好与 P 操作相反,调用 V 操作时信号量的值将增加 1,如果需要,同时唤醒那些等待的进程。当信号量用于互斥现象(多个进程在同时运行一个相同的临界区域)时,此信号量的值被初始化为 1。信号量只能在同一个时刻被一个进程或线程拥有,信号量使用在这种模式下通常被称为互斥体(mutex)。几乎所有的信号量在 Linux 内核中都是用于互斥现象的。信号量和互斥体的实现相关函数主要有:

- sema_init(struct semaphore * sem,int val)函数用来初始化一个信号量。其中第一个参数 sem 为指向信号量的指针,val 为赋给该信号量的初始值。
- DECLARE_MUTEX(name)宏声明一个信号量 name 并初始化它的值为 1,即声明一个互斥锁。
- DECLARE_MUTEX_LOCKED(name)宏声明一个互斥锁 name,但把它的初始值设置为 0,即锁在创建时就处在已锁状态。因此对于这种锁,一般是先释放后获得。
- init_MUTEX(struct semaphore * sem)函数被用在运行时初始化(如在动态分配互斥体的情况下),其作用类似于 DECLARE_MUTEX。
- init_MUTEX_LOCKED(struct semaphore * sem)函数也用于初始化一个互斥锁,但它把信号量 sem 的值设置为 0,即一开始就处在已锁状态。
- down(struct semaphore * sem)函数用于获得信号量 sem,它会导致睡眠,因此不能在中断上下文(包括 IRQ 上下文和软中断上下文)中使用该函数。该函数将 sem 的值减 1。如果信号量非负,就直接返回,否则调用者将被挂起,直到其他任务释放该信号量才能继续运行。
- up(struct semaphore * sem)函数释放信号量 sem,也就是将 sem 的值加 1。如果 sem 的值为非正数,则表明有任务等待该信号量,因此唤醒这些等待者。

自旋锁和信号量有很多相似之处但又有本质的不同。其相同之处主要有:首先它们对互斥来说都是非常有用的工具;其次在任何时刻最多只能有一个线程获得自旋锁或信号量。不同之处主要有:首先自旋锁可在不能睡眠的代码中使用,如在中断服务程序(ISR)中使用,而信号量不可以;其次自旋锁和信号量的实现机制不一样;最后自旋锁通常被用在多处理器系统中。总体而言,自旋锁通常适合保持时间非常短的情况,它可以在任何上下文中使用,而信号量用于保持时间较长的情况,只能在进程上下文中使用。

3. 阻塞与非阻塞

在驱动程序的处理过程中我们提到了阻塞的概念,这里进行以下说明。阻塞(blocking)和非阻塞(nonblocking)是设备访问的两种不同模式,前者在 I/O 操作暂时不可进行时会让进程睡眠,而后者在 I/O 操作暂时不可进行时并不挂起进程,它或者放弃,或者不停地查询,处于忙等状态,直到可以进行操作为止。

1) 阻塞与非阻塞操作

阻塞操作是指在执行设备操作时,若不能获得资源则进程挂起,直到满足可操作的条件再进行操作。被挂起的进程进入睡眠状态,被从调度器的运行队列中移走,直到等待条件被满足。非阻塞操作在不能进行设备操作时并不挂起,它会立即返回,使得应用程序可以快速查询状态。在处理非阻塞型文件时,应用程序在调用 stdio()函数时必须小心,因为很容易把一个非阻塞操作返回值误认为是 EOF(文件结束符),所以必须始终检查 errno(错误类型)。在内核中定义了一个非阻塞标志的宏,即 O_NONBLOCK,通常只有读、写和打开文件操作受非阻塞标志影响。在 Linux 驱动程序中,可以使用等待队列来实现阻塞操作。等待队列以队列为基础数据结构,与进程调度机制紧密结合,能够实现重要的异步通知。

2) 异步通知

异步通知是指一旦设备准备就绪,则该设备会主动通知应用程序,这样应用程序就不需要不断地查询设备状态,通常把异步通知称为信号驱动的异步 I/O(SIGIO),这有点类似于硬件上的中断。

使用非阻塞 I/O 的应用程序经常也使用 poll()、select() 和 epoll() 系统调用,这 3 个函数的功能是一样的,即都允许进程决定是否可以对一个或多个打开的文件进行非阻塞的读取和写入。这些调用也会阻塞进程,直到给定的文件描述符集合中的任何一个可读取或写入。Poll()、select() 和 epoll() 用于查询设备的状态,以便用户程序能对设备进行非阻塞的访问,它们都需要设备驱动程序中的 poll() 函数支持。驱动程序中的 poll() 函数中最主要的一个 API 是 poll_wait(),其原型为

```
poll_wait(struct file * filp,wait_queue_head_t * wait_address,poll_table * p)
```

参数说明如下:flip 是文件指针,wait_address 是睡眠队列的头指针地址,p 是指定的等待队列。该函数并不阻塞,而是将当前任务添加到指定的一个等待列表中。真正的阻塞动作是在 select()/poll() 函数中完成的。该函数的作用是将当前进程添加到 p 参数指定的等待列表(poll_table)中。

4. 中断处理

在驱动程序设计中最重要的概念就是中断。I/O 设备是低速设备,处理器为高速设备,为了提高处理器的利用率和实现处理器与 I/O 设备并行执行,必须有中断的支持。这里的中断是指处理器对 I/O 设备发来的中断信号的一种响应。Linux 处理中断的方式在很大程度上与它在用户空间处理信号时一样,通常一个驱动程序只需要为相关设备的中断注册一个处理例程,并且在中断到达时进行正确的处理。与 Linux 设备驱动程序中断处理相关的函数首先是申请和释放 IRQ(中断请求)函数,即 request_irq() 和 free_irq(),这两个重要的中断函数在头文件 include/linux/interrupt.h 中声明。

申请 IRQ 函数原型如下所示:

```
int request_irq (unsigned int irq, void ( * handler)(int, void * , struct pt_regs * ), unsigned long frags, const char * device, void * dev_id); (2.4 内核中)
request_irq(unsigned int irq, irq_handler_t handler, unsigned long flags, const char * name, void * dev);(2.6 内核及以后)
```

主要参数说明如下:

irq 是要申请的硬件中断号。

handler 是向系统注册的中断处理函数的函数指针,我们需要自己定义这个函数并把函数指针作为参数传到这里,中断发生时,系统会调用这个函数。

dev_id 在中断共享时会用到,一般设置为这个设备的设备结构体或者 NULL。这样便于把设备有关的信息传给该设备的中断处理程序,在使用到共享中断时,该参数必须设置,因为 free_irq(unsigned int irq,void * dev_id) 函数需要根据这个参数来判断要释放共享上的哪个中断。在共享中断中,每个中断服务程序需要读取中断寄存器来判断是否是自己的中断。

释放 IRQ 函数原型如下所示。

```
void free_irq(unsigned int irq,void * dev_id);        (2.4 版本)
void free_irq(unsigned int irq,void * dev);           (2.6 版本及以后 )
```

该函数的作用是释放一个 IRQ，一般是在退出设备或关闭设备时调用。

Linux 将中断分为两个部分：上半部分（top half）和下半部分（bottom half）。上半部分的功能是注册中断，当一个中断发生时，它进行相应的硬件读/写后就把中断处理函数的下半部分挂到该设备的下半部分执行队列中去。因此上半部分执行速度很快，可以服务更多的中断请求。但仅有中断注册是不够的，因为中断事件可能很复杂，因此引出了中断下半部，用来完成中断事件的绝大多数任务。上半部和下半部最大的不同是下半部是可中断的，而上半部是不可中断的，会被内核立即执行，下半部完成了中断处理程序的大部分工作，所以通常比较耗时，因此下半部由系统自行安排运行，不在中断服务上下文中执行。在响应中断时，并不存在严格明确地规定要求任务应该在哪个部分完成，驱动程序设计者应该根据经验尽可能减少上半部分执行时间以达到设计性能的最优化。

从 2.3 版本开始，Linux 为实现下半部的机制主要引入了 tasklet 和软中断。软中断是一组静态定义的下半部接口，可在所有处理器上同时执行——这就要求软中断执行的函数必须可重入。当软中断在访问临界区时需要用到同步机制，如自旋锁。软中断主要针对时间要求严格的下半部使用，如网络和 SCSI。tasklet 是基于软中断实现的，比软中断接口简单，同步要求较低，大多数情况下都可以使用 tasklet。tasklet 是一个可以在由系统决定的安全时刻在软件中断上下文被调用运行的特殊机制，它可以被多次调用运行，但是 tasklet 的函数调用并不会积累，也就是说只会运行一次。下面是 tasklet 的定义。

```
struct tasklet_struct
{
    struct tasklet_struct * next;            //指向下一个 tasklet
    unsigned long state;                     //tasklet 的状态
    atomic_t count;                          //计数,1 表示禁止
    void ( * func)(unsigned long);           //处理函数指针
    unsigned long data;                      //处理函数参数
};
```

在 interrupt.h 中可以看到 tasklet 的数据结构，其中定义了两个位的含义。

```
enum
{
    TASKLET_STATE_SCHED,                     /* 正在运行 */
    TASKLET_STATE_RUN                        /* 已被调度,准备运行 */
};
```

一些设备可以在很短时间内产生多次中断，所以在下半部被执行前会有多次中断发生，驱动程序必须正确处理这种情况，通常利用 tasklet 可以记录自从上次被调用产生了多少次中断，从而让系统知道还有多少工作需要完成。

工作队列（work queue）接口在 Linux 2.5 版本中引入，取代了任务队列接口。工作队列与 tasklet 的主要区别在于 tasklet 在软中断上下文中运行，代码必须具有原子性。工作

队列函数在一个内核线程上下文中运行,并且可以在延迟一段时间后才执行,因而具有更多的灵活性。工作队列可以使用信号量等能够睡眠的函数。另外,工作队列的中断服务程序和 tasklet 非常类似,唯一的不同就是它调用 schedule_work()来调度下半部处理,而 tasklet 使用 tasklet_schedule()函数来调度下半部处理。

驱动程序在使用工作队列时的主要步骤如下:

(1) 当驱动程序不使用默认的工作队列时,驱动程序可以创建一个新的工作队列。

(2) 当驱动程序需要延迟时,根据需要以静态或者动态方式创建工作队列。

(3) 将工作队列任务插入工作队列。

在 Linux 2.6.36 版本后,为了进一步优化工作队列,提高 CPU 工作效率,内核开发者决定将所有的工作队列合并成一个全局的队列,仅仅按照工作重要性和时间紧迫性等做简单的区分,每一类这样的工作仅拥有一个工作队列,而不管具体的工作。也就是说,新的内核不按照具体工作创建队列,而是按照 CPU 创建队列,然后在每个 CPU 的唯一队列中按照工作的性质做一个简单的区分,这个区分将影响工作被执行的顺序。新内核中的所有工作都在一个名为 global_cwq 的工作队列中,开发人员仍然可以调用 create_workqueue 创建很多具体的工作队列,然而这样创建的所谓工作队列除了其参数中的 flag 起作用之外,对队列中的具体工作没有任何约束性,所有的工作都排到了一个工作队列中,然后原则上按照排队的顺序进行执行,期间根据工作队列的标识进行微调。新工作队列的核心代码如下所示。

```
static void insert_work(struct cpu_workqueue_struct * cwq,
        struct work_struct * work, struct list_head * head,
        unsigned int extra_flags)
{
  struct global_cwq * gcwq = cwq->gcwq;
  set_work_cwq(work, cwq, extra_flags);
  list_add_tail(&work->entry, head);
  if (__need_more_worker(gcwq))       //如果是诸如高优先级之类的工作或者当前已经没
                                      //有空闲的工作者了,那么唤醒一个工作者,系统起
                                      //码要保持一个空闲的工作者进程以备用
    wake_up_worker(gcwq);
}
```

5. 设备号

用户进程与硬件的交流是通过设备文件进行的,硬件在系统中会被抽象成为一个设备文件,访问设备文件就相当于访问其所对应的硬件。每个设备文件都有其文件属性(c/b),表示是字符设备还是块设备。每个设备文件的设备号有两个:第一个是主设备号,标志驱动程序对应一类设备的标志;第二个是从设备号,用来区分使用共用的设备驱动程序的不同硬件设备。

在 Linux 2.6 内核中,主从设备被定义为一个 dev_t 类型的 32 位数,其中,前 12 位表示主设备号,后 20 位表示从设备号。另外,在 include/linux/kdev.h 中定义了如下的几个宏来操作主从设备号。

```
#define MAJOR(dev)((unsigned int) ((dev) >> MINORBITS))
#define MINOR(dev)((unsigned int) ((dev) & MINORMASK))
#define MKDEV(ma,mi)(((ma) << MINORBITS) | (mi))
```

上述宏分别实现从 32 位 dev_t 类型数据中获得主设备号、获得从设备号及将主设备号和从设备号转换为 dev_t 类型数据的功能。在开发设备驱动程序时,登记申请的主设备号应与设备文件的主设备号以及应用程序中所使用设备的设备号保持一致,否则用户进程将无法访问到驱动程序,无法正常对设备进行操作。

每个设备驱动都对应着一定类型的硬件设备,并且被赋予一个主设备号。设备驱动的列表和它们的主设备号可以在/proc/devices 中找到。每个设备驱动管理下的物理设备也被赋予一个从设备号。无论这些设备是否真的安装了,在/dev 目录中都将有一个文件,称作设备文件,对应着每一个具体设备。比如终端设备上具有 3 个串口,主设备号是一致的,因为共用标志的驱动程序,所以可以用从设备号来区分它们。

6. 创建设备文件节点

要想使用驱动,通常使用 mknod 命令在/dev 目录下建立设备文件节点,语法是:

```
mknod DEVNAME {b | c}  MAJOR  MINOR
```

其中,DEVNAME 是要创建的设备文件名,如果想将设备文件放在一个特定的文件夹下,则需要先用 mkdir 在 dev 目录下新建一个目录。b 和 c 分别表示块设备和字符设备:b 表示系统从块设备中读取数据的时候,直接从内存的 buffer 中读取数据,而不经过磁盘;c 表示字符设备文件与设备传送数据的时候是以字符的形式传送,一次传送一个字符,比如打印机、终端都是以字符的形式传送数据。MAJOR 和 MINOR 分别表示主设备号和次设备号。

如果主设备号或者从设备号不正确,那么虽然在/dev 下可以看到建立的设备,但进行 open()等操作时会返回"no device"等错误显示。

8.1.3　设备驱动程序框架

由于设备种类繁多,相应的设备驱动程序也非常多。尽管设备驱动程序是内核的一部分,但设备驱动程序的开发往往由很多不同团队的人来完成,如业余编程人员、设备厂商等。为了让设备驱动程序的开发建立在规范的基础上,就必须在驱动程序和内核之间有一个严格定义和管理的接口,从而规范设备驱动程序与内核之间的接口。

Linux 的设备驱动程序可以分为以下部分。

(1) 驱动程序与内核的接口,这是通过关键数据结构 file_operations 来完成的。

(2) 驱动程序与系统引导的接口,这部分利用驱动程序对设备进行初始化。

(3) 驱动程序与设备的接口,这部分描述了驱动程序如何与设备进行交互,这与具体的设备密切相关。

根据功能划分,设备驱动程序代码通常可分为以下几部分。

1. 驱动程序的注册与注销

设备驱动程序的初始化可以在系统启动时完成,也可以根据需要进行动态加载。无论是哪种方式,字符设备和块设备都是由相应的 init()函数完成总线初始化、寄存器初始化等操作。对于字符设备或者是块设备,关键的一步是要向内核注册该设备,Linux 操作系统也专门提供了相应的功能函数,如字符设备注册函数 register_chrdev()、块设备注册函数 register_blkdev()。注册函数传递给操作系统的第一个参数就是设备的主设备号,另外还有设备的操作结构体 file_operations。在设备关闭时,要在内核中注销该设备,操作系统也相应地提供了注销设备的函数 unregister_chrdev()、unregister_blkdev(),并释放设备号。下面进一步介绍字符设备的注册与注销和块设备的注册与注销。

Linux 系统中字符设备是最简单的一类设备。在内核中使用一个数组 chrdevs[]保存所有字符设备驱动程序的信息,在 fs/char_dev.c 中该数组的数据结构如下所示:

```
static struct char_device_struct {
    struct char_device_struct * next;
    unsigned int major;
    unsigned int baseminor;
    int minorct;
    char name[64];
    struct cdev * cdev;
} * chrdevs[CHRDEV_MAJOR_HASH_SIZE];
```

这个数组的每一个成员都代表了一个字符设备驱动程序。字符设备驱动程序的注册其实就是将字符设备驱动程序插入到该数组中。Linux 通过字符设备注册函数 register_chrdev()来完成注册功能。其函数原型如下:

```
int __register_chrdev(unsigned int major, unsigned int baseminor,
            unsigned int count, const char * name,
            const struct file_operations * fops)
```

其中,major 是设备驱动程序向操作系统申请的主设备号。当 major=0,则系统为该字符设备驱动程序动态分配一个空闲的主设备号。baseminor 是待分配的次设备号的起点,count 为待分配的次设备号的数量,name 是设备名称,fops 是指向设备操作函数结构 file_operations 的指针。

Register_chrdev()函数有如下返回值:

- 0 表示注册成功。
- EINVAL 表示所申请的主设备号非法。
- EBUSY 表示所申请的主设备号正在被其他驱动程序使用。
- 正数表示分配主设备号成功,并返回主设备号。

Linux 通过字符设备注销函数 unregister_chrdev()来完成注销功能。其函数原型如下:

```
void __unregister_chrdev(unsigned int major, unsigned int baseminor,
            unsigned int count, const char * name)
```

块设备比字符设备要复杂,但是块设备驱动程序也需要一个主设备号来标志。块设备驱动程序的注册是通过 register_blkdev()函数实现的。其函数原型如下:

```
int __register_blkdev(unsigned int major, const char * name)
```

其中,major 表示主设备号,name 表示设备名。函数调用成功则返回 0,否则返回负值。如果指定主设备号为 0,则该函数将分配的设备号作为返回值。如果返回负值,则表明发生了一个错误。

与字符设备驱动程序的注册不同的是,对块设备操作时还要用到一个名为 gendisk 的结构体。该结构体表示一个独立的磁盘,因此还需要使用 gendisk 向内核注册磁盘。分配 gendisk 结构后,驱动程序调用 add_disk() 函数将自己的 gendisk 添加到系统的设备列表中。此时磁盘设备被激活,可以使用相关函数实现磁盘操作。

块设备的注销函数为 unregister_blkdev(),其函数原型如下:

```
int __ unregister_blkdev(unsigned int major,const char * name)
```

register_blkdev() 函数在 Linux 2.6 版本中是可选的,功能越来越少,但是目前的大多数驱动程序仍然都调用了这个函数。

最后要特别说明的是,读者在阅读 Linux 2.6 内核或者更高版本内核的驱动源代码时,可能会发现源代码中有很多不属于上述描述的功能函数或者其他定义方法,这主要是因为在内核中仍然提供了以前版本的传统的函数、数据结构和方法等。

2. 设备的打开与释放

打开设备是由调用定义在 include/linux/fs.h 中的 file_operations 结构体中的 open() 函数完成的。open() 函数主要完成如下工作:

- 增加设备的使用计数。
- 检测设备是否异常,及时发现设备相关错误,防止设备有未知硬件问题。
- 若是首次打开,则首先完成设备初始化。
- 读取设备次设备号。

其函数原型如下:

```
int ( * open) (struct inode * , struct file * );
```

inode 是内核内部文件的表示,当其指向一个字符设备时,其中的 i_cdev 成员包含了指向 cdev 结构的指针。file 表示打开的文件描述符,对一个文件,若打开多次,则会有多个 file 结构,但只有一个 inode 与之对应。这常是对设备文件进行的第一个操作,不要求驱动实现一个对应的方法。如果 file NULL,设备打开一直成功,则驱动程序不会得到通知。与 open() 函数对应的是 release() 函数。

释放设备由 release() 完成,包括以下几件事情。

- 释放 open 时系统为之分配的内存。
- 释放所占用的资源,并进行检测,关闭设备,并递减设备使用计数。

其函数原型如下:

```
int ( * release) (struct inode * ,struct file * );
```

当最后一个打开设备的用户进程执行 close() 系统调用的时候,内核将调用驱动程序 release() 函数。release() 函数的主要任务是清理未结束的输入/输出操作,释放资源,用户自定义排他标志的复位等。

3. 设备的读/写操作

字符设备的读/写操作比较简单。字符设备对数据的读/写操作是由各自的 read() 函数和 write() 函数来完成的。和字符设备数据读/写的方式不同的是,对块设备的读/写操作由文件 block_devices.c 中定义的函数 blk_read()和 blk_write()完成。真正需要读/写的时候由每个设备的 request()函数根据其参数 cmd 与块设备进行数据交换。这两个通用函数向请求表中添加读/写请求,块设备是对内存缓冲区进行操作而非对设备进行操作,所以读/写请求的处理速度可以加快。

4. 设备的控制操作

在嵌入式设备驱动开发过程中,仅仅靠读/写操作函数完成设备控制比较烦琐。为了能更方便地控制设备,还需要专门的控制函数,ioctl()函数就是驱动程序提供的控制函数。该函数的使用和具体设备密切相关。在 Linux 内核版本 2.6.35 以前,ioctl()函数原型如下:

```
int (*ioctl) (struct inode * inode, struct file * filp, unsigned int cmd,
unsigned long arg);
```

inode 和 filp 指针是对应应用程序传递的文件描述符 fd 的值,cmd 参数从用户空间传入,并且可选的 arg 参数以 unsigned long 的形式传递,不管它是否由用户给定为一个整数或一个指针。如果调用程序不传递第三个参数,那么模块驱动收到的 arg 值没有定义。由于类型检查在这个额外参数上被关闭,所以编译器不能对一个无效的参数被传递给 ioctl 提出警告,也就无法查找错误。

在 Linux 2.6.35 以后,系统已经完全删除了 struct file_operations 中的 ioctl()函数指针,取而代之的是 unlocked_ioctl,主要改进就是不再需要上大内核锁(不再需要先调用 lock_kernel(),然后再调用 unlock_kernel())。

如下是 unlocked_ioctl()和 compat_ioctl()的原型:

```
long (*unlocked_ioctl) (struct file *, unsigned int, unsigned long);
long (*compat_ioctl) (struct file *, unsigned int, unsigned long);
```

除了 ioctl()函数之外,系统中还有其他的控制函数,比如定位设备函数 llseek()函数等。llseek()函数原型为 loff_t(*llseek)(struct file * filp,loff_t p,int offset)。指针参数 filp 为进行读取信息的目标文件结构体指针,参数 p 为文件定位的目标偏移量,参数 offset 为对文件定位的起始地址,该地址可以位于文件开头、当前位置或者文件末尾。llseek()函数可改变文件中的当前读/写位置,并且将新位置作为返回值。

5. 设备的轮询和中断处理

对于支持中断的设备,可以按照正常的中断方式进行。但是对于不支持中断的设备,过程就相对烦琐,在确定是否继续进行数据传输时都需要轮询设备的状态。

8.1.4 驱动程序的加载

通常 Linux 驱动程序可通过两种方式进行加载:一种是将驱动程序编译成模块形式进行动态加载,常用命令有 insmod(加载)、rmmod(卸载)等;另一种是静态编译,即将驱动程序直接编辑放进内核。动态加载模块设计使 Linux 内核功能更容易扩展。而静态编译方法对于要求硬件只是完成比较特定、专一的功能的一些嵌入式系统具有更高的效率。

这里以网卡 DM9000 为例说明驱动程序的加载过程。

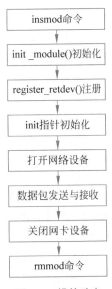

图 8-2　模块动态
加载示例

动态模块加载流程如图 8-2 所示。通过动态模块加载命令 insmod 加载网络设备驱动程序，然后调用入口函数 init_module() 进行模式初始化，接着调用 register_netdev() 函数注册网络设备。如果网络设备注册成功，则调用 init 函数指针所指向的初始化函数 dm9000_init() 对网络设备进行初始化，并将该网络设备的 net_device 数据结构插入到 dev_base 链表的末尾。当初始化函数运行结束后，调用 open() 函数打开网络设备，按需求对数据包进行发送和接收。当需要卸载网络模块时，调用 close() 函数关闭网络设备，然后通过模块卸载 rmmod 命令调用网卡驱动程序中的 cleanup_module() 函数卸载该动态网络模块。

这里对图 8-2 中的两个步骤进行说明。

（1）init_module() 为网络模块初始化函数，当动态加载模网络块时，网卡驱动程序会自动调用该函数。在此函数中将会完成如下工作。

- 处理用户传入的参数设备名字 name、ports 及中断号 irq 的值。若这些值存在，则赋值给相应的变量。
- 赋值 dev->init 函数指针，在函数 register_netdev() 中将要用到 dev->init 函数指针。
- 调用 register_netdev() 函数，检测物理网络设备、初始化 DM9000 网卡的相关数据和对网络设备进行登记等工作。

（2）register_netdev() 函数用来实现对网络设备接口的注册。

8.2　内核设备模型

随着计算机的周边外设越来越丰富，设备管理已经成为现代操作系统的一项重要任务，对于 Linux 来说也是同样的情况。每次 Linux 内核新版本的发布，都会伴随着一批设备驱动进入内核。在 Linux 内核中，驱动程序的代码量占据了相当大的比重。图 8-3 是 Linux 2.6.35 内核各目录的代码量对比图。

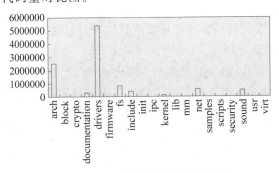

图 8-3　Linux 内核各目录代码量对比

从图 8-3 中可以很明显地看到，在 Linux 内核中驱动程序的代码比例非常大，几乎占据了整个内核代码空间的三分之二。Linux 2.6 内核最初为了应付电源管理的需要，提出了一个设备模型来管理所有的设备。从设备的物理特性上看,外设之间是有一种层次关系的,因此,需要有一个能够描述这种层次关系的结构将外设进行有效组织。这就是最初建立 Linux 设备模型的目的。而树状结构是最经典和常见的数据结构。

实际上,从 Linux 2.5 开始,一个明确的开发目标就是为内核构建一个统一的设备模型。在此之前的内核版本没有一个数据结构能够反映如何获取系统组织的信息(虽然没有这些信息有时系统也能工作得很好)。因此新的系统体系在更复杂的拓扑结构下,就要求所支持的特性更清晰,这就需要有一个通用的抽象结构来描述系统结构。为适应这种需求,Linux 2.6 内核开发了全新的设备、总线、类和设备驱动这几个设备模型组件环环相扣的设备模型。除此之外,Linux 内核设备模型带来的好处也非常多。首先,Linux 设备模型是一个具有清晰结构的组织所有设备和驱动的树状结构,用户可以通过这棵树去遍历所有的设备,建立设备和驱动程序之间的联系。其次,Linux 驱动模型把很多设备共有的一些操作抽象出来,大大减少了重复开发的可能。再次,Linux 设备模型提供了一些辅助的机制,比如引用计数,让开发者可以安全高效地开发驱动程序。同时,Linux 设备模型还提供了一个非常有用的虚拟的基于内存的文件系统 sysfs。最后,sysfs 解释了内核数据结构的输出、属性以及它们与用户空间的连接关系。

8.2.1　设备模型功能

视频讲解

在 Linux 2.6 内核及后续版本中,设备模型为设备驱动程序管理、描述设备抽象数据结构之间关系等提供了一种有效的手段,其主要功能如下所示。

(1)电源管理和系统关机。

该模型保证系统硬件设备按照一定顺序改变状态。比如在断开连接到 USB 适配器上的设备之前,不能关闭该适配器。

(2)与用户空间通信。

虚拟文件系统 sysfs 是与设备模型紧密联系的,系统用它来表示设备结构并提供给用户空间,根据它提供的系统信息来操纵和管理相应的设备,从而为系统控制提供便利。

(3)热插拔(hotplug)设备管理。

计算机用户对计算机设备的灵活性需求越来越苛刻,外围设备随时可能会插入或拔出,Linux 2.6 内核通过设备模型来管理内核的热插拔机制,处理设备插入或拔出时内核与用户空间的通信。

(4)设备类型管理。

系统通常并不关心设备是如何连接的,但需要知道目的系统中哪种设备可用。设备模型提供了一种为设备分类的机制,使得在用户空间就能发现该设备是否可用。

(5)对象生命周期处理。

前面提到的热插拔、sysfs 等机制使得在内核中创建或操纵对象变得更为复杂。设备模型的实现就为系统提供了一套机制来处理对象的生命期、对象彼此关系及其在用户空间的表示等。

8.2.2　sysfs

视频讲解

sysfs 给用户提供了一个从用户空间去访问内核设备的方法,它在 Linux 中的路径是 /sys。这个目录并不是存储在硬盘上的真实的文件系统,只有在系统启动之后才会创建。

可以使用 tree /sys 这个命令显示 sysfs 的结构。由于信息量较大,这里只列出第一层目录结构:

```
/sys
|-- block
|-- bus
|-- class
|-- dev
|-- devices
|-- firmware
|-- fs
|-- kernel
|-- module
`-- power
```

在这个目录结构中,很容易看出这些子目录的功能。

block 目录从块设备的角度来组织设备,其下的每个子目录分别对应系统中的一个块设备。值得注意的是,sys/block 目录从 Linux 2.6.26 内核开始已经正式转移到 sys/class/block 中。sys/block 目录虽然为了向后兼容而保持存在,但是其中的内容已经变为指向它们在 sys/devices/中真实设备的符号链接文件。

bus 目录从系统总线的角度来组织设备,内核设备按照总线类型分层放置的目录结构,它是构成 Linux 统一设备模型的一部分。

class 目录从类别的角度看待设备,比如 PCI 设备或者 USB 设备等,该目录是按照设备功能分类的设备模型,是 Linux 统一设备模型的一部分。

dev 目录下维护一个按照字符设备或者块设备的设备号链接到硬件设备的符号链接,在 Linux 2.6.26 内核中首次引入。

devices 目录是所有设备的大本营,系统中的任一设备在设备模型中都由一个 device 对象描述,是 sysfs 下最重要的目录。该目录结构就是系统中实际的设备拓扑结构。

firmware 目录包含了一些比较低阶的子系统,比如 ACPI、EFI 等,是系统加载固件机制的对用户空间的接口。

fs 目录中列出的是系统支持的所有文件系统,但是目前只有 fuse、gfs2 等少数文件系统支持 sysfs 接口。

kernel 目录下包含的是一些内核的配置选项,如 slab 缓存分配器等。

module 目录下包含的是所有内核模块的信息,内核模块实际上和设备之间存在对应联系,通过这个目录可以找到设备。

power 目录存放的是系统电源管理的数据,用户可以通过它来查询目前的电源状态,甚至可以直接"命令"系统进入休眠等省电模式。

sysfs 是用户和内核设备模型之间的一座桥梁,通过这个桥梁可以从内核中读取信息,也可以向内核写入信息。

如果具体到某一类型的设备,Linux 下还有一些专用的工具可以使用。比如面向 PCI 设备的 pciutils、面向 USB 设备的 usbutils,以及面向 SCSI 设备的 lsscsi 等。对于 Linux 开发者来说,有时使用这些专用的工具更加方便。

开发者要编写程序来访问 sysfs,既可以像读/写普通文件一样来操作/sys 目录下的文件,也可以使用 libsysfs。由于更新速度慢,所以一般不推荐使用 libsysfs。当然,如果只是单纯要访问设备,一般很少会直接操作 sysfs,因为 sysfs 非常烦琐并且底层化现象严重。大部分情况下可以使用更加方便的 DeviceKit 或者 libudev。

8.2.3　sysfs 的实现机制 kobject

在 Linux 2.6 内核中,引入了一种称为"内核对象"(kernel object)的设备管理机制,该机制是基于一种底层数据结构,通过这个数据结构,可以使所有设备在底层都具有一个公共接口,便于设备或驱动程序的管理和组织。kobject 在 Linux 2.6 内核中由 struct kobject 表示。通过这个数据结构使所有设备在底层都具有统一的接口,kobject 提供基本的对象管理,是构成 Linux 2.6 设备模型的核心结构。它与 sysfs 文件系统紧密关联,每个在内核中注册的 kobject 对象都对应 sysfs 文件系统中的一个目录。从面向对象的角度来说,kobject 可以看作是所有设备对象的基类。由于 C 语言并没有面向对象的语法,所以一般是将 kobject 内嵌到其他结构体中来实现类似的作用,这里的其他结构体可以看作是 kobject 的派生类。kobject 为 Linux 设备模型提供了很多有用的功能,比如引用计数、接口抽象、父子关系等。

内核中的设备之间是以树状形式组织的。在这种组织架构中,比较靠上层的节点可以看作是下层节点的父节点,反映到 sysfs 里就是上级目录和下级目录之间的关系。在内核中,kobject 实现了这种父子关系。

kobject 结构定义如下:

```
struct kobject {
    const char        * name;              // 指向设备名称的指针
    struct list_head    entry;             // 挂接到所在 kset 的单元
    struct kobject      * parent;          // 指向父对象的指针
    struct kset      * kset;               // 所属 kset 的指针
    struct kobj_type    * ktype;           // 指向其对象类型描述符的指针
    struct sysfs_dirent * sd;              //指示在 sysfs 中的目录项
    struct kref      kref;                 // 对象引用计数
    unsigned int state_initialized:1;      //标记:初始化
    unsigned int state_in_sysfs:1;         //标记在 sysfs 中
    unsigned int state_add_uevent_sent:1;
    unsigned int state_remove_uevent_sent:1;
    unsigned int uevent_suppress:1;        //标志:禁止发出 uevent
};
```

结构体中的 kref 域表示该对象引用的计数(引用计数本质上就是利用 kref 实现的),内核通过 kref 实现对象引用计数管理。

C/C++语言本身并不支持垃圾回收机制。当遇到大型的项目时,烦琐的内存管理使得开发者很不适应。现代的 C/C++类库一般会提供智能指针来作为内存管理的折中方案,比如 STL 的 auto_ptr、Boost 的 Smart_ptr 库、QT 的 QPointer 族,甚至基于 C 语言构建的 GTK＋也通过引用计数来实现类似的功能。Linux 内核是如何解决这个问题呢? 同样作为 C 语言的解决方案,Linux 内核采用的也是引用计数的方式。在 Linux 内核中,引用计数是通过 struct kref 结构来实现的。kref 的定义非常简单,其结构体中只有一个原子变量。

```
struct kref {
    atomic_t refcount;
};
```

Linux 内核定义了下面 3 个函数接口来使用 kref：

```
void kref_init(struct kref * kref);
void kref_get(struct kref * kref);
int kref_put(struct kref * kref, void ( * release) (struct kref * kref));
```

内核提供两个函数 kref_get()、kref_put()，分别用于增加和减少引用计数，当引用计数为 0 时，该对象使用的所有资源将被释放。kref 在使用前必须通过 kref_init()函数初始化，其函数原型如下：

```
static inline void kref_init(struct kref * kref)
{
atomic_set(&kref - > refcount,1)
}
```

这里通过一段伪代码来了解如何使用 kref。

```
struct my_obj
{
  int val;
  struct kref refcnt;
};

struct my_obj * obj;

void obj_release(struct kref * ref)
{
  struct my_obj * obj = container_of(ref, struct my_obj, refcnt);
  kfree(obj);
}

device_probe()
{
  obj = kmalloc(sizeof( * obj), GFP_KERNEL);
  kref_init(&obj - > refcnt);
}

device_disconnect()
{
  kref_put(&obj - > refcnt, obj_release);
}

.open()
{
  kref_get(&obj - > refcnt);
}
.close()
{
```

```
    kref_put(&obj->refcnt, obj_release);
}
```

这段伪代码定义了 obj_release() 作为释放设备对象的函数。当引用计数为 0 时,这个函数会被立刻调用来执行真正的释放动作。

ktype 域是一个指向 kobj-type 结构的指针,表示该对象的类型。kobj-type 数据结构包含 3 部分: release() 方法用于释放 kobject 占用的资源; sysfs-ops 指针指向 sysfs 操作表; sysfs 文件系统默认属性列表。sysfs 操作表包括两个函数 store() 和 show()。当用户态读取属性时,show() 函数被调用,该函数编码指定属性值存入 buffer 中返回给用户态; 而 store() 函数用于存储用户态传入的属性值。ktype 中的 attribute 是默认的属性。

ktype 的定义如下:

```
struct kobj_type {
    void (*release)(struct kobject *kobj);  //
    const struct sysfs_ops *sysfs_ops;
    struct attribute **default_attrs;
};
```

另外,Linux 设备模型还有一个重要的数据结构 kset。kset 本身也是一个具有相同类型的 kobject 的集合,所以它在 sysfs 中同样表现为一个目录,但它和 kobject 的不同之处在于 kset 可以看作一个容器,把它类比为 C++ 中的容器类(如 list)也无不可。kset 之所以能作为容器使用,是因为其内部嵌入了一个双向链表结构 struct list_head。kobject 通常通过 kset 组织成层次化的结构,kset 是具有相同类型的 kobject 的集合。

kset 的定义如下:

```
struct kset {
    struct list_head list;                   // 用于连接该 kset 中所有 kobject 的链表头
    spinlock_t list_lock;                    // 迭代时用的锁
    struct kobject kobj;                     // 指向代表该集合基类的对象
    const struct kset_uevent_ops *uevent_ops; // 指向一个用于处理集合中 kobject 对象的热
                                             // 插拔结构操作的结构体
};
```

8.2.4　设备模型的组织——platform 总线

设备模型的上层描述了总线与设备之间的联系。这个层次通常是在总线级处理的。

对于驱动程序开发者来说,一般不需要添加一个新的总线类型。因此,总线类型对驱动程序开发者来说可能是无用的,但是对于一些想知道总线内部到底如何工作或者需要在这个层次做更改的用户来说却是很重要的。

总线是处理器与一个或者多个设备之间的通道。在设备模型中,所有设备都是通过总线连接的,对于某些独立的、物理上没有总线连接的设备,也是通过一个内部的虚拟"平台"总线实现的。在 Linux 内核中,以 bus_type 结构体描述总线,该结构体定义在 include/linux/device.h 中。platform 总线是从 Linux 2.6 内核开始引入的一种虚拟总线,主要用来管理 CPU 的片上资源,具有更好的移植性。目前,除了极少数情况外,大部分的驱动都是

用 platform 总线编写的，如在内核最小系统之内的且能采用 CPU 存储器总线直接寻址
设备。

platform 总线模型主要包括 platform_device、platform_bus、platform_driver 三个部
分，分别为专属于 platform 模型的设备 device、总线 bus、驱动 driver。这里提到的设备是连
接在总线上的物理实体，是硬件设备的具体描述，在 Linux 内核中以 struct device 结构体进
行描述，该结构体定义在 include/linux/device.h 中。具有相同功能的设备被归为一类
（class）。驱动程序在前面已经介绍过，是操作设备的软件接口。所有设备都必须有配套的
驱动程序才能正常工作，但一个驱动程序可以驱动多个设备。驱动程序通过 include/linux/
device.h 中的 struct device_driver 描述。内核驱动框架不断发展，已经提供了一些常用具
体设备的具有共性的程序源代码，使得普通用户在开发时可以直接使用或者进行修改后就
可以开发出目标程序，十分便捷。实际上，在普通开发者进行驱动程序开发的时候并不直接
使用 bus、device 和 driver，而是使用它们的封装函数。本节只关注属于 platform 模型的
bus_type、device 和 driver。

platform 总线模型的 platform_driver 机制将设备的本身资源注册进内核，由内核统一
管理，在驱动程序中使用这些资源时通过标准接口进行申请和使用，具有很高的安全性和可
靠性。而模型中的 platform_device 是一个具有自我管理功能的子系统。当 platform 模型
中总线上既有设备，又有驱动的时候，就会进行设备与驱动匹配的过程，总线起到了沟通设
备和驱动的桥梁作用。

1. platform 总线初始化

platform 总线初始化是在/drivers/base/platform.c 中的 platform_bus_init()完成的，
代码如下：

```
int __init platform_bus_init(void)
{
    int error;
    early_platform_cleanup();
    error = device_register(&platform_bus);
    if (error)
        return error;
    error = bus_register(&platform_bus_type);
    if (error)
        device_unregister(&platform_bus);
    return error;
}
```

这段初始化代码调用 device_register 向内核注册（创建）了一个名为 platform_bus 的设
备，后续 platform 的设备都会以此为 parent。在 sysfs 中表示为所有 platform 类型的设备
都会添加在 platform_bus 所在的目录/sys/devices/platform 下。然后这段初始化代码又
调用 bus_register 注册 platform_bus_type。platform_bus_type 的定义如下：

```
struct bus_type platform_bus_type = {
    .name       = "platform",
    .dev_attrs  = platform_dev_attrs,
    .match      = platform_match,
```

```
        .uevent    = platform_uevent,
        .pm        = &platform_dev_pm_ops,
};
```

需要说明的是,在 bus_type 结构中,定义了许多方法,如设备与驱动匹配,hotplug 事件等很多重要的操作。这些方法允许总线核心作为中间介质,在设备核心与单独的驱动程序之间提供服务。对于新的总线,用户必须调用 bus_register() 进行注册。如果调用成功,那么新的总线子系统将被添加到系统中,可以在 sysfs 的 /sys/bus 目录下看到它。然后,我们可以向这个总线添加设备。当有必要从系统中删除一个总线的时候(比如相应的模块被删除),要使用 bus_unregister() 函数。

platform_bus_type 结构体中也有几个非常重要的方法,比如 match 方法。platform_match() 有如下定义:

```
static int platform_match(struct device * dev, struct device_driver * drv)
{
    struct platform_device * pdev = to_platform_device(dev);
    struct platform_driver * pdrv = to_platform_driver(drv);
    /* match against the id table first */
    if (pdrv -> id_table)
        return platform_match_id(pdrv -> id_table, pdev) != NULL;
    return (strcmp(pdev -> name, drv -> name) == 0);
}
```

在该结构体中可以发现,首先检查 platform_driver 中的 id_table 是否非空,即是否定义了它所支持的 platform_device_id,若支持则返回匹配结果,反之则检查驱动名字和设备名字是否匹配。

2. platform 设备注册

在最底层,Linux 系统中的每一个设备都是由一个 device 数据结构来代表的,该结构定义在 < linux/device. h > 中。device 结构体用于描述设备相关的信息设备之间的层次关系,以及设备与总线、驱动的关系。platform_device 是对 device 的封装。platform 设备通过 struct platform_device 进行描述。

```
struct platform_device {
    const char    * name;    //平台设备的名称
    int  id;            //设备的 ID,当 ID = -1 的时候,表示设备名称只有一个,否则表示设备编号
    struct device  dev;
    u32  num_resources;
    struct resource  * resource;
    const struct platform_device_id  * id_entry;
    struct mfd_cell * mfd_cell;
    struct pdev_archdata archdata;
};
```

platform_device 内包含两个重要的结构体,一个是 struct device,该结构体描述设备相关的信息设备之间的层次关系以及设备与总线驱动的关系。另一个是 struct resource。其指向驱动该设备需要的资源,因为使用平台设备就是为了管理资源。resource 在 8.1 节已

经做过相关介绍,这里不再赘述。

　　向内核注册一个 platform device 对象有几种不同的情况,比如针对静态创建的 platform device 对象和动态创建的 platform device 对象等。但是综合看来,基本上注册过程都可以分为两部分,一部分是创建一个 platform device 结构,另一部分是将其注册到指定的总线中。这里最常用的是采用 platform_device_register 函数接口实现注册功能,其原型如下:

```
int platform_device_register(struct platform_device * pdev);
```

　　platform_device_register 函数首先初始化 struct platform_device 中的 struct device 对象,然后调用 platform_device_add 函数进行资源和 struct device 类型对象的注册。platform_device_add 函数原型如下:

```
int platform_device_add(struct platform_device * pdev)
```

3. platform 驱动程序的注册

　　为了让驱动程序核心协调驱动程序与新设备之间的关系,设备模型跟踪所有系统已知的设备。当系统发现有新的设备时,首先从系统已知的设备驱动程序链中为该设备匹配驱动程序。系统中的每个驱动程序都由一个 device_driver 对象描述。

　　platform 设备是一种特殊的设备,它与处理器是通过 CPU 地址数据控制总线或者 GPIO 连接的。platform_driver 既具有一般 device 的共性,也有自身的特殊属性。

　　platform_driver 的描述如下:

```
struct platform_driver {
    int ( * probe)(struct platform_device * );                        //指向设备探测函数
    int ( * remove)(struct platform_device * );                       //指向设备移除函数
    void ( * shutdown)(struct platform_device * );                    //指向设备关闭函数
    int ( * suspend)(struct platform_device * , pm_message_t state);  //指向设备挂起函数
    int ( * resume)(struct platform_device * );                       //指向设备恢复函数
    struct device_driver driver;                                      //驱动基类
    const struct platform_device_id * id_table;                       //平台设备 id 列表
};
```

　　与 platform 设备结构类似,platform_driver 结构通常被包含在高层和总线相关的结构中,内核提供类似的函数用于操作 device_driver 对象。如最常见的是使用 platform_driver_register()函数接口将驱动注册到总线上,同时在 sysfs 文件系统中创建对应的目录。platform_driver 结构体还包括几个函数,用于处理探测、移除和管理电源事件。

　　platform_driver_register()函数接口在 drivers/base/platform.c 中定义如下:

```
int platform_driver_register(struct platform_driver * drv)
{
    drv -> driver.bus = &platform_bus_type;
    if (drv -> probe)
        drv -> driver.probe = platform_drv_probe;
    if (drv -> remove)
        drv -> driver.remove = platform_drv_remove;
```

```
        if (drv - > shutdown)
            drv - > driver. shutdown = platform_drv_shutdown;
        return driver_register(&drv - > driver);
}
```

platform 驱动程序的所属总线在该接口中被指定。如果在 struct platform_driver 中指定了各项接口的操作,就会为 struct device_driver 中的相应接口赋值。

8.2.5 设备树

Linux 内核从 3.x 版本开始引入设备树(device tree)的概念,用于实现驱动代码与设备信息的分离。在设备树出现以前,所有关于设备的具体信息都要写在驱动程序中,一旦外围设备变化,就要重写驱动程序代码。而引入设备树之后,驱动程序代码只负责处理驱动的逻辑,关于设备的具体信息则存放到设备树文件中,这样,如果只有硬件接口信息的变化而没有驱动逻辑的变化,则驱动程序开发者只需要修改设备树文件信息,不需要改写驱动代码。比如在 ARM-Linux 内,一个.dts(device tree source)文件对应一个 ARM 的设备(machine),用于描述硬件信息,包括 CPU 的数量和类别、内存基地址和内存大小、中断控制器、总线和桥、外设、时钟和 GPIO 控制器等。该文件一般放置在内核的 arch/arm/boot/dts/目录内,比如 exynos4412 参考板的板级设备树文件就是 arch/arm/boot/dts/exynos4412-origen. dts。.dts 文件可以通过 make dtbs 命令编译成二进制的.dtb(device tree blob)文件供内核驱动使用。

由于一个片上系统 SoC 可能对应多个设备,因此如果每个设备的设备树都写成一个完全独立的.dts 文件,那么一些.dts 文件势必会有重复的部分。为了解决这个问题,Linux 设备树目录将一个 SoC 公用的部分或者多个设备共同的部分提炼为相应的.dtsi 文件(dts 文件的头文件)。这样每个.dts 就只有存在差异的部分,公有的部分只需要包含相应的.dtsi 文件即可。这样的做法使得整个设备树的管理更加有序。

设备树用树状结构描述设备信息,它具有以下特性:

* 每个设备树文件都有一个根节点,每个设备都是一个节点。
* 节点间可以嵌套,形成父子关系,这样就可以方便地描述设备间的关系。
* 每个设备的属性都用一组键-值对(key-value)来描述。
* 每个属性的描述都用";"表示结束。

一个设备树的基本框架可以写成如下代码。一般来说,"/"表示板子,它的子节点 node1 表示 SoC 上的某个控制器,控制器中的子节点 node2 表示挂接在这个控制器上的设备。

```
/{                              //根节点
    node1{                      //node1 是节点名,是板子的子节点
        key = value;            //node1 的属性
        …
        node2{                  //node2 是 node1 的子节点
            key = value;        //node2 的属性
            …
        }
    }                           //node1 的描述到此为止
    node3{
```

```
        key = value;
        ...
    }
}
```

本节以 Linux 5.15 版本源代码中的 DM9000 网卡为例来分析设备树的使用和移植。这个网卡的设备树节点信息在 Documentation/devicetree/bindings/net/davicom-dm9000.txt 中有详细说明,其网卡驱动源代码是 drivers/net/ethernet/davicom/dm9000.c。下面是其网卡的设备树节点源代码。

```
Davicom DM9000 Fast Ethernet controller
Required properties:
- compatible = "davicom,dm9000";
- reg : physical addresses and sizes of registers, must contain 2 entries:
    first entry : address register,
    second entry : data register.
- interrupts : interrupt specifier specific to interrupt controller
Optional properties:
- davicom,no - eeprom : Configuration EEPROM is not available
- davicom,ext - phy : Use external PHY
- reset - gpios : phandle of gpio that will be used to reset chip during probe
- vcc - supply : phandle of regulator that will be used to enable power to chip
Example:
    ethernet@18000000 {
        compatible = "davicom,dm9000";
        reg = < 0x18000000 0x2 0x18000004 0x2 >;
        interrupt - parent = < &gpn >;
        interrupts = < 7 4 >;
        local - mac - address = [00 00 de ad be ef];
        davicom,no - eeprom;
        reset - gpios = < &gpf 12 GPIO_ACTIVE_LOW >;
        vcc - supply = < &eth0_power >;
    };
```

接下来通过对该代码段中的关键字说明进一步分析设备树的编写规则。

1. 节点名

基本的节点名格式如下:

```
node - name@unit - address
```

其中,node-name 是由字母、数字和一些特殊字符构成的字符串,长度不超过 31 个字符。节点名可自定义,但为了可读性规定了一些约定的名称,比如 cpus、memory、bus 和 clock 等。

节点名格式中 unit-address 为节点的地址,通常为寄存器的首地址,比如一款开发板名为 imx6q 开发板中 uart1 的寄存器地址范围为 0202_0000~0202_3FFF。在定义 uart1 节点时,对应的 unit-address 为 02020000。

```
uart1: serial@02020000 {undefined
...
}
```

有些节点没有对应的寄存器,则 unit-address 可省略,节点名只由 node-name 组成,比如 cpus。

```
cpus {undefined
...
}
```

根节点的名称比较特殊,由"/"组成。

```
/{undefined
...
}
```

Linux 中的设备树还包括几个特殊的节点,比如 chosen。chosen 节点不用于描述真实的设备,而是用于传递一些数据给操作系统,比如 BootLoader 传递内核启动参数给 Linux 内核。

2. 键-值对

在设备树中,键-值对(key-value)是描述属性的方式,比如,Linux 驱动中可以通过设备节点中的 compatible 属性查找设备节点。Linux 设备树语法中定义了一些具有规范意义的属性,如 compatible、address、interrupt 等。这些信息在进行内核初始化的时候,自动解析生成相应的设备信息。此外,还有一些特殊的设备通用的属性,这些属性一般不能被内核自动解析生成相应的设备信息,但是内核可以解析提取函数使用,常见的属性有 mac_addr、gpio、clock、power、regulator 等。

3. address

几乎所有的设备都需要与 CPU 的 I/O 端口相连,所以其 I/O 端口信息就需要在设备节点中说明。其中最常用的属性有:

- ♯address-cells,用来描述子节点 reg 属性地址表中首地址的 cell 的数量。
- ♯size-cells,用来描述子节点 reg 属性地址表中地址长度的 cell 的数量。

有了这两个属性,子节点中的 reg 就可以描述一块连续的地址区域。

4. interrupts

在一个计算机系统中,大量设备都是通过中断请求 CPU 服务的,设备节点需要指定中断号。常用的属性有:

- interrupt-controller,一个中断控制器节点。

♯interrupt-cells 是中断控制器节点 interrupt-controller 的属性,用来描述子节点中 interrupts 属性使用了父节点中的 interrupts 属性的具体值。一般地,如果父节点的该属性的值是 3,则子节点的一个 interrupts-cell 中的 3 个 32 位值分别为<中断域,中断,触发方式>;如果父节点的该属性是 2,则是<中断,触发方式>。

- interrupt-parent,标识此设备节点属于哪一个中断控制器。
- interrupts,一个中断标识符列表,表示每一个中断输出信号。

设备树中中断的内容涉及的内容比较多,interrupt-controller 表示这个节点是一个中断控制器。需要注意的是,一个 SoC 可能有不止一个中断控制器。下面是在文件 arch/arm/boot/dts/exynos4.dtsi 中对 exynos4412 的中断控制器(GIC)节点描述。

```
gic: interrupt - controller@10490000 {
        compatible = "arm,cortex - a9 - gic";
        # interrupt - cells = < 3 >;
        interrupt - controller;
        reg = < 0x10490000 0x10000 >, < 0x10480000 0x10000 >;
    };
```

5. gpio

gpio 也是最常见的 I/O 端口,设备树中常用的属性有:

- gpio-controller,用来说明该节点描述的是一个 GPIO 控制器。
- ♯gpio-cells,用来描述 gpio 使用节点的属性中一个 cell 的内容。

最后介绍一个设备树/驱动移植实例。

设备树为驱动服务,配置好设备树之后还需要配置相应的驱动才能检测配置是否正确。比如 DM9000 网卡,就需要首先将示例信息挂接到板级设备树上,并根据芯片手册和电路原理图对相应的属性进行配置,再配置相应的驱动程序。需要注意的是,DM9000 的地址线一般是接在片选线上的,所以设备树中就应该归属于相应片选线节点,本节用的 exynos4412 接在了 bank1,所以是"< 0x50000000 0x2 0x50000004 0x2 >"。最终的配置结果如下:

```
srom - cs1@5000000{
        compatible = "simple - bus";
        #address - cells = <1>;
        #size - cells = <1>;
reg = < 0x05000000   0x01000000 >;
        ranges;
        ethernet@5000000(
                compatible = "davicom,dm9000";
        reg = < 0x05000000 0x2 0x01000000 0x2 >;
interrupt - parent = < &gpx0 >;
            interrupts = < 6 4 >;
                local - mac - address = [ 00 00 de ad be ef ];
                davicom, no - eeprom;
            };
```

然后采用下列命令将 DM9000 的驱动编译进内核。

```
make menuconfig
make uImage
make dtbs
```

接下来加载 NFS 根文件系统并进入系统,表示网卡移植成功。

8.3   字符设备驱动设计框架

字符设备是使用最广泛的外围设备,也是开发者首先应该掌握的设备驱动程序。字符设备按照字符流的方式被有序访问,比如串口和键盘就都属于字符设备。如果一个硬件设备是以字符流的方式被访问,也就是说,按照顺序访问设备,则应该将它归于字符设备,它不具备缓冲区,对于该设备的读/写是实时的。反过来,如果一个设备是随机(无序的)访问的,那么它就属于块设备。

8.3.1 字符设备的重要数据结构

字符设备驱动程序编写通常都要涉及 3 个重要的内核数据结构，分别是 file_operations 结构体、file 结构体和 inode 结构体。

file_operations 为用户态应用程序提供接口，是系统调用和驱动程序关联的重要数据结构。结构体中每一个成员都对应一个系统调用，/dev 目录下的设备文件和驱动程序的连接就是通过 file_operations 结构体建立的。这个结构体的定义在内核源代码的 kernel/linux/fs.h 中。file_operation 结构中的每个成员都是指针，指向驱动中的函数，这些函数实现一个特别的操作，或者对不支持的操作置为 NULL。每个函数的 NULL 值对应的实际动作都不一样。

struct file_operations 是一个字符设备把所执行的操作和设备号联系在一起的接口，也是一系列指针的集合。下面是它的主要成员。

```
struct file_operations {
    struct module * owner;
    loff_t ( * llseek) (struct file *, loff_t, int);
    ssize_t ( * read) (struct file *, char __ user *, size_t, loff_t *);
    ssize_t ( * write) (struct file *, const char __ user *, size_t, loff_t *);
    ssize_t ( * aio_read) (struct kiocb *, const struct iovec *, unsigned long, loff_t);
    ssize_t ( * aio_write) (struct kiocb *, const struct iovec *, unsigned long, loff_t);
    int ( * readdir) (struct file *, void *, filldir_t);
    unsigned int ( * poll) (struct file *, struct poll_table_struct *);
    long ( * unlocked_ioctl) (struct file *, unsigned int, unsigned long);
    long ( * compat_ioctl) (struct file *, unsigned int, unsigned long);
    int ( * mmap) (struct file *, struct vm_area_struct *);
    int ( * open) (struct inode *, struct file *);
    int ( * flush) (struct file *, fl_owner_t id);
    int ( * release) (struct inode *, struct file *);
    int ( * fsync) (struct file *, int datasync);
    int ( * aio_fsync) (struct kiocb *, int datasync);
    int ( * fasync) (int, struct file *, int);
    int ( * lock) (struct file *, int, struct file_lock *);
    ssize_t ( * sendpage) (struct file *, struct page *, int, size_t, loff_t *, int);
    unsigned long ( * get_ unmapped_ area) (struct file *, unsigned long, unsigned long,
unsigned long, unsigned long);
    int ( * check_flags)(int);
    int ( * flock) (struct file *, int, struct file_lock *);
    ssize_t ( * splice_write)(struct pipe_inode_info *, struct file *, loff_t *, size_t,
unsigned int);
    ssize_t ( * splice_read)(struct file *, loff_t *, struct pipe_inode_info *, size_t,
unsigned int);
    int ( * setlease)(struct file *, long, struct file_lock **);
    long ( * fallocate)(struct file * file, int mode, loff_t offset,
                loff_t len);
};
```

其中，某些成员在前面已经介绍过了，这里继续说明其他主要成员。

```
struct module * owner
```

该成员不是一个操作，它是一个指向拥有这个结构的模块的指针。这个成员用来阻止模块在使用时被卸载。它被简单初始化为 THIS_MODULE。

```
ssize_t  (*read) (struct file * filp, char __user * buffer, size_t  size ,
loff_t * offset)
```

指针参数 filp 指向读取信息的目标文件，指针参数 buffer 为对应放置信息的缓冲区（即用户空间内存地址），参数 size 为要读取的信息长度，参数 offset 为读的位置相对于文件开头的偏移。这个函数用来从设备中获取数据。

```
ssize_t (*write) (struct file * filp, const char __user *  buffer, size_t count, loff_t *
offset)
```

参数 filp 为目标文件结构体指针；buffer 为要写入文件的信息缓冲区；count 为要写入信息的长度；offset 为当前的偏移位置，这个值通常用来判断写文件是否越界。此函数用来发送数据给设备。

```
int (*mmap) (struct file * ,struct vm_area_struct * )
```

mmap 用来请求将设备内存映射到进程的地址空间。当 mmap 方法的值为 NULL 时，系统调用返回 - ENODEV。

虽然结构体 file_operations 包含了很多操作，但在实际的设备驱动程序中只会用到其中很少的一部分，大部分操作将不会被用到。

file 结构体在内核代码 include/linux/fs.h 中定义，表示一个抽象的打开的文件，file_operations 结构体就是 file 结构的一个成员。file 结构并不限定于设备驱动程序，每个打开的文件在内核空间都有一个对应的 file 结构。内核在用 open()函数打开设备文件时创建 file 结构，并传递给在该文件上操作的所有函数，直到最后的 close()函数。内核源代码中通常用 filp 表示指向 file 结构体的指针，用以和 file 本身名字相区别。这样 file 是结构体本身，flip 是指向该结构的指针。

inode 结构表示一个文件，而 file 结构表示一个打开的文件。对于单个文件，系统允许有多个表示打开的文件描述符的 file 结构，但它们都指向同一个 inode 结构。inode 结构包含文件访问权限、属主、组、大小、生成时间、访问时间和最后修改时间等信息。它是 Linux 管理文件系统的最基本单位，也是文件系统连接任何子目录、文件的桥梁。inode 结构中的静态信息取自物理设备上的文件系统，由文件系统指定的函数填写，它只存在于内存中，可以通过 inode 缓存访问。虽然每个文件都有相应的 inode 节点，但是只有在需要的时候系统才会在内存中为其建立相应的 inode 数据结构。

每个进程为每个打开的文件分配一个文件描述符，每个文件描述符对应一个 file 结构，同一个文件被不同的进程打开后，在不同的进程中会有不同的 file 文件结构，其中包括了文件的操作方式（只读/只写/可读可写）、偏移量，以及指向 inode 的指针等。这样不同的 file 结构就指向了同一个 inode 节点。

inode 结构包含了相当多的文件相关的信息，这里只讨论与驱动程序编写相关的两个主要成员：

```
    dev_t   i_rdev;
```

该成员表示设备文件的 inode 结构,该字段包含了真正的设备编号。

```
    struct   cdev   * i_cdev;
```

成员 struct   cdev 表示字符设备的内部结构。当 inode 指向一个字符设备文件时,该字段包含了指向 struct   cdev 结构的指针。cdev 结构体通常被封装,所以在一般的字符设备驱动中不用考虑这个结构,它是由内核实现的,而不是由驱动程序实现。内核中使用 cdev 结构表示字符设备,定义如下:

```
struct cdev {
    struct kobject kobj;
    struct module * owner;
    const struct file_operations * ops;
    struct list_head list;
    dev_t dev;
    unsigned int count;
};
```

其中,kobject 是 2.6 内核统一设备模型的核心部分;owner 指针指向了所属模块;dev 为设备号,高 12 位为主设备号,低 20 位为次设备号。

内核代码提供了一组函数用来对 cdev 结构进行操作,实现字符设备的初始化、注册、添加及移除等功能。函数定义如下:

```
void cdev_init(struct cdev * , const struct file_operations * );
```

初始化,建立 cdev 和 file_operation 之间的连接。

```
struct cdev * cdev_alloc(void);
```

动态申请一个 cdev 内存。

```
void cdev_put(struct cdev * p);
```

释放内存。

```
int cdev_add(struct cdev * , dev_t, unsigned);
```

注册设备,通常发生在驱动模块的加载函数中。

```
void cdev_del(struct cdev * );
```

注销设备,通常发生在驱动模块的卸载函数中。

这里介绍一下字符设备的分配和初始化,它有动态和静态两种不同的方式。cdev_alloc() 函数用于动态分配一个新的 cdev 结构体并初始化。一般建立新的 cdev 结构体时可以使用该方式,这里给出一段参考代码。

```
struct cdev * my_cdev = cdev_alloc();
my_cdev -> owner = THIS_ MODULE;
my_cdev -> ops = &fops;
```

如果需要将 cdev 结构体嵌入指定设备结构中，则可以采用静态分配方式。cdev_init()
函数可以初始化一个静态分配的 cdev 结构体，并建立 cdev 和 file_operation 之间的连接。
与 cdev_alloc()唯一不同的是，cdev_init()函数用于初始化已经存在的 cdev 结构体。这里
给出一段参考代码。

```
struct cdev my_cdev ;
cdev_init(&my_cdev,&fops)。
my_cdev.owner = THIS_ MODULE;
```

视频讲解

8.3.2　字符设备驱动框架

上面介绍字符设备驱动程序的重要的数据结构，那么如何设计一个字符设备驱动程序
的数据结构？接下来介绍编写驱动程序的步骤和结构体之间的层次关系。

字符设备驱动程序的初始化流程一般可以用如下的过程来表示。

（1）定义相关的设备文件结构体（如 file_operation()中的相关成员函数的定义）。

（2）向内核申请主设备号（建议采用动态方式）。

（3）申请成功后，通过调用 MAJOR 获取主设备号。

（4）初始化 cdev 的结构体，可以通过调用 cdev_init()函数实现。

（5）通过调用 cdev_add()函数注册 cdev 到内核。

（6）注册设备模块，主要使用 module_init()函数和 module_exit()函数。

编写一个字符设备的驱动程序，首先要注册一个设备号。内核提供了 3 个函数来注册
一组字符设备编号，这 3 个函数分别是 alloc_chrdev_region()、register_chrdev_region()和
register_chrdev()。下面先分析各个函数的参数原型和含义，然后讨论它们之间的区别，以
便可以恰当地使用这些内核函数。其中，register_chrdev()在 8.3.1 节已经介绍过。这里
首先介绍 alloc_chrdev_region()函数，该函数用于动态申请设备号范围，通过指针参数返回
实际分配的起始设备号。其内核源代码如下：

```
int alloc_chrdev_region(dev_t * dev, unsigned baseminor, unsigned count,
            const char * name)
{
    struct char_device_struct * cd;
    cd = __register_chrdev_region(0, baseminor, count, name);
    if (IS_ERR(cd))
        return PTR_ERR(cd);
    * dev = MKDEV(cd -> major, cd -> baseminor);
    return 0;
}
```

在该函数中，有一个比较重要的数据结构 char_device_struct 的指针 cd。参数 baseminor、
count 和 name 传递给了函数 __register_chrdev_region(0, baseminor, count, name)。在
8.3.1 节中我们已经知道 major 表示申请设备的主设备号，baseminor 表示要申请的起始次

设备号,count 表示次设备数,name 是设备驱动的名称。在内核中,用 dev_t 类型数据表示设备号。在知道了 dev_t 值后,我们需要使用 MAJOR 和 MINOR 宏来获取相应的主次设备号。下面是这两个宏的实现。

```
#define MAJOR(dev)((unsigned int) ((dev) >> MINORBITS))
#define MINOR(dev) ((unsigned int) ((dev) & MINORMASK)
```

其定义在 include/linux/kdev_t.h 中,其中同时定义了宏所依赖的偏移和掩码。

```
#define MINORBITS   20
#define MINORMASK   ((1U << MINORBITS) - 1)
```

在知道主次设备号后,用 MKDEV 宏可获取 dev_t 类型的变量。

```
#define MAJOR(dev)   ((unsigned int) ((dev) >> MINORBITS))
#define MINOR(dev)   ((unsigned int) ((dev) & MINORMASK))
#define MKDEV(ma,mi)  (((ma) << MINORBITS) | (mi))
```

这就是 MKDEV 宏的定义。

在 alloc_chrdev_region() 函数最后,使用如下代码:

```
* dev  =  MKDEV(cd->major,  cd->baseminor)
```

将分配的主次设备号转化为内核需要使用的 dev_t 类型的数据,使应用层表示和内核源代码结合起来。

register_chrdev_region() 函数用于向内核申请分配已知可用的设备号(次设备号通常为 0)范围。下面是该函数的原型:

```
int register_chrdev_region(dev_t from,unsigned count,const char * name)
```

参数 from 是要分配的设备号的 dev_t 类型数据,表示要分配的设备编号的起始值,参数 count 表示允许分配设备编号的范围。这里要注意的是,一些常用设备的设备号是固定的,在源代码 documentation/device.txt 中可以找到。

在 8.3.1 节中已经介绍过 register_chrdev() 是一个老版本内核的设备号分配函数,不过新内核对其还是兼容的。register_chrdev() 兼容了动态和静态两种分配方式。register_chrdev() 不仅分配了设备号,也注册了设备。这是 register_chrdev() 与前两个函数的最大区别。也就是说,如果使用 alloc_chrdev_region() 或 register_chrdev_region() 分配设备号,则需要对 cdev 结构体初始化。而 register_chrdev() 则把对 cdev 结构体的操作封装在了函数的内部。所以在一般的字符设备驱动程序中,不会看到对 cdev 的操作。

与注册分配字符设备编号的方法类似,内核提供了两个注销字符设备编号范围的函数 unregister_chrdev_region() 和 unregister_chrdev()。这两个函数实际上都调用了 __unregister_chrdev_region() 函数,原理是一样的。

register_chrdev() 函数封装了 cdev 结构的操作,而 alloc_chrdev_region() 或 register_chrdev_region() 只提供了设备号的注册,并未真正地初始化一个设备,只有 cdev 这个表示设备的结构体初始化了,才可以说设备初始化了。

通过上述的介绍,这里举出字符设备驱动程序的两种常见编程架构。

架构一:

```
static int __init xxx_init(void)
{
  ...
  register_chrdev(xxx_dev_no, DEV_NAME,&fops);
}
static void __exit xxx_exit(void)
{
    unregister_chrdev(xxx_dev_no, DEV_NAME);
  ...
}
module_init(xxx_init);
module_exit(xxx_exit);
```

架构二:

```
struct xxx_dev_t
{
    struct cdev cdev;
    ...
} xxx_dev;
static int __init xxx_init(void)
{
    ...
    cdev_init(&xxx_dev.cdev, &xxx_fops);
    xxx_dev.cdev.owner = THIS_MODULE;
    alloc_chrdev_region(&xxx_dev_no, 0, 1, DEV_NAME);
}
    ret = cdev_add(&xxx_dev.cdev, xxx_dev_no, 1);
    ...
}
static void __exit xxx_exit(void)
{
    unregister_chrdev_region(xxx_dev_no, 1);
    cdev_del(&xxx_dev.cdev);
    ...
}
module_init(xxx_init);
module_exit(xxx_exit);
```

在这两个架构中,前一个架构应用 register_chrdev()函数封装了 cdev,后面可以直接定义 file_operations 结构体提供系统调用接口；后一个架构用 alloc_chrdev_region()注册设备号,然后用 cdev_init 初始化了一个设备,接着用 cdev_add 添加了该设备。两种架构在模块卸载函数中,分别用相应的卸载函数实现。

当 file_operations 结构与设备关联在一起后,就可以在驱动的架构中补全 file_operations 的内容,实现一个完整的驱动架构,比如:

```
static unsigned int xxx_open()
{
...
}
```

```
static unsigned int xxx_ioctl()
{
    ...
}
struct file_operations fops = {
.owner = THIS_MODULE,
.open = xxx_open,
.ioctl = xxx_ioctl,              //注意新式写法这里应是 .unlocked_ioctl = xxx_ioctl
};
static int __init xxx_init(void)
{
...
register_chrdev(xxx_dev_no, DEV_NAME,&fops);
}
static void __exit xxx_exit(void)
{
unregister_chrdev(xxx_dev_no, DEV_NAME);
    ...
}
module_init(xxx_init);
module_exit(xxx_exit);
```

当然,上面只是列举了两个常见的字符设备驱动程序的框架写法,更多信息有兴趣的读者可以查阅相关资料并实践编写。

8.4 嵌入式网络设备驱动设计

在"互联网+"时代的背景下,网络对于嵌入式系统而言已经成为必不可少的组成部分。以太网技术凭借高速开放的特性在嵌入式系统中得到广泛应用。以太网对应 ISO 分层中的数据链路层和物理层。以太网接口包含介质访问控制层(MAC)和物理层(PHY)。MAC 通过读取和设置 PHY 的寄存器获得 PHY 的状态信息或者改变 PHY 的参数。

目前嵌入式系统使用以太网接口通常有两种方式:一是片上系统携带 MAC 控制器配合外接 PHY 芯片,如 RTL8201 等;二是片上系统外接同时具有 MAC 控制器和 PHY 接收器的网卡芯片,如 DM9000 等。

8.4.1 网络设备驱动程序框架

与字符设备和块设备的驱动程序处理方法有些类似,为了达到屏蔽网络环境中物理网络设备的多样性的效果,Linux 操作系统利用面向对象的思想对所有的网络物理设备进行抽象,并定义一个统一的接口。对于所有物理网络设备的访问都是通过这个接口进行的。通过这个接口向用户提供一个对于所有类型的物理网络设备一致化的操作集合,从而屏蔽了对各种网络芯片的具体访问方式,提高了程序的易用性和通用性。

但是与其他两类设备驱动程序的框架不同的是,网络设备驱动程序有着自身的特点:

第一,网络接口是用一个 net_device 数据结构表示的。字符设备或块设备在文件系统中都存在一个相应的特殊设备的文件来表示其相对应的设备,如/dev/hda1、/dev/tty1 等。对字符设备和块设备的访问都需通过文件操作界面。网络设备在对数据包进行发送或接收时,则直接通过网络接口(套接字 socket)访问,不需要进行文件上的操作。

第二,网络接口是在系统初始化时实时生成的,当物理网络设备不存在时,也不存在与之相对应的 device 结构。而即使字符设备和块设备的物理设备不存在,在/dev 下也必定有与之相对应的文件。

嵌入式 Linux 的网络系统主要采用 socket 机制,操作系统和驱动程序之间定义专门的数据结构 sk_buff 用来进行数据包的发送与接收。

对于 Linux 网络设备驱动程序可以分为网络协议接口层、网络设备接口层、提供实际功能的设备驱动功能层和网络设备与媒介层 4 层,如图 8-4 所示。

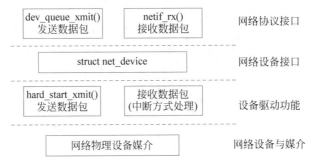

图 8-4　网络设备驱动模型层次结构

(1) 网络协议接口层负责向网络层协议提供统一的数据包发送和接收接口,而不论上层协议是 ARP 还是 IP,该层中的 dev_queue_xmit()函数用来发送数据包,netif_rx()函数用来接收数据包。

(2) 网络设备接口层能够给协议接口层提供统一并具有具体网络设备属性和操作的数据结构体 device(struct net_device),device 结构体是网络设备驱动功能层中各个函数的容器。从宏观上出发,网络设备接口层规划了具体用来操作硬件的网络设备驱动功能层的结构。

(3) 设备驱动功能层中各个函数是网络设备接口层中 device 数据结构体的具体成员函数,其能够驱使网络设备硬件完成相应动作的程序,并通过函数 hard_start_xmit()开启发送数据包的操作、通过网络设备的中断触发开启接收数据包操作。

(4) 网络设备和媒介层是完成数据包发送和接收的物理实体,包括网络适配器和具体的传输媒介,网络适配器被设备驱动功能层中的函数在物理上驱动。对于 Linux 操作系统而言,网络设备和媒介都可以是虚拟的。通常一个网络接口都有与之对应的名字,用来标志系统中唯一的网络接口。Linux 操作系统对网络设备命名有以下的规定。

eth N：以太网接口,包括 10Mbps 和 100Mbps(其中 N 为一个非负整数)。

tr N：令牌环接口。

sl N：SLIP 网络接口。

ppp N：PPP 网络接口,同步和异步。

plip N：PLIP 网络接口,N 与打印端口号相同。

tunl N：IPIP 压缩频道网络接口。

nr N：Net ROM 虚拟设备接口。

isdn N：ISDN 网络接口。

dummy N：空设备。

lo：回送网络接口。

设计网络设备(最主要的就是网卡)驱动程序最主要的工作就是设计网络设备驱动功能层,使其满足网卡所需要的功能。Linux 系统中将所有网络设备都抽象为一个接口,该接口提供了对所有网络设备的操作集合,用数据结构体 net_device 表示网络设备在操作系统中的运行状况,即网络设备接口。

8.4.2 网络设备驱动程序关键数据结构

Linux 系统中的每一个网络设备都有相应的 device 结构与之对应。当驱动模块加载进系统时,驱动程序进行设备探测、资源请求等工作。这与字符设备和块设备驱动所做的工作基本一样,不同的地方在于网络设备驱动不像字符设备和块设备那样请求主设备号,而是在一个全局网络设备表里为每一个新探测到的网络设备插入一项 struct device 数据结构。

由 8.4.1 节可知,Linux 中网络驱动程序中最重要的工作是根据上层网络设备接口层定义的 net_device 数据结构和底层硬件特性,完成网络设备驱动程序的功能,主要包括数据的接收、发送等。因此在网络驱动程序部分最重要的就是两个数据结构。

一个是 sk_buff 数据结构。在 TCP/IP 中不同协议层间以及和网络驱动程序之间数据包的传递都是通过这个结构体完成的,sk_buff 结构体主要包括传输层、网络层、连接层需要的变量,决定数据区位置和大小的指针,以及发送接收数据包所用到的具体设备信息等。

sk_buff 位于网络协议接口层,用于在 Linux 网络子系统各层次之间传递数据,定义在include/linux/skbuff.h 中。其主要使用思想是:当发送数据包时,将要发送的数据存入sk_buff 中,传递给下层,通过添加相应的协议头交给网络设备发送。当接收数据包时,将数据保存在 sk_buff 中,并传递到上层,上层通过剥去协议头直至交给用户。

Linux 内核对 sk_buff 的操作有分配、释放、变更等。

(1)分配操作有两个函数可供调用。一个函数是 sk_buff * alloc_skb(),在内核分配套接字缓冲区,其原型如下:

```
struct sk_buff * alloc_skb(unsigned int len,gfp_t priority);
```

该函数分配一个套接字缓冲区和一个数据缓冲区,并初始化 data、tail、head 成员。由内核协议栈分配。

另一个函数是 sk_buff * dev_alloc_skb(),其原型如下:

```
struct sk_buff * dev_alloc_skb(unsigned int len);
```

该函数以 GFP_ATOMIC 优先级调用 alloc_skb()分配。

(2)释放操作主要用于释放缓冲区,主要函数原型如下:

```
void kfree_skb(struct sk_buff * skb);
void dev_kfree_skb(struct sk_buff * skb);
void dev_kfree_skb_irq(struct sk_buff * skb);
void dev_kfree_skb_any(struct sk_buff * skb);
```

其中 kfree_skb()函数由内核协议栈调用,在设备驱动中则使用其他释放函数。dev_kfree_skb()函数在驱动程序中释放缓冲区,用于非中断缓冲区。dev_kfree_skb_irq()用于中断上下文。dev_kfree_skb_any()在非中断缓冲区和中断上下文中都可使用。

（3）变更操作可使用的函数较多，这里介绍其中两个函数原型。

```
unsigned char * skb_put(struct sk_buff * skb,unsigned int len);
unsigned char * skb_push(struct sk_buff * skb,unsigned int len);
```

这两个函数的功能是向缓冲区尾部添加数据并更新 skbuff 结构中的 tail 和 len。只不过前者是 skb->tail 后移 len 字节，后者是 skb->data 前移 len 字节。

另一个是 net_device 数据结构。结构体 net_device 存储一个网络接口的重要信息，是网络驱动程序的核心。在逻辑上，它可以分割为两个部分：可见部分和隐藏部分。可见部分由外部赋值。隐藏部分的域段仅面向系统内部，它们可以随时被改变。结构体 net_device 位于网络设备接口层，用于描述一个网络设备，定义在 include/linux/netdevice.h 文件中。其内部成员包含了网络设备的属性描述和接口操作。结构体 net_device 代码量较大，限于篇幅限制，这里仅提供部分源代码。

```
struct net_device {
    char        name[IFNAMSIZ];
    struct pm_qos_request_list pm_qos_req;
    struct hlist_node    name_hlist;              /* 设备名称哈希链表 *
    char                 * ifalias;
    unsigned long        mem_end;                 /* 共享内存终止 */
    unsigned long        mem_start;               /* 共享内存起始 */
    unsigned long        base_addr;               /* 设备 I/O 地址 */
    unsigned int         irq;                     /* 设备 IRQ 编号 */
...
}
```

该结构体包括了对设备的操作函数打开、关闭等，具体函数实现在设备驱动程序中。这里介绍一些成员。

（1）char name[IFNAMSIZ]表示设备名字。如果第一字符为空字符或空格，则注册程序将会赋给它一个 n 最小的可用网络设备名 ethn。

（2）unsigned long mem_start 和 unsigned long mem_end 表示该成员标志被网络设备使用的共享内存的首地址及尾地址。若网络设备用来接收和发送数据的内存块是不相同的，那么用 mem 域段标志发送数据的内存位置，用 rmem 标志接收数据的内存位置。段域 mem_start 和 mem_end 可在操作系统启动时用内核的命令行指定，用 Linux 命令 ifconfig 可以查看的段域 mem_start 和 mem_end 值。

（3）unsigned long base_addr 表示基本 I/O 地址，在设备探测的时候指定。使用 ifconfig 命令可对其修改。

（4）unsigned int irq 表示中断号，在网络设备检测时被赋予处置，但也可以在操作系统启动时指定传入值。

8.4.3　网络设备驱动程序设计方法概述

概括地说，一个网络设备的驱动程序至少应该包括以下内容：

（1）该网络设备的检测及初始化函数，供内核启动初始化时调用，若要写成 module 兼容方式，还需要编写该网络设备的 init_module()和 cleanup_module()函数。

（2）调用 open()、close()函数进行网络设备的打开和关闭操作。

（3）提供该网络设备的数据传输函数，负责向硬件发送数据包。

（4）中断服务程序，用来处理数据的接收和发送。当物理网络设备有新数据到达或数据传输完毕时，将向系统发送硬件中断请求，该函数就是用来响应该中断请求的。

网络设备驱动程序的设计需要完成网络设备的注册、初始化与注销，以及进行发送和接收数据处理，并能针对传送超时、中断等情况进行及时处理。在 Linux 内核中提供了设备驱动功能层主要的数据结构和函数的设计模板。普通开发者只需要根据实际硬件情况完成"填空"步骤即可完成相关工作。

下面以网卡 DM9000 为例解读网络设备驱动程序的设计方法。

8.5　网络设备驱动程序示例——网卡 DM9000 驱动程序分析

视频讲解

网卡 DM9000 是一款使用广泛的完全集成带有通用处理器接口的拥有低功耗和高性能进程特点的单芯片快速以太网控制器。DM9000 具有一个 10Mbps/100Mbps 自适应的 PHY 和 4K 双字的 SRAM。DM9000 网卡支持 8 位/16 位/32 位接口访问内部存储器，并遵照 IEEE 802.3u 标准进行设计。DM9000 具备自动协调带宽功能，同时支持 IEEE 802.3x 全双工流量控制。

DM9000 网卡的初始化不光是复位以太网卡，还包括其他设置。以太网卡的复位分为硬件复位和软件复位。硬件复位通过给 DM9000 的 RST 引脚一个高电平脉冲来复位以太网卡。软件复位通过写 dm9000_reset()函数复位。初始化的第二步是设置寄存器的初始值。网卡寄存器中保存以太网的物理地址，只有与网卡寄存器保存的以太网物理地址相同的以太网帧才能被接收。硬件复位必须是以太网口的第一个复位。硬件复位后要经过一定时间的等待才能对以太网口进行读/写操作。

在整个网络接口驱动程序中，首先要通过检测物理设备的硬件特征判断网络物理设备是否存在，接着决定是否启动这个网络物理设备驱动程序。然后会对网络物理设备进行资源配置，指定配置好硬件资源后，向操作系统申请这些资源，如中断、I/O 空间等。最后，对结构体 net_device 相应的成员变量初始化，使得这个网络设备可被操作系统使用。对于 DM9000 网卡驱动程序，在程序运行时，内核首先调用检测函数用来发现已经安装好的网卡，如果网卡支持即插即用，那么检测将自动发现已安装网卡的参数；否则，在程序运行前，先设置好网卡参数。当进行发送数据时，调用发送函数，其过程是先将数据写入，再激活发送函数。

如图 8-5 所示是 DM9000 驱动程序的整体流程图。主程序将进行 DM9000 的初始化和网卡检测、网卡参数获取等。DM9000 网卡驱动程序实现的关键是数据包的发送和接收，网卡能否正常运行取决于是否能正确实现数据包发送和接收处理功能。由于一般驱动程序中不存在接收数据包的方法，因此应当由底层驱动程序来通知操作系统有数据接收到。一般情况下，当网络设备接收到数据后将会产生中断，在中断处理程序中，驱动程序申请一块数据结构 sk_buff，读出数据并将其放

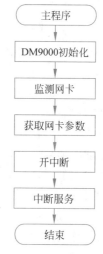

图 8-5　DM9000 驱动程序的整体流程图

到提前申请好的数据缓冲区中。当 DM9000 网卡接收到数据包、发送数据包结束或者出现错误时，网卡将会产生中断，并调用中断处理函数，判断产生中断的原因，并对此中断进行处理。此驱动程序中的中断服务函数以查询方式识别中断源，并对其进行处理。

下面通过 DM9000 驱动程序源代码对网络设备驱动程序的设计方法进行说明，由于整个源代码数量较大，限于篇幅限制这里只列出其中比较重要的部分，完整版本源代码请读者查看相关程序（drivers/net/dm9000.c）。

1. 初始化及注册

由于 DM9000 网卡是以平台设备 platform 的方式注册到内核中的，因此可以看到一个 platform_driver 的结构体。由于驱动程序源代码写成模块兼容方式，因此这里编写了该网络设备的 init_module()和 cleanup_module()函数。

```
static struct platform_driver dm9000_driver = {
    .driver         = {
        .name       = "dm9000",
        .owner      = THIS_MODULE,
        .pm         = &dm9000_drv_pm_ops,
    },
    .probe          = dm9000_probe,
    .remove         = __devexit_p(dm9000_drv_remove),
};
static int __init
dm9000_init(void)
{
    printk(KERN_INFO "%s Ethernet Driver, V%s\n", CARDNAME, DRV_VERSION);
    return platform_driver_register(&dm9000_driver);
}
static void __exit
dm9000_cleanup(void)
{
    platform_driver_unregister(&dm9000_driver);
}
module_init(dm9000_init);
```

因为基于 platform 模型编写，所以通过在模块的加载函数 dm9000_init()中采用 platform_driver_register()函数注册进内核，当设备驱动与设备匹配正确后，转入执行 dm9000_probe()函数，该函数包含真正的 DM9000 网卡驱动注册函数——register_netdev()。

接下来，dm9000_probe()函数要完成网络设备的初始化，register_netdev()函数完成网卡驱动的注册。

模块加载后转入 probe 中执行，在 probe 中完成了分配 net_device、网络设备的初始化，设备驱动的加载。网络设备初始化包括：进行硬件上的准备工作，检查网络设备是否存在，检测所使用的硬件资源（主要是 resource 获得软件接口上的准备工作），获得私有数据指针，初始化以太网设备公有成员，初始化自旋锁或并发同步机制，申请设备所需的硬件资源 request_region 等。最后，probe 通过调用 ret=register_netdev(ndev)向内核注册一个已经完成初始化的网络设备对象 ndev。

整个过程中有几个需要注意的地方。首先是 alloc_etherdev()函数的使用，从注释中可以知道，alloc_etherdev()函数可以动态创建一个以太网类型的网络设备对象 ndev，并且可以根据以太网设备的共有属性初始化 ndev 成员。在 alloc_etherdev()函数中,我们可以看到重要参数 struct board_info。struct board_info 不是通用的,它仅适用于正在编写的网络设备驱动,这是由设备的多样性决定的。

其次是 platform_get_resource()函数的使用。该函数用来获得设备需要使用的存储器资源和中断资源,并通过 request_mem_region()函数检查申请的资源是否可用,然后向内核申请并注册存储器资源。

2. dm9000_open()设备打开函数

open()函数在执行 ifconfig 命令时会被激活。其主要功能是打开网络设备,获得设备所需的 I/O 地址,IRQ、DMA 通道等,注册中断、设置寄存器、启动发送队列。这里要注意的是,在字符设备驱动中,中断注册是放在模块初始化函数中的,而网卡驱动则放在 open()函数中。原因是网卡有禁用操作,当被禁用的时候,要将占用的中断号释放。

```
dm9000_open(struct net_device * dev)
{
board_info_t * db = netdev_priv(dev);          /* 获取设备私有数据 返回 board_info_t 的地址 */
    unsigned long irqflags = db->irq_res->flags & IRQF_TRIGGER_MASK;
    if (netif_msg_ifup(db))
        dev_dbg(db->dev, "enabling % s\n", dev->name);
        if (irqflags == IRQF_TRIGGER_NONE)
        dev_warn(db->dev, "WARNING: no IRQ resource flags set.\n");
    irqflags |= IRQF_SHARED;
        iow(db, DM9000_GPR, 0);
    mdelay(1);
    /* 初始化 DM9000 板 */
    dm9000_reset(db);                        /* 复位 DM9000 */
    dm9000_init_dm9000(dev);                  /* 初始化 dm9000 中 net_device 结构中的成员 */
    if (request_irq(dev->irq, dm9000_interrupt, irqflags, dev->name, dev))
        return - EAGAIN;
    /* 初始化驱动变量 */
    db->dbug_cnt = 0;
    mii_check_media(&db->mii, netif_msg_link(db), 1);
    netif_start_queue(dev);                   /* 启动发送队列,协议栈向网卡发送 */
    dm9000_schedule_poll(db);
    return 0;
```

3. dm9000_stop()设备关闭函数

dm9000_stop()函数源代码如下:

```
static int
dm9000_stop(struct net_device * ndev)
{
    board_info_t * db = netdev_priv(ndev);
    if (netif_msg_ifdown(db))
        dev_dbg(db->dev, "shutting down % s\n", ndev->name);
    cancel_delayed_work_sync(&db->phy_poll);       // 终止 phy_poll 队列中被延迟的任务
    netif_stop_queue(ndev);                        // 关闭发送队列
    netif_carrier_off(ndev);
    free_irq(ndev->irq, ndev);                     // 释放中断
    dm9000_shutdown(ndev);                         // 关闭 DM9000 网卡
```

```
        return 0;
}
```

4. dm9000_shutdown()函数

dm9000_shutdown 函数的功能是复位 PHY，对寄存器 GPR、IMR 和 RCR 置位，关闭 DM9000 电源，关闭所有的中断并不再接收任何数据。

```
static void
dm9000_shutdown(struct net_device * dev)
{
    board_info_t * db = netdev_priv(dev);
    /* RESET device */
    dm9000_phy_write(dev, 0, MII_BMCR, BMCR_RESET);       // 复位 PHY
    iow(db, DM9000_GPR, 0x01);
    iow(db, DM9000_IMR, IMR_PAR);                         //关闭所有的中断
    iow(db, DM9000_RCR, 0x00);                            // Disable RX,不再接收数据
}
```

5. 数据发送函数

DM9000 驱动中数据包发送流程为：首先设备驱动程序从上层协议传递过来的 sk_buff 参数获得数据包的有效数据和长度，将有效数据放入临时缓冲区中，然后设置硬件寄存器，驱动网络设备进行数据发送操作。主要涉及的函数是 dm9000_start_xmit()。

```
dm9000_start_xmit(struct sk_buff * skb, struct net_device * dev)
{
    unsigned long flags;
    board_info_t * db = netdev_priv(dev);
    dm9000_dbg(db, 3, "%s:\n", __func__);
    if (db -> tx_pkt_cnt > 1)
        return NETDEV_TX_BUSY;
    spin_lock_irqsave(&db -> lock, flags);             /* 获得自旋锁 */
    writeb(DM9000_MWCMD, db -> io_addr);
                                        /* 根据 IO 操作模式(8位或16位)来增加指针 1 或 2 */
    (db -> outblk)(db -> io_data, skb -> data, skb -> len);
                                        /* 将数据从 sk_buff 中 copy 到网卡的 TX SRAM 中 */
    dev -> stats.tx_bytes += skb -> len;        /* 统计发送的字数 */
    db -> tx_pkt_cnt++;
        if (db -> tx_pkt_cnt == 1) {            /* 如果计数为 1,直接发送 */
        dm9000_send_packet(dev, skb -> ip_summed, skb -> len);
    } else {
        db -> queue_pkt_len = skb -> len;
        db -> queue_ip_summed = skb -> ip_summed;
        netif_stop_queue(dev);                   /* 告诉上层停止发送 */
    }
    spin_unlock_irqrestore(&db -> lock, flags);  /* 解锁 */
    dev_kfree_skb(skb);                          /* 释放 SKB */
    return NETDEV_TX_OK; }
```

dm9000_start_xmit()函数中获得要发送的数据字节数，并调用 dm9000_send_packet() 来发送数据。

6. 发送中断处理函数

当一个数据包发送完成后会产生一个中断,进入中断处理函数。发送中断处理涉及函数 dm9000_tx_done(),源代码如下:

```
static void dm9000_tx_done(struct net_device * dev, board_info_t * db)
{
    int tx_status = ior(db, DM9000_NSR);
    if (tx_status & (NSR_TX2END | NSR_TX1END)) {
        //检测一个数据包发送完毕
        db -> tx_pkt_cnt -- ;
        dev -> stats.tx_packets++;
        if (netif_msg_tx_done(db))
            dev_dbg(db -> dev, "tx done, NSR % 02x\n", tx_status);
        if (db -> tx_pkt_cnt > 0)
            dm9000_send_packet(dev, db -> queue_ip_summed,
                        db -> queue_pkt_len);
        netif_wake_queue(dev);                      // 启动发送队列
    }
}
```

8.6 本章小结

本章介绍 Linux 的设备驱动程序的基本概念、设计框架、内核设备模型,以及字符设备、网络设备的驱动程序设计方法。随着外围设备的日益发展壮大,驱动程序的设计需求也不断增多。据相关报道,微软公司开发研究部门中约有一半程序员从事设备驱动程序的设计工作。而在嵌入式领域,由于外围设备种类众多,接口不统一,性能要求差异大,因此对设计工作提出了很高的要求。读者应该从实践出发,认真阅读 Linux 内核相关设备驱动源代码,在总结分析的基础上进行驱动程序的研究和开发工作。

习题

1. 作为 Linux 内核的重要组成部分,设备驱动程序主要完成哪些功能?
2. 设备驱动程序主要的构成单元是什么?
3. Linux 设备驱动程序分类有哪些?
4. Linux 驱动程序是如何加载进内核的?
5. Linux 内核中解决并发控制最常用的方法是什么?
6. Linux 内核设备模型的主要组成单元有哪些?
7. 简述 platform 总线模型机制。
8. Linux 的设备驱动程序可以分为哪些部分?
9. 字符设备驱动程序编写通常都要涉及 3 个重要的内核数据结构,请简要叙述。
10. 简述字符设备驱动程序的初始化流程。
11. 简述 Linux 内核的 I2C 总线驱动程序框架。
12. 简述 I2C 设备驱动的通用方法。
13. 块设备的应用在 Linux 中是一个完整的子系统,简述块设备的驱动整体框架构成。
14. 简述 Linux 网络设备驱动程序的整体框架构成。

## 第 9 章

嵌入式 Linux 高级编程

本章对嵌入式 Linux 环境下的一些高级编程知识进行分析,包括 socket 编程、多线程应用程序、驱动程序、Yocto Project、嵌入式人工智能 TensorFlow Lite、Web 服务器和 SQLite 数据库等相关内容。

9.1 嵌入式 Linux 下的 socket 编程

9.1.1 socket() 函数简介

嵌入式 Linux 系统通常通过提供套接字(socket)来进行网络编程的。网络的套接字数据传输是一种特殊的 I/O,socket 也是一种文件描述符。socket 有一个类似于打开文件的函数 socket(),调用 socket() 函数则返回一个整型的 socket 的描述符,连接建立、数据传输等操作都是通过该 socket() 实现的。

1. 基本 socket() 函数

1) socket() 函数

函数原型为:

```
int socket( int domain, int type, int protocol)。
```

功能说明:若调用成功,则返回 socket 文件描述符; 若调用失败,则返回-1,并设置 errno。

参数说明:domain 指明所使用的协议族,通常为 PF_INET,表示 TCP/IP 协议;type 参数指定 socket 的类型,基本上有数据流套接字、数据报套接字、原始套接字 3 种;protocol 通常赋值 0。

2) bind() 函数

函数原型为:

```
int bind( int sock_fd, struct sockaddr_in * my_addr, int addrlen)。
```

功能说明:将套接字和指定的端口相连。调用成功返回 0;否则返回-1,并置 errno。

参数说明:sock_fd 是调用 socket 函数返回值,my_addr 是一个指向包含有本机 IP 地址及端口号等信息的 sockaddr 类型的指针,addrlen 为 sockaddr 的长度,ruct sockaddr_in

结构类型是用来保存 socket 信息的,其声明如下:

```
struct sockaddr_in {
short int sin_family;
unsigned short int sin_port;
struct in_addr sin_addr;
unsigned char sin_zero[8];
}。
```

3) connect()函数

函数原型为:

```
int connect(int sock_fd,struct sockaddr * serv_addr,int addrlen)。
```

功能说明:客户端发送服务请求。调用成功返回 0;否则返回−1,并置 errno。

参数说明:sock_fd 是 socket 函数返回的 socket 描述符,serv_addr 是包含远端主机 IP 地址和端口号的指针,addrlen 是结构 sockaddr_in 的长度。

4) listen()函数

函数原型为:

```
int listen(int sock_fd,int backlog);
```

功能说明:等待指定的端口的出现客户端连接。调用成功返回 0;否则返回−1,并置 errno。

参数说明:sock_fd 是 socket()函数返回值,backlog 指定在请求队列中允许的最大请求数。

5) accecpt()函数

函数原型为:

```
int accept(int sock_fd, struct sockadd_in * addr, int addrlen);
```

功能说明:用于接收客户端的服务请求。调用成功则返回新的套接字描述符;否则返回−1,并置 errno。

参数说明:sock_fd 是被监听的 socket 描述符;addr 通常是一个指向 sockaddr_in 变量的指针;addrlen 是结构 sockaddr_in 的长度。

6) write()函数

函数原型为:

```
ssize_t write(int fd,const void * buf,size_t nbytes)。
```

功能说明:write()函数将 buf 中的 nbytes 字节内容写入文件描述符 fd。调用成功则返回写的字节数;否则返回−1,并设置 errno。

在网络程序中,当向套接字文件描述符写时有两种可能:write()的返回值大于 0,表示写了部分或全部的数据;write()的返回值小于 0,此时出现了错误,需要根据错误类型来处理,如果错误为 EINTR 则表示在写的时候出现了中断错误,如果错误为 EPIPE 则表示网络连接出现了问题。

7）read()函数

函数原型为：

```
ssize_t read(int fd,void * buf,size_t nbyte)
```

函数说明：read()函数负责从 fd 中读取内容。当读成功时，read 返回实际所读的字节数，如果返回的值是 0 则表示已经读到文件的结束位置，如果返回值小于 0 则表示出现了错误。其中如果错误为 EINTR 则说明读是由中断引起的，如果错误是 ECONNREST 则表示网络连接出了问题。

8）close()函数

函数原型为：

```
int close(sock_fd);
```

该函数比较简单，当所有的数据操作结束以后，可以调用 close()函数来释放该 socket，从而停止在该 socket 上的任何数据操作。函数运行成功则返回 0，否则返回 -1。

2. socket 编程的其他函数

1）网络字节顺序转换函数

每一台机器内部对变量的字节存储顺序不同，而网络传输的数据是要统一顺序的，所以要对数据进行转换。从程序的可移植性要求来讲，即使本机的内部字节表示顺序与网络字节顺序相同，也应该在传输数据之前先调用数据转换函数，以便程序移植到其他机器上后能正确执行。有关的转换函数有：

```
* unsigned short int htons(unsigned short int hostshort)
```

该函数将主机字节顺序转换成网络字节顺序，对无符号短型进行操作。

```
* unsigned long int htonl(unsigned long int hostlong)
```

该函数将主机字节顺序转换成网络字节顺序，对无符号长型进行操作。

```
* unsigned short int ntohs(unsigned short int netshort)
```

该函数将网络字节顺序转换成主机字节顺序，对无符号短型进行操作。

```
* unsigned long int ntohl(unsigned long int netlong)
```

该函数将网络字节顺序转换成主机字节顺序，对无符号长型进行操作。

以上函数原型定义在 netinet/in.h 中。

2）IP 地址转换函数

有 3 个函数可实现形式表示为（*.*.*.*）的字符串 IP 地址与 32 位网络字节顺序的二进制形式的 IP 地址进行转换的功能。它们分别是：

```
unsigned long int inet_addr(const char * cp)
```

该函数把一个用(*.*.*.*)表示的IP地址的字符串转换成一个无符号长整型数。该函数成功时返回转换结果。失败时返回常量 INADDR_NONE。该常量的值相当于一个广播地址,即(255.255.255.255)。

```
int inet_aton(const char * cp, struct in_addr * inp)
```

该函数将字符串形式的IP地址转换成二进制形式的IP地址。成功时返回1,否则返回0,转换后的IP地址存储在参数 inp 中。

```
char * inet_ntoa(struct in-addr in)
```

该函数将32位二进制形式的IP地址转换为(*.*.*.*)形式的IP地址,返回一个指向字符串的指针。

3) 字节处理函数

socket 地址是多字节数据,不是以空字符结尾的,这和 C 语言中的字符串是不同的。Linux 提供了两组函数来处理多字节数据:一组以 b(byte)开头,是和 BSD 系统兼容的函数;另一组以 mem(内存)开头,是 ANSI C 提供的函数。这两组函数的原型均定义在 strings.h 中。

以 b 开头的函数有:

```
void bzero(void * s, int n)
```

该函数将参数 s 指定的内存的前 n 字节设置为0,通常它用来将套接字地址清0。

```
void bcopy(const void * src, void * dest, int n)
```

该函数从参数 src 指定的内存区域复制指定数目的字节内容到参数 dest 指定的内存区域。

```
int bcmp(const void * s1, const void * s2, int n)
```

该函数比较参数 s1 指定的内存区域和参数 s2 指定的内存区域的前 n 字节内容,如果相同则返回0,否则返回非0。

以 mem 开头的函数有:

```
void * memset(void * s, int c, size_t n)
```

该函数将参数 s 指定的内存区域的前 n 字节设置为参数 c 的内容。

```
void * memcpy(void * dest, const void * src, size_t n)
```

该函数的功能与 bcopy()相同,区别是函数 bcopy()能处理参数 src 和参数 dest 所指定的区域有重叠的情况,而函数 memcpy()不能。

```
int memcmp(const void * s1, const void * s2, size_t n)
```

该函数比较参数 s1 和参数 s2 指定区域的前 n 字节内容,如果相同则返回0,否则返回非0。

9.1.2　socket 中 TCP 交互过程

TCP(Transmission Control Protocol,传输控制协议)是一种面向连接的、可靠的、基于字节流的传输层通信协议。在简化的计算机网络 OSI(Open System Interconnection,开放式系统互连)模型中,它完成第四层传输层所指定的功能,UDP(User Datagram Protocol,用户数据报协议)是同一层内另一个重要的传输协议。

套接字是通信的基石,是支持 TCP/IP 协议的网络通信的基本操作单元。它是网络通信过程中端点的抽象表示,包含进行网络通信必需的 5 种信息:连接使用的协议、本地主机的 IP 地址、本地进程的协议端口、远地主机的 IP 地址、远地进程的协议端口。

网络应用层通过传输层进行数据通信时,TCP 会遇到同时为多个应用程序进程提供并发服务的问题。多个 TCP 连接或多个应用程序进程可能需要通过同一个 TCP 协议端口传输数据。为了区别不同的应用程序进程和连接,许多计算机操作系统为应用程序与 TCP/IP 协议交互提供了套接字接口。应用层可以和传输层通过 socket 接口区分来自不同应用程序进程或网络连接的通信,实现数据传输的并发服务。

图 9-1 显示了 socket 中 TCP 的具体交互过程。

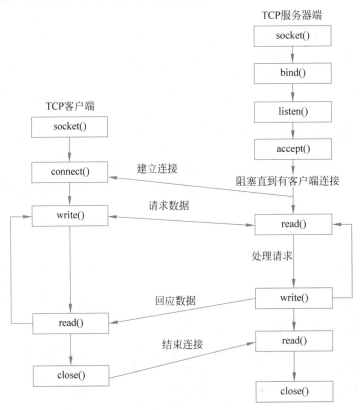

图 9-1　socket 中 TCP 的具体交互过程

（1）TCP 服务器端根据地址类型(ipv4、ipv6)、socket 类型、协议创建 socket。服务器端为 socket 绑定 IP 地址和端口号。

（2）服务器端 socket 监听端口号请求,随时准备接收客户端发来的连接,此时服务器的

socket 并未打开。

（3）TCP 客户端创建 socket。

（4）客户端打开 socket，根据服务器 IP 地址和端口号连接服务器 socket。

（5）服务器 socket 接收到客户端 socket 请求，被动打开，开始接收客户端请求，直到客户端返回连接信息。此时 socket 进入阻塞状态。

（6）客户端连接成功，向服务器发送连接状态信息。

（7）服务器回应数据，连接成功。

（8）客户端向 socket 写入信息。

（9）服务器读取信息。

（10）客户端关闭。

（11）服务器端关闭。

在了解了 socket 知识和 socket 中 TCP 交互过程之后，接下来阐述 socket 的开发流程。

9.1.3 设计步骤

编辑 server.c 代码，在本地 Linux 系统中使用 vi 编辑。server.c 代码如下：

```c
include < stdio. h>
# include < stdlib. h>
# include < string. h>
# include < sys/types. h>
# include < sys/socket. h>
# include < netinet/in. h>
# define MAXLINE 4096
# define PORT 6666
int main( int argc, char ** argv)
{
    int     listenfd, connfd;
    struct sockaddr_in     servaddr;
    char     buff[4096];
    int     n;
    if( (listenfd = socket(AF_INET, SOCK_STREAM, 0)) < 0){
        printf("create socket error.");
        exit(0);
    }
    memset(&servaddr, 0, sizeof(servaddr));
    servaddr.sin_family = AF_INET;
    servaddr.sin_addr.s_addr = htonl(INADDR_ANY);
    servaddr.sin_port = htons(PORT);
    if( bind(listenfd, (struct sockaddr * )&servaddr, sizeof(servaddr)) < 0){
        printf("bind socket error.");
        close(listenfd);
        exit(0);
    }
    if( listen(listenfd, 10) < 0){
        printf("listen socket error.");
        close(listenfd);
        exit(0);
    }
```

```
        printf(" ====== waiting for client's request ====== \n");
        while(1){
            if( (connfd = accept(listenfd, (struct sockaddr * )NULL, NULL)) < 0){
                printf("accept socket error.");
                continue;
            }
            n = recv(connfd, buff, MAXLINE, 0);
            buff[n] = '\0';
                printf("recv msg from client: % s\n", buff);
                close(connfd);
        }
        close(listenfd);
}
```

编辑 client. c 代码，在本地 Linux 系统中使用 vi 编辑。client. c 代码如下：

```
# include < stdio. h >
# include < stdlib. h >
# include < string. h >
# include < sys/types. h >
# include < sys/socket. h >
# include < netinet/in. h >
# define MAXLINE 4096
# define PORT 6666
int main( int argc, char ** argv)
{
    int     sockfd, n;
    char    recvline[MAXLINE], sendline[MAXLINE];
    struct sockaddr_in     servaddr;
    if( argc != 2){
        printf("usage: ./client < ipaddress >\n");
        exit(0);
    }
    memset(&servaddr, 0, sizeof(servaddr));
    servaddr.sin_family = AF_INET;
    servaddr.sin_port = htons(PORT);
    if( inet_pton(AF_INET, argv[1], &servaddr.sin_addr) <= 0){
        printf("inet_pton error for % s\n",argv[1]);
        exit(0);
    }
    if( (sockfd = socket(AF_INET, SOCK_STREAM, 0)) < 0){
        printf("create socket error.");
        exit(0);
    }
    if( connect(sockfd, (struct sockaddr * )&servaddr, sizeof(servaddr)) < 0){
        printf("connect error.");
        close(sockfd);
        exit(0);
    }

    printf("send msg to server: \n");
    fgets(sendline, MAXLINE, stdin);
    if( send(sockfd, sendline, strlen(sendline), 0) < 0)
```

```
    {
        printf("send msg error.");
        close(sockfd);
        exit(0);
    }
    close(sockfd);
    exit(0);
}
```

用交叉编译器（arm-Linux-gcc）编译 server. c 和 client. c。将可执行文件 server 和 client 复制到本地 Linux 系统中的 tftproot 目录，命令为"cp server/tftproot"及"cp client/tftproot"。

然后 telnet 进开发板，下载 server、client，再加上可执行权限。

```
[root@FriendlyARM work]# tftp - g - r server 192.168.0.109
server          100% | ****************************** |    8704    -- : -- : -- ETA
[root@FriendlyARM work]# tftp - g - r client 192.168.0.109
client          100% | ****************************** |    8704    -- : -- : -- ETA
[root@FriendlyARM work]# ls
client  server
[root@FriendlyARM work]# chmod + x *
[root@FriendlyARM work]# ls - l
- rwxr - xr - x    1 root    root            8265 May 10 03:27 client
- rwxr - xr - x    1 root    root            8226 May 10 03:26 server
```

在开发板上运行 server，在 PC 上运行"gcc - o client client. c"，编译出 client，然后运行 client xxxxxxx（此处 xxxxxxx 为开发板 IP），发送字符串到开发板。

PC 端运行状况如下：

```
[lmzl@localhost proj1]$ gcc - o client client.c
[lmzl@localhost proj1]$ ./client 192.168.0.110
send msg to server:
hello
```

开发板运行状况如下：

```
[root@FriendlyARM work]# ./server
====== waiting for client's request ======
recv msg from client: hello
```

可见使用 TCP 通信成功。读者可以在此基础上添加合适内容进一步开发。

9.2　Linux 多线程应用程序设计

Linux 系统下的多线程遵循 POSIX 线程接口，称为 pthread。编写 Linux 下的多线程程序，主要涉及线程相关操作和互斥锁相关操作，需要使用头文件 pthread. h，连接时需要使用库 libpthread. a。

9.2.1 线程相关操作涉及的主要函数

1. 标志符 pthread_t

线程的标志符 pthread_t 在头文件/usr/include/bits/pthreadtypes.h 中定义。

```
typedef unsigned long int pthread_t;
```

2. pthread_create()函数

函数 pthread_create()用来创建一个线程。函数原型为：

```
extern int pthread_create ((pthread_t * __thread, __const pthread_attr_t * __attr,
void * ( * __start_routine) (void * ), void * __arg));
```

该函数中第一个参数为指向线程标志符的指针；第二个参数用来设置线程属性；第三个参数是线程运行函数的起始地址；最后一个参数是运行函数的参数。当创建线程成功时，函数返回 0，若不为 0 则说明创建线程失败，常见的错误返回代码为 EAGAIN 和 EINVAL。EAGAIN 表示系统限制创建新的线程，例如线程数目过多了。EINVA 表示第二个参数代表的线程属性值非法。创建线程成功后，新创建的线程则运行第三个参数和第四个参数确定的函数，原来的线程继续运行下一行代码。

3. pthread_join()函数

函数 pthread_join()用来等待一个线程的结束。函数原型为：

```
extern int pthread_join ((pthread_t __th, void ** __thread_return));
```

该函数中第一个参数为被等待的线程标志符；第二个参数为一个用户定义的指针，它可以用来存储被等待线程的返回值。该函数是一个线程阻塞的函数，调用该函数将一直等待到被等待的线程结束为止，当函数返回时，被等待线程的资源被收回。需要说明的是，一个线程不能被多个线程等待，否则第一个接收到信号的线程成功返回，其余调用 pthread_join()的线程则返回错误代码 ESRCH。

4. pthread_exit()函数

一个线程的结束有两种途径：一种途径是函数结束了，调用它的线程也就结束了；另一种途径是通过函数 pthread_exit()实现。函数原型为：

```
extern void pthread_exit ((void * __retval)) __attribute__ ((__noreturn__));
```

唯一的参数是函数的返回代码。

9.2.2 互斥锁相关操作涉及的主要函数

互斥锁用来保证一段时间内只有一个线程在执行一段代码。

1. pthread_mutex_init()函数

函数 pthread_mutex_init()用来生成一个互斥锁。NULL 参数表明使用默认属性。如果需要声明特定属性的互斥锁，则调用函数 pthread_mutexattr_init()。函数 pthread_mutexattr_setpshared()和函数 pthread_mutexattr_settype()用来设置互斥锁属性。函数 pthread_ mutexattr_setpshared()设置属性 pshared,它有两个取值,分别是 PTHREAD_PROCESS_PRIVATE 和 PTHREAD_PROCESS_SHARED。函数 pthread_mutexattr_setpshared()用来同步不同进程中的线程,函数 pthread_mutexattr_settype()用于同步本进程的不同线程。

2. pthread_mutex_lock()和 pthread_mutex_unlock()函数

函数 pthread_mutex_lock()声明开始用互斥锁上锁,此后的代码直至调用 pthread_mutex_unlock()前均被上锁,即同一时间只能被一个线程调用执行。当一个线程执行到 pthread_mutex_lock()时,如果该锁此时被另一个线程使用,那么此线程被阻塞,即程序将等待到另一个线程释放此互斥锁。

9.2.3 设计步骤

编辑 thread.c 代码,在本地 Linux 系统中使用 vim 编辑。thread.c 代码如下:

```c
#include <pthread.h>
#include <stdio.h>
#include <sys/time.h>
#include <string.h>
#define MAX 10
pthread_t thread[2];
pthread_mutex_t mut;
int number = 0, i;
void * thread1(){
        printf ("thread1 : I'm thread 1\n");
        for (i = 0; i < MAX; i++)           {
                printf("thread1 : number =  %d\n",number);
                pthread_mutex_lock(&mut);
                number++;
                pthread_mutex_unlock(&mut);
                sleep(2);
        }
        printf("thread1:main wait thread1\n");
        pthread_exit(NULL);
}
void * thread2(){
        printf("thread2 : I'm thread 2\n");
        for (i = 0; i < MAX; i++)           {
                printf("thread2 : number =  %d\n",number);
                pthread_mutex_lock(&mut);
                number++;
                pthread_mutex_unlock(&mut);
                sleep(3);
        }
        printf("thread2:main wait thread1\n");
        pthread_exit(NULL);
}
void thread_create(void){
        int temp;
        memset(&thread, 0, sizeof(thread));
        /* creat thread */
```

```
                if((temp = pthread_create(&thread[0], NULL, thread1, NULL)) != 0){
                        printf("create thread 1 fail.\n");
                } else{
                        printf("create thread 1.\n");
                }
                if((temp = pthread_create(&thread[1], NULL, thread2, NULL)) != 0) {
                        printf("create thread 2 fail.\n");
                } else{
                        printf("create thread 2.\n");
                }
        }
        void thread_wait(void){
                /* wait thread end */
                if(thread[0] != 0){
                        pthread_join(thread[0],NULL);
                        printf("thread 1 ended.\n");
                }
                if(thread[1] != 0){
                        pthread_join(thread[1],NULL);
                        printf("thread 2 ended.\n");
                }
        }
        int main()
        {
                /* init mutex */
                pthread_mutex_init(&mut,NULL);
                printf("mian:create thread.\n");
                thread_create();
                printf("mian:wait thread end.\n");
                thread_wait();
                return 0;
        }
```

用交叉编译器（arm-Linux-gcc）编译 thread.c。将可执行文件 thread 复制到本地 Linux 系统中的 tftproot 目录，命令为"cp server /tftproot"及"cp client /tftproot"。

然后 telnet 进开发板，下载 thread，再加上可执行权限。

```
[root@FriendlyARM work]# tftp - g - r thread 192.168.0.111
thread              100 % |*******************************| 8704  -- : -- : -- ETA
[root@FriendlyARM work]# ./thread
- /bin/sh: ./thread: Permission denied
[root@FriendlyARM work]# chmod + x thread
```

在开发板上运行 thread。

```
[root@FriendlyARM work]# ./thread
mian:create thread.
create thread 1.
create thread 2.
mian:wait thread end.
thread2 : I'm thread 2
```

```
thread2 : number = 0
thread1 : I'm thread 1
thread1 : number = 1
thread1 : number = 2
thread2 : number = 3
thread1 : number = 4
thread2 : number = 5
thread1 : number = 6
thread1 : number = 7
thread2 : number = 8
thread1 : number = 9
thread2 : number = 10
thread1:main wait thread1
thread 1 ended.
thread2:main wait thread1
thread 2 ended.
[root@FriendlyARM work]#
```

9.3 一个简单的 Linux 驱动程序

本节介绍一个比较简单的外设——蜂鸣器的驱动程序的设计过程。蜂鸣器一般通过GPIO(General-Purpose Input/Output Port,通用编程 I/O 端口)的控制实现。它们是 CPU的引脚,可以通过它们向外输出高低电平,或者读入引脚的状态,这里的状态也是通过高电平或低电平来反映的,所以 GPIO 技术可以说是 CPU 众多接口技术中最为简单、常用的一种。每个 GPIO 至少需要两个寄存器:一个是用于控制的"通用 I/O 端口控制寄存器",另一个是存放数据的"通用 I/O 端口数据寄存器"。控制和数据寄存器的每一位和GPIO 的硬件引脚相对应,由控制寄存器设置每一个引脚的数据流向,数据寄存器设置引脚输出的高低电平或读取引脚上的电平。除了这两个寄存器外,还有其他相关寄存器,比如上拉/下拉寄存器设置 GPIO 输出模式是高阻、带上拉电平输出还是不带上拉电平输出等。

蜂鸣器一般分为无源蜂鸣器和有源蜂鸣器。无源蜂鸣器一般不内置放大和驱动电路,使其发声需要提供不同频率的脉冲信号推动放大电路后驱动蜂鸣器才会发声,脉冲信号的频率和强度决定了蜂鸣器发出声音的音调。有源蜂鸣器一般都内置放大和驱动电路,使其发声只要提供直流电就可以了,产品的型号不同其输出功率也不同,所以音量也会有所不同。本例用的是有源蜂鸣器。

首先获得蜂鸣器使用的 XpwmTOUT0 引脚的信息。当 XpwmTOUT0 输入高电平时,蜂鸣器接通,输入低电平时蜂鸣器断开。再到 CPU 原理图中找 XpwmTOUT0 对应引脚信息,可以看到,XpwmTOUT0 引脚对应的是 GPH2_0。

查看数据手册,查询 GPH2 相关的寄存器。如表 9-1～表 9-5 所示,GPH2 相关的寄存器有 GPH2CON、GPH2DAT、GPH2PUD 以及 GPH2DRV。通过对不同寄存器的操作,可以配置 GPIO 的功能。

表 9-1　GPH2 寄存器

寄存器	物理地址	读/写属性	描　　　述	初始值
GPH2CON	0Xe020_0C40	R/W	GPH2CON 端口配置寄存器	0x00000000
GPH2DAT	0Xe020_0C44	R/W	GPH2DAT 端口数据寄存器	0x00
GPH2PUD	0Xe020_0C48	R/W	GPH2PUD 端口上拉寄存器	0x5555
GPH2DRV	0Xe020_0C4C	R/W	GPH2DRV 端口驱动能力寄存器	0x0000

表 9-2　GPH2CON 端口配置寄存器

GPH2CON	位	描　　　述	初　始　值
GPH2CON[0]	[3：0]	0000＝Input 0001＝Output 0010＝Reserved 0011＝KP_COL[0] 0100～1110＝ Reserved 1111＝EXT_INT[16]	0000

表 9-3　GPH2DAT 端口数据寄存器

GPH2DAT	位	描　　　述	初　始　值
GPH2DAT[7：0]	[7：0]	8 位数据输入或者输出	0x00

表 9-4　GPH2PUD 端口上拉寄存器

GPH2PUD	位	描　　　述	初　始　值
GPH2PUD [n]	[2n+1：2n] N=0～7	00＝禁止上拉/下拉 01＝下拉使能 10＝上拉使能 11＝ Reserved	0x5555

表 9-5　GPH2DRV 端口驱动能力寄存器

GPH2DRV	位	描　　　述	初　始　值
GPH2DRV [n]	[2n+1：2n] N=0～7	00＝1x 01＝2x 10＝3x 11＝ 4x	0x00

从表 9-2 可知，需要将 GPH2CON 的[0：3]位设置为 0001。

接下来编写驱动程序。

```
# include < stdio. h >
# include < stdlib. h >
# include < string. h >
# include < pthread. h >
# include < errno. h >
# include < unistd. h >
# include < sys/types. h >
# include < sys/wait. h >
# include "bsp. h"
```

```
#include <stdio.h>
#include <stdlib.h>
#include <unistd.h>
#include <ctype.h>
#include <sys/socket.h>
#include <sys/stat.h>
#include <netinet/ip.h>
#include <fcntl.h>
#include <errno.h>
#include <net/if.h>
#include <string.h>
#include <sys/types.h>
#include <sys/ioctl.h>
#include <sys/io.h>
#include <Linux/rtc.h>
#include <time.h>
int main(int argc, char *argv[])
{
    bsp_init();
    //port_write(XDACOUT1,0);
    //port_write(ADC1,1);
    while (1)
    {
        port_write(BELLCTRL,1);
    //port_write( S3C6410_BASE_PIOFCON0,(15),0,1,0,1 )
        sleep(2);
        port_write(BELLCTRL,0);
        sleep(1);
    }
    return 0;
}
```

在向端口写函数 port_write()中使用到了 mmap()方法,定义在 bsp.h 头文件中。

```
int port_write( unsigned int n,
        unsigned int fd,
        volatile unsigned int ADDR_CON_OFFSET,
        volatile unsigned int GPIO_WR_CON,
        volatile unsigned int GPIO_WR_DAT)
{
    ADDR_START = (volatile unsigned char *)mmap(NULL,1024 * n,PROT_READ|PROT_WRITE,MAP_
SHARED,fd,0xE0200000);
    if(ADDR_START == NULL)
    {
      printf("mmap err!\n");
      return -1;
    }
    *(volatile unsigned int *)(ADDR_START + ADDR_CON_OFFSET) = GPIO_WR_CON;
    GPIO_DAT = (volatile unsigned int *)(ADDR_START + ADDR_CON_OFFSET + 0x04);
    *(volatile unsigned char *)GPIO_DAT = GPIO_WR_DAT;
    return 0;
    }
```

port_write()中的 mmap()函数原型如下所示：

void * mmap(void * start,size_t length,int prot,int flags,int fd,off_t offset)

其中参数的含义如下所示：

start——映射到进程空间的虚拟地址。

length——映射空间的大小。

prot——映射到内存的读/写权限。

flags flags——可取值为 MAP_SHARED、MAP_PRIVATE 或者 MAP_FIXED。如果是 MAP_SHARED,则此进程对映射空间的内容修改会影响到其他的进程,即对其他的进程可见,而取值为 MAP_PRIVATE 时,此进程修改的内容对其他的进程不可见。

fd——要映射文件的文件标识符。

offset——映射文件的位置,一般从头开始。而在设备文件中,表示映射物理地址的起始地址。

在同一目录下编写 Makefile：

```
obj - m += buzzer.o
PWD : = $ (Shell pwd)
♯PC 内核模块使用以下两行进行内核代码路径指定(根据需要打开♯注释)
♯ KERN_VER = $ (Shell uname - r)
♯ KERN_DIR = /lib/modules/ $ (KERN_VER)/build
♯ARM 内核模块使用以下进行内核代码路径指定(根据需要打开♯注释)
KERN_DIR = /homw/work/Linux - 3.0.8
modules:
    $ (MAKE) - C $ (KERN_DIR) M = $ (PWD) modules
clean:
    rm - rf  *.o  *~ core  .depend.  *.cmd  *.ko  *.mod.c  .tmp_versions
```

make 后可生成 buzzer.ko 模块文件。

然后编写驱动测试程序,代码如下所示。

```
♯ include < stdio.h >
♯ include < sys/types.h >
♯ include < fcntl.h >
♯ include < string.h >
//添加要写的数组及字符串
static char * on = "\x01";
static char * off = "\x00";
    int main(void)
    {
        int fd;
        fd = open("/dev/buzzer", O_RDWR);
        if(fd > 0)
        {
            printf("I am testing my device.\n");
            /* 添加 IO 读写的测试 */
            write(fd,  on,  1);
            sleep(5);
            write(fd,  off,  1);
```

```
        }else
        {
            printf("open /dev/buzzer fail.\n");
        }
        close(fd);
        return 0;
    }
```

用 arm-Linux-gcc 编译后生成 test 可执行文件,加载内核。将 buzzer. ko 下载到开发板,用 insmod 命令加载 buzzer. ko 模块。

```
[root@FriendlyARM /home]# tftp - g - r buzzer.ko 192.168.0.101

buzzer.ko        100 % | ******************************** | 69120    -- : -- : -- ETA
[root@FriendlyARM /home]# insmod buzzer.ko
[ 1709.164933] init buzzer.
[root@FriendlyARM /home]# lsmod
buzzer 3143 0 - Live 0xbf1e1000
libertas_sdio 8329 0 - Live 0xbf1db000
...
```

接下来确定模块加载成功,先查询 buzzer 的设备号:

```
[root@FriendlyARM /home]# cat /proc/devices |grep buzzer
250 buzzer
```

可见,buzzer 主设备号是 250,次设备号是 0。
然后创建字符设备。

```
[root@FriendlyARM /home]#mknod /dev/buzzer c 250 0
```

接下来进行测试驱动工作。
将 test 程序下载到开发板。

```
[root@FriendlyARM /home]# tftp - g - r test 192.168.0.102
test           100 % | ******************************** | 8192    -- : -- : -- ETA
```

添加可执行权限。

```
[root@FriendlyARM /home]# chmod + x test
```

最后运行测试程序。

```
[root@FriendlyARM /home]# ./test
[ 4093.658547] open major = 250, minor = 0.
I am testing my device.
[ 4098.658817] close major = 250, minor = 0.
```

若听到蜂鸣器发出蜂鸣声,则说明驱动程序生效了。

9.4　通过 Yocto Project 构建 Linux

Linux 内核和大量开源软件包都是构建 Linux 系统发行版的重要组成部分，但搞清楚这些不同软件包之间的依赖和不兼容性是非常困难的。这时 Yocto Project 就成为产品或开发需求的有效解决方案。它是一个开源协作项目，具有如下特点：

（1）Yocto Project 适用于任何架构。无论是芯片还是 ODM 制造商（Original Design Manufactuce，原始设计制造商），都编写了支持性的 BSP。如果开发者有自定义芯片，则可以按照 Yocto Project 的规格创建 BSP。Yocto Project 支持 Intel、ARM、MIPS、AMD、PPC 等硬件厂商。

（2）大多数 ODM 和芯片供应商提供 SDK（Software Development Kit，软件开发工具包），BSP 和其他支持结构，以便与 Yocto Project 一起使用。

（3）它专为受限制的嵌入式和物联网设备需求而设计。Yocto Project 的设计使开发者只需根据需要添加所需内容或包，而无须删除和减少默认分发。Yocto Project 提供了一个示例嵌入式发行版（Poky），以帮助开发者快速入门。

（4）Yocto Project 提供全面的工具链功能。此工具链已经过 Yocto 社区在各种架构和平台上的测试。

（5）Yocto Project 遵循严格的发布计划，在所有受支持的版本中包含安全补丁。最新的 2 个版本支持 CVE（常见漏洞和风险）问题。

本节介绍 Yocto Project 的基础知识。

9.4.1　Yocto Project 概述

Yocto Project 是一个开源协作项目，可帮助开发人员为嵌入式产品创建基于 Linux 的定制系统。该项目提供了一套灵活的工具和空间，全球的嵌入式开发人员可以借此共享技术、软件堆栈、配置和最佳实践。该工具亦可用于为嵌入式设备创建定制的 Linux 映像。从历史上看，该项目是从 OpenEmbedded Project（该项目可以构建系统和一些元数据）开始的，并且与 OpenEmbedded Project 一起工作。

Yocto Project 包含了如下 3 个关键的开发元素。

（1）一组集成工具，使嵌入式 Linux 成功运行，包括自动构建和测试工具，BSP 板级支持包和许可证合规流程，以及基于 Linux 的自定义嵌入式操作系统的组件信息。

（2）参考嵌入式发行版（Poky）。

（3）OpenEmbedded 构建系统，与 OpenEmbedded Project 共同维护。

Yocto Project、Poky 和 OpenEmbedded 互相之间的关系可以这样表述：Poky 参考嵌入式操作系统，实际上是一个有效的构建示例，它将构建一个小型嵌入式操作系统，使用的是它内置的构建系统（BitBake 构建引擎和 OpenEmbedded-Core 核心构建系统元数据）。

Yocto Project 有一个嵌入式和 IoT Linux 创建的开发模型，它将其与其他简单的构建系统区分开。它被称为层（layer）模型。从本质上说，层是文件和目录结构中的元数据集合。使用不同的图层在逻辑上可以分隔构建中的信息。

接下来通过表 9-6 介绍 Yocto Project 的一些术语。

表 9-6　Yocto Project 术语

术　　语	描　　述
追加文件(append file)	追加文件扩展现有的菜谱。BitBake 逐字追加该文件内容到对应菜谱,追加文件使用 bbappend 后缀
BitBake	作为 OpenEmbedded 构建系统中的构建引擎,BitBake 是任务执行器和调度器。类似于 make 构建引擎
板级支持包(BSP)	板级支持包中的二进制、代码和其他支持数据使一个特定的操作系统运行在特定的目标硬件系统上
类(class)	类提供封装和基本继承机制,是可以在多个菜谱中使用的元数据文件。BitBake 类文件使用 bbclass 后缀
配置文件(conf)	包含变量的全局定义,用户定义的变量和硬件配置信息的文件
镜像	用于加载到设备上的 Linux 发行版的二进制形式。通常包括 BootLoader、内核和根文件系统
层(layer)	层是文件和目录结构中的元数据(配置文件、菜谱等)集合。层允许开发者合并相关元数据以自定义构建和扩展,并隔离多个体系结构构建的信息
元数据(metadata)	元数据包括类、菜谱、配置文件和引用构建指令本身的其他信息,以及用于控制构建内容并影响构建方式的数据。OpenEmbedded Core 是一组重要的经过验证的元数据
OpenEmbedded Core	由基础菜谱、类和配置文件组成的元数据
包(package)	包是软件包,其中包含可执行的二进制文件、库、文档、配置信息和其他文件 Yocto 项目还使用术语"包"来表示用于建立各自的软件包的菜谱和其他元数据
Poky	基本级功能参考发行版,Poky 用于验证 Yocto 项目,是定制的良好起点,也是 oe-core 之上的集成层
菜谱(recipe)	最常见的元数据形式,与 Makefile 文件类似。菜谱包含用于构建包的设置和任务(指令)列表,用于构建二进制映像。菜谱描述了获取源代码的位置以及要应用的补丁,还描述了库或其他菜谱的依赖关系,以及配置和编译选项。菜谱使用.bb 作为文件扩展名
可扩展软件开发工具包(ESDK)	面向应用程序开发人员的自定义 SDK,允许他们将库和编程更改合并到映像中,以使其代码可供其他应用程序开发人员使用

9.4.2　快速构建典型镜像

本节简要叙述使用 Yocto Project 进行典型镜像构建的过程。这里将使用 Yocto Project 构建一个名为 Poky 的参考嵌入式操作系统。

1. 构建主机配置

构建主机要符合如下要求: 50GB 的磁盘空间。运行一个主流的 Linux 发行版(Fedora、openSUSE、CentOS 或者 Ubuntu),这里运行 Ubuntu 16.04、Git 1.8.3.1 或者更高版本、tar 1.27 或者更高版本、Python 3.4.0 或者更高版本。另外还需要安装如下软件包:

```
$ sudo apt-get install gawk wget git-core diffstat unzip texinfo gcc-multilib \
build-essential chrpath socat cpio python python3 python3-pip python3-pexpect \
xz-utils debianutils iputils-ping libsdl1.2-dev xterm
```

2. 使用 Git 下载 Poky

使用下面的命令克隆 Poky 仓库：

```
$ git clone git://git.yoctoproject.org/poky
Cloning into 'poky'...
remote: Counting objects: 428632, done.
remote: Compressing objects: 100% (101203/101203), done.
remote: Total 428632 (delta 320463), reused 428532 (delta 320363)
Receiving objects: 100% (428632/428632), 153.01 MiB | 12.40 MiB/s, done.
Resolving deltas: 100% (320463/320463), done.
Checking connectivity... done.
```

进入 poky 目录，查看所有的 tags。

```
$ cd poky
$ git fetch -- tags
$ git tag
1.1_M1.final
1.1_M1.rc1
yocto - 2.5.2
yocto - 2.6
yocto - 2.6.1
yocto_1.5_M5.rc8
...
```

基于 yocto-2.6.1 版本创建分支。

```
$ git checkout tags/yocto - 2.6.1 - b my - yocto - 2.6.1
Switched to a new branch 'my - yocto - 2.6.1'
```

3. 构建镜像

使用以下步骤构建镜像，该过程创建整个 Linux 发行版，包括工具链。

（1）初始化构建环境：在 poky 目录中，运行 oe-init-build-env 环境设置脚本以在构建主机上定义 Yocto Project 的构建环境。

```
$ cd ~/poky
$ source oe - init - build - env
### Shell environment set up for builds. ###
You can now run 'bitbake < target >'
Common targets are:
    core - image - minimal
    core - image - sato
    meta - toolchain
    meta - ide - support
You can also run generated qemu images with a command like 'runqemu qemux86'
```

除此之外，该脚本还创建了构建目录 build，它位于源目录 poky 中。脚本运行后，将当前的工作目录设置为构建目录。当构建完成时，构建目录将包含构建期间创建的所有文件。

（2）检查本地配置文件：在新设置的构建环境中，该脚本增加了一个 conf 并且把一个名为 local.conf 的配置文件放在里面，是构建环境的主要配置文件。

（3）启动构建：继续使用以下命令为目标构建操作系统镜像，在此示例中使用 core-image-sato。

```
$ bitbake core-image-sato
```

（4）使用 QEMU 模拟镜像：构建此特定镜像后可以启动 QEMU，它是 Yocto 项目附带的 Quick EMUlator。

```
$ runqemu qemux86
```

（5）退出 QEMU：通过单击"关闭"图标或按 Ctrl＋C 组合键退出 QEMU。

4. 为特定硬件定制化构建

到目前为止，我们只是快速构建一个仅适用于仿真的镜像。下面介绍如何通过在 Yocto Project 开发环境中添加硬件层来自定义特定硬件的构建。

通常图层是包含相关指令集和配置的存储库，这些指令和配置告诉 Yocto Project 要执行的操作。将相关元数据隔离到功能特定的层中有助于模块化开发，并且更容易重用层元数据。注意，按照惯例，图层名称以 meta-开头。可以按照以下步骤添加硬件层。

（1）查找图层。Yocto 项目源存储库有许多硬件层。此示例添加了 meta-altera 硬件层。

（2）克隆图层。使用 Git 在计算机上制作图层的本地副本。

```
$ cd ~/poky
$ git clone https://github.com/kraj/meta-altera.git
Cloning into 'meta-altera'...
remote: Enumerating objects: 92, done.
remote: Counting objects: 100% (92/92), done.
remote: Compressing objects: 100% (62/62), done.
remote: Total 1225 (delta 48), reused 56 (delta 23), pack-reused 1133
Receiving objects: 100% (1225/1225), 170.46 KiB | 0 bytes/s, done.
Resolving deltas: 100% (576/576), done.
Checking connectivity... done.
```

（3）将配置更改为特定硬件平台的构建，local.conf 文件中的 MACHINE 变量指定构建的硬件平台，这里将 MACHINE 变量设置为 cyclone5，使用的配置是 https://github.com/kraj/meta-altera/blob/master/conf/machine/cyclone5.conf。

（4）将图层添加到图层配置文件。在使用图层之前，必须将其添加到 bblayers.conf 文件中，该文件位于构建目录的 conf 目录中。使用 bitbake-layers add-layer 命令将图层添加到配置文件。

```
$ cd ~/poky/build
$ bitbake-layers add-layer ../meta-altera
NOTE: Starting bitbake server...
Parsing recipes: 100% | ################################################# | Time: 0:00:32
Parsing of 918 .bb files complete (0 cached, 918 parsed). 1401 targets, 123 skipped, 0 masked, 0 errors.
```

完成这些步骤后，meta-altera 层已添加到 Yocto Project 开发环境中，可以在 bblayers.conf 文件中查看。

```
POKY_BBLAYERS_CONF_VERSION = "2"
BBPATH = " $ {TOPDIR}"
BBFILES ? = ""
BBLAYERS ? = " \
  /home/h310588/yocto_project/poky/meta \
  /home/h310588/yocto_project/poky/meta - poky \
  /home/h310588/yocto_project/poky/meta - yocto - bsp \
  /home/h310588/yocto_project/poky/meta - altera \
  "
```

5. 创建自己的通用图层

开发者可以使用 bitbake-layers create-layer 命令创建自己的常规图层。

```
$ cd ~/poky
$ bitbake - layers create - layer meta - mylayer
NOTE: Starting bitbake server...
Add your new layer with 'bitbake - layers add - layer meta - mylayer'
```

该命令自动创建了如下图层目录结构：

```
$ tree meta - mylayer
meta - mylayer
├── conf
│   └── layer.conf
├── COPYING.MIT
├── README
└── recipes - example
    └── example
        └── example_0.1.bb

3 directories, 4 files
```

Yocto Project 开源项目当前具有蓬勃的发展趋势和日益庞大的社区，这里只介绍基础知识和应用，有兴趣的读者可以进一步了解该项目。

9.5 嵌入式人工智能 TensorFlow Lite

TensorFlow Lite(TFLite)是一个轻量、快速、跨平台的专门针对移动和 IoT 应用场景的机器学习框架，是开源机器学习平台 TensorFlow 的重要组成部分。它具有高性能和轻量化的特点，致力于"一次转换，随处部署"，支持 Android、iOS、嵌入式 Linux 以及 MCU 等多种平台，可扩展性良好，模块化，易定制。它降低了开发者的使用门槛，加速了端侧机器学习的发展，推动机器学习的发展。

图 9-2 展示了 TFLite 的主要组成部分。

图 9-2   TFLite 的主要组成部分

（1）TFLite模型转换器（converter）。TFLite自带一个模型转换器，它可以把TensorFlow计算图转换成TFLite专用的模型文件格式，比如SavedModel或GraphDer格式的TensorFlow模型，在此过程中会进行算子融合和模型优化，以压缩模型，提高性能。

（2）TFLite解释执行器（interpreter）。进行模型推理的解释执行器，它可以在多种硬件平台上运行优化后的TFLite模型，同时提供了多语言的API，方便使用。

（3）算子库（op kernels）。TFLite算子库目前有130个，它与TensorFlow的核心算子库略有不同，并做了移动设备相关的优化。

（4）硬件加速代理（hardware accelerator delegate）。谷歌将TFLite硬件加速接口称delegate（代理），它可以把模型的部分或全部委托给另一个硬件后台执行，比如GPU和NPU。

TensorFlow Lite包含一个可以运行预先训练好的模型，还包含一套极为高效的工具，开发者可以将这些工具用于移动设备和嵌入式设备上的模型。TensorFlow Lite无法训练模型，开发者需要在更高性能的机器上训练模型，然后将该模型转换为.TFLITE格式，将其加载到移动端或者嵌入式的解释器中。

TensorFlow Lite在Android和iOS上部署官网有比较详细的介绍以及对应的Demo。而针对基于嵌入式Linux的ARM开发板上的部署及测试，官网及网上的资料则相对较少。本节首先介绍针对图像分类场景的Android应用。TensorFlow Lite可以与常见的图像分类模型（包括Inception和MobileNet）一起工作。我们在Android上运行MobileNet模型。该应用将接收摄像头数据，使用训练好的MobileNet对图片中的主体图像进行分类。然后介绍相同场景下如何把TensorFlow Lite编译到ARM开发板上，并运行相应的Demo。

9.5.1 TensorFlow Lite 中使用 MobileNet

首先确保在主机上安装了Android Studio，推荐使用最新版。其次下载TensorFlow的完整代码，可以通过git下载，或者直接下载zip压缩包并解压，然后下载MobileNet模型。准备完成后就可以启动Android Studio，单击File菜单下的Open命令，在打开的对话框中单击"解压"按钮得到的TensorFlow文件夹，打开tensorflow\tensorflow\lite\java\demo文件夹。接下来Android Studio开始导入官方的Demo程序。导入完毕后，将MobileNet模型解压，得到labels.txt和mobilenet_quant_v1_224.tflite两个文件，并放入Android Studio的app\src\main\assets文件夹。

接下来单击Run按钮，将该示例程序编译并安装到手机上，执行结果如图9-3所示。

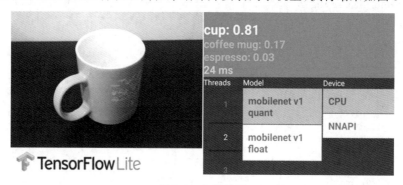

图9-3　执行结果

在图 9-3 中，使用相机拍摄的咖啡杯主要被分类为"杯子"。它使用 MobileNet 模型，该模型针对移动设备上的多种图像场景进行设计和优化，包括对象检测、分类、面部属性检测和地标识别。同时在 Demo 中包含了两个特殊文件：一个是 labels. txt 文件，其中包含模型所训练的标签；另一个是. tflite 文件，其中包含可与 TensorFlow Lite 配合使用的模型。

接下来介绍在嵌入式 Linux 中 TensorFlow Lite 如何利用 MobileNet 模型实现图像分类。

9.5.2　编译过程

（1）在 Ubuntu 上准备 ARM 的交叉编译环境，可以通过 apt-get install 在 Ubuntu 中安装交叉编译环境。

```
sudo apt – get install g++ – arm – linux – gnueabihf
sudo apt – get install – y gcc – arm – linux – gnueabihf
```

（2）下载 TensorFlow 源代码。

```
git clone https://github.com/tensorflow/tensorflow
```

（3）下载 TensorFlow 相关依赖包。
进入 TensorFlow 工程的根目录，然后执行下面的脚本：

```
./tensorflow/contrib/lite/download_dependencies.sh
```

（4）编译 TensorFlow Lite。
注意：/tensorflow/contrib/lite/build_rpi_lib. sh 中的目标编译平台是 ARMV7。

```
# Licensed under the Apache License, Version 2.0 (the "License");
# you may not use this file except in compliance with the License.
# You may obtain a copy of the License at
#
#
# Unless required by applicable law or agreed to in writing, software
# distributed under the License is distributed on an "AS IS" BASIS,
# WITHOUT WARRANTIES OR CONDITIONS OF ANY KIND, either express or implied.
# See the License for the specific language governing permissions and
# limitations under the License.
# ==============================================================================
set – e
SCRIPT_DIR = " $ (cd " $ (dirname " $ {BASH_SOURCE[0]}")" && pwd)"
cd " $ SCRIPT_DIR/../../.."
# change CC_PREFIX if u need
CC_PREFIX = arm – linux – gnueabihf – make – j 3 – f tensorflow/contrib/lite/Makefile TARGET =
RPI TARGET_ARCH = armv7
```

在根目录下运行该脚本，如下：

```
./tensorflow/contrib/lite/build_rpi_lib.sh
```

编译结束，会在 tensorflow/contrib/lite/gen/lib/rpi_armv7 目录下产生 libtensorflow-lite. a 静态库。

（5）编译 label_image Demo。

上述步骤（4）中的 build_rpi_lib. sh 脚本实际是调用 ./tensorflow/contrib/lite/
Makefile 对 TensorFlow Lite 源代码进行编译，但是该 Makefile 并不能编译 tensorflow/
contrib/lite/examples/label_image 目录下的 Demo，所以需要修改 Makefile，将 label_
image 的源代码配置到 Makefile 中，修改方式可以参考 Makefile 中对 MINIMAL Demo 的
配置。下面给出一个参考案例。

```
ifeq ( $ (origin MAKEFILE_DIR), undefined)
    MAKEFILE_DIR : = $ (shell dirname $ (realpath $ (lastword $ (MAKEFILE_LIST))))
endif
HOST_OS : =
ifeq ( $ (OS),Windows_NT)
    HOST_OS = WINDOWS
else
    UNAME_S : = $ (shell uname - s)
    ifeq ( $ (UNAME_S),Linux)
            HOST_OS : = LINUX
    endif
    ifeq ( $ (UNAME_S),Darwin)
        HOST_OS : = OSX
    endif
endif
ARCH : = $ (shell if [[ $ (shell uname - m) = ~ i[345678]86 ]]; then echo x86_32; else echo
$ (shell uname - m); fi)
OBJDIR : = $ (MAKEFILE_DIR)/gen/obj/
BINDIR : = $ (MAKEFILE_DIR)/gen/bin/
LIBDIR : = $ (MAKEFILE_DIR)/gen/lib/
GENDIR : = $ (MAKEFILE_DIR)/gen/obj/
# Settings for the host compiler.
CXX : = $ (CC_PREFIX)gcc
CXXFLAGS : = -- std = c++11 - O3 - DNDEBUG
CC : = $ (CC_PREFIX)gcc
CFLAGS : = - O3 - DNDEBUG
LDOPTS : =
LDOPTS += - L/usr/local/lib
ARFLAGS : = - r
INCLUDES : = \
- I. \
- I $ (MAKEFILE_DIR)/../../../ \
- I $ (MAKEFILE_DIR)/downloads/ \
- I $ (MAKEFILE_DIR)/downloads/eigen \
- I $ (MAKEFILE_DIR)/downloads/gemmlowp \
- I $ (MAKEFILE_DIR)/downloads/neon_2_sse \
- I $ (MAKEFILE_DIR)/downloads/farmhash/src \
- I $ (MAKEFILE_DIR)/downloads/flatbuffers/include \
- I $ (GENDIR)
INCLUDES += - I/usr/local/include
LIBS : = \
- lstdc++\
- lpthread \
```

```
- lm \
- lz
ifeq ($(HOST_OS),LINUX)
    LIBS += - ldl
endif
include $(MAKEFILE_DIR)/ios_Makefile.inc
include $(MAKEFILE_DIR)/rpi_Makefile.inc
LIB_NAME := libtensorflow-lite.a
LIB_PATH := $(LIBDIR)$(LIB_NAME)
MINIMAL_PATH := $(BINDIR)minimal
LABEL_IMAGE_PATH := $(BINDIR)label_image
MINIMAL_SRCS := \
tensorflow/contrib/lite/examples/minimal/minimal.cc
MINIMAL_OBJS := $(addprefix $(OBJDIR), \
$(patsubst %.cc,%.o,$(patsubst %.c,%.o,$(MINIMAL_SRCS))))
LABEL_IMAGE_SRCS := \
tensorflow/contrib/lite/examples/label_image/label_image.cc \
tensorflow/contrib/lite/examples/label_image/bitmap_helpers.cc
LABEL_IMAGE_OBJS := $(addprefix $(OBJDIR), \
$(patsubst %.cc,%.o,$(patsubst %.c,%.o,$(LABEL_IMAGE_SRCS))))
CORE_CC_ALL_SRCS := \
$(wildcard tensorflow/contrib/lite/*.cc) \
$(wildcard tensorflow/contrib/lite/kernels/*.cc) \
$(wildcard tensorflow/contrib/lite/kernels/internal/*.cc) \
$(wildcard tensorflow/contrib/lite/kernels/internal/optimized/*.cc) \
$(wildcard tensorflow/contrib/lite/kernels/internal/reference/*.cc) \
$(wildcard tensorflow/contrib/lite/*.c) \
$(wildcard tensorflow/contrib/lite/kernels/*.c) \
$(wildcard tensorflow/contrib/lite/kernels/internal/*.c) \
$(wildcard tensorflow/contrib/lite/kernels/internal/optimized/*.c) \
$(wildcard tensorflow/contrib/lite/kernels/internal/reference/*.c) \
$(wildcard tensorflow/contrib/lite/downloads/farmhash/src/farmhash.cc) \
$(wildcard tensorflow/contrib/lite/downloads/fft2d/fftsg.c)
CORE_CC_ALL_SRCS := $(sort $(CORE_CC_ALL_SRCS))
CORE_CC_EXCLUDE_SRCS := \
$(wildcard tensorflow/contrib/lite/*test.cc) \
$(wildcard tensorflow/contrib/lite/*/*test.cc) \
$(wildcard tensorflow/contrib/lite/*/*/*test.cc) \
$(wildcard tensorflow/contrib/lite/*/*/*/*test.cc) \
$(wildcard tensorflow/contrib/lite/kernels/test_util.cc) \
$(MINIMAL_SRCS) \
$(LABEL_IMAGE_SRCS)
TF_LITE_CC_SRCS := $(filter-out $(CORE_CC_EXCLUDE_SRCS), $(CORE_CC_ALL_SRCS))
TF_LITE_CC_OBJS := $(addprefix $(OBJDIR), \
$(patsubst %.cc,%.o,$(patsubst %.c,%.o,$(TF_LITE_CC_SRCS))))
LIB_OBJS := $(TF_LITE_CC_OBJS)
$(OBJDIR)%.o: %.cc
    @mkdir -p $(dir $@)
    $(CXX) $(CXXFLAGS) $(INCLUDES) -c $< -o $@
$(OBJDIR)%.o: %.c
    @mkdir -p $(dir $@)
    $(CC) $(CCFLAGS) $(INCLUDES) -c $< -o $@
# The target that's compiled if there's no command-line arguments.
```

```
all: $ (LIB_PATH)   $ (MINIMAL_PATH) $ (LABEL_IMAGE_PATH)
$ (LIB_PATH): $ (LIB_OBJS)
    @mkdir - p $ (dir $ @)
    $ (AR) $ (ARFLAGS) $ (LIB_PATH) $ (LIB_OBJS)
$ (MINIMAL_PATH): $ (MINIMAL_OBJS) $ (LIB_PATH)
    @mkdir - p $ (dir $ @)
    $ (CXX) $ (CXXFLAGS) $ (INCLUDES) \
    - o $ (MINIMAL_PATH) $ (MINIMAL_OBJS) \
    $ (LIBFLAGS) $ (LIB_PATH) $ (LDFLAGS) $ (LIBS)
$ (LABEL_IMAGE_PATH): $ (LABEL_IMAGE_OBJS) $ (LIB_PATH)
    @mkdir - p $ (dir $ @)
    $ (CXX) $ (CXXFLAGS) $ (INCLUDES) \
    - o $ (LABEL_IMAGE_PATH) $ (LABEL_IMAGE_OBJS) \
    $ (LIBFLAGS) $ (LIB_PATH) $ (LDFLAGS) $ (LIBS)
# Gets rid of all generated files.
clean:
    rm - rf $ (MAKEFILE_DIR)/gen
cleantarget:
    rm - rf $ (OBJDIR)
    rm - rf $ (BINDIR)
$ (DEPDIR)/ % .d: ;
.PRECIOUS: $ (DEPDIR)/ % .d
- include $ (patsubst % , $ (DEPDIR)/ % .d, $ (basename $ (TF_CC_SRCS)))
```

修改完成后再次执行. /tensorflow/contrib/lite/build_rpi_lib. sh,此时在 . /tensorflow/ contrib/lite/gen/bin/rpi_armv8 目录下会产生编译好的 label_image 二进制文件。

（6）将程序复制到开发板上。

准备测试图片 tensorflow/contrib/lite/examples/label_image/testdata/grace_hopper. bmp,当然用其他的图片测试也可以,本节使用的是现场拍摄的测试图片 Test1. bmp。此外,还需要从 https: //github. com/tensorflow/tensorflow/blob/master/tensorflow/ contrib/lite/g3doc/models. md 地址下载希望测试的 TFLite 模型,并且还需要准备 ImageNet 的标签文件。最后需要下载到开发板上的是如下几个文件：test1. bmp、label_image、labels. txt、mobilenet_v1_1.0_224_quant. tflite/mobilenet_v1_1.0_224. tflite。

9.5.3　在 ARM 开发板上运行 TensorFlow Lite

至此准备工作就全部完成了。最后可以在开发板上运行程序并测试 TensorFlow Lite 的性能,使用如下：

```
./label_image - v 1 - m ./mobilenet_v1_1.0_224.tflite  - i ./test1.bmp - l ./labels.txt
```

运行效果如下：

```
average time: 855.91 ms
0.860174: 653 military uniform
0.0481021: 907 Windsor tie
0.00786706: 466 bulletproof vest
```

```
0.00644932: 514 cornet
0.00608028: 543 drumstick
```

接下来可以再测试量化后的 MobileNet 效果：

```
./label_image - v 4 - m ./mobilenet_v1_1.0_224_quant.tflite  - i ./gtest1bmp - l ./labels.txt
```

效果如下：

```
average time: 185.988 ms
0.427451: 653 military uniform
0.305882: 907 Windsor tie
0.0431373: 668 mortarboard
0.0313726: 458 bow tie
0.0235294: 543 drumstick
0.427451: 653 military uniform
0.305882: 907 Windsor tie
0.0431373: 668 mortarboard
0.0313726: 458 bow tie
0.0235294: 543 drumstick
```

9.6　基于 ARM-Linux 的嵌入式 Web 服务器设计

嵌入式设备凭借其体积小、高性能、低功耗等特点不断扩大自身的应用范围。伴随着互联网技术的迅猛发展，嵌入式设备已经广泛运用在远程管理、安防监控等领域。嵌入式Web 服务器正是嵌入式技术与网络技术在远程管理、监控领域的有效结合。

Web 服务器本质是一个软件，通常在 PC 或者工作站上运行。传统 Web 服务器主要用于处理大量客户端的并发访问，对处理器能力和服务器存储空间提出了很高的要求，而嵌入式平台由于自身处理器性能和内存容量的限制无法达到传统 Web 服务器的要求。

随着移动互联技术的不断发展，嵌入式 Web 服务器得以出现并迅速发展。嵌入式Web 服务器是指将 Web 服务器引入现场测试和控制设备中，在相应的硬件平台和软件系统的支持下，使传统的测试和控制设备转变为以底层通信协议、Web 技术为核心的基于互联网的网络测试和控制设备。嵌入式 Web 服务器采用的是 B/S(Browser/Server，浏览器/服务器)结构。连接到 Internet 的计算机或者其他移动终端通过浏览器访问嵌入式 Web 服务器，实现对目标信息的检测与控制。该模式与传统的 C/S 模式相比，使用简单，便于维护，扩展性好。

在嵌入式 Web 服务器的平台构建上，ARM 内核处理器以其高性能、低功耗的特点成为嵌入式处理器的代表。而嵌入式 Linux 内核凭借源代码开放、可移植性好、免费等特点成为一种广泛应用的嵌入式操作系统。本节选择 ARM-Linux 的模式搭建硬软件平台，为嵌入式 Web 服务器的实现构建适合的系统环境。

基于 ARM 的嵌入式 Web 服务器的设计方案是在分析嵌入式 Web 服务器的定义和进行了系统可行性分析及可靠需求分析的基础上提出的，方案采用三星公司的 ARM Cortex-A8 芯片 S5PV210 作为核心搭建嵌入式 Web 服务器硬件平台，在此基础上进行了嵌入式

Linux 内核的移植和相关设备的驱动程序开发,完成了嵌入式 Web 服务器的软硬件环境搭建。然后在该系统平台上实现了 boa 服务器的移植,以及基于 CGI(公共网关接口)的数据动态交互等功能。

9.6.1　系统环境搭建

系统平台的搭建主要进行了两方面的工作。一是基于 ARM 的嵌入式硬件平台的构建。以 ARM Cortex-A8 芯片 S5PV210 为核心,构建硬件平台。硬件平台应具有丰富的外设接口,包括 RS232 串口、Debug 口、红外接口、数码管、触摸屏、LCD、按键、JTAG 调试口、USB　host/device 接口、AC97 音频接口、网络接口、无线传感器网络接口等。二是嵌入式软件平台的构建。这部分工作主要分为 3 个部分:移植开发 BootLoader 作为系统引导程序,这里使用 Superboot 作为本系统的 BootLoader;移植 Linux 内核到硬件平台,采用的 Linux 内核版本为 Linux 3.0.8;开发移植嵌入式平台上各外设驱动。

1. 嵌入式硬件平台介绍

本设计采用了三星公司基于 ARM Cortex-A8 处理器核的 S5PV210 处理器作为核心处理器。在实际开发中,选择博嵌公司的 ARM Cortex-A8 SOC 产品作为核心板,在此基础上采用了“核心板＋扩展板”的模式进行硬件平台构建。

图 9-4 显示了 ARM Cortex-A8 核心板模块框图。

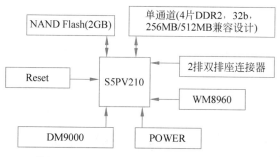

图 9-4　ARM Cortex-A8 核心板模块框图

2. 移植开发 BootLoader -Superboot 的烧写

在 Windows 7 环境下烧写 Superboot 到 SD 卡的步骤如下所示。

(1)通过管理员身份使用 SD-Flasher. exe 烧写软件。启动 SD-Flasher. exe 软件时,会弹出 Select your Machine 对话框,在其中选择 Mini210/Tiny210,如图 9-5 所示。

图 9-5　SD-Flasher. exe 烧写软件的选择窗口

单击 Next 按钮后弹出如图 9-6 所示的对话框，此时 ReLayout 按钮是有效的，可使用它来分割 SD 卡，以便以后可以安全地读/写。

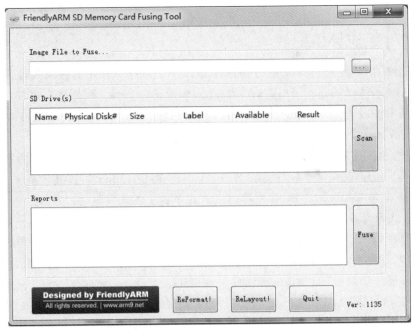

图 9-6　SD-Flasher. exe 烧写软件的主界面（一）

（2）单击"…"按钮找到所要烧写的 Superboot（注意不要放在中文目录下）。

（3）把 FAT32 格式的 SD 卡插入笔记本电脑的卡槽，也可以使用 USB 读卡器连接普通的 PC，请务必先备份卡中的数据，单击 Scan 按钮，找到的 SD 卡就会被列出，如图 9-7 所示，可以看到此时第一张 SD 卡是不能被烧写的。

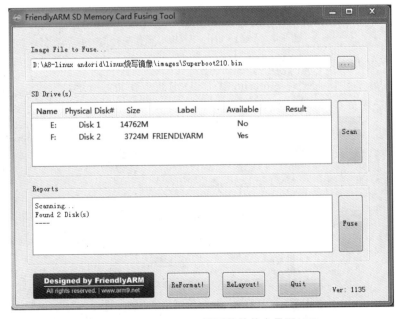

图 9-7　SD-Flasher. exe 烧写软件的主界面（二）

（4）单击 ReLayout 按钮，会弹出一个提示框，提示 SD 卡中的所有数据将丢失，单击 Yes 按钮，开始自动分割，这需要稍等一会儿。

分割完毕，回到 SD-Flasher 主界面，此时再单击 Scan 按钮，就可以看到 SD 卡卷标已经变为 FRIENDLYARM，并且可以使用了。

（5）单击 Fuse 按钮，Superboot 就会被安全地烧写到 SD 卡的无格式区中了，如图 9-8 所示。

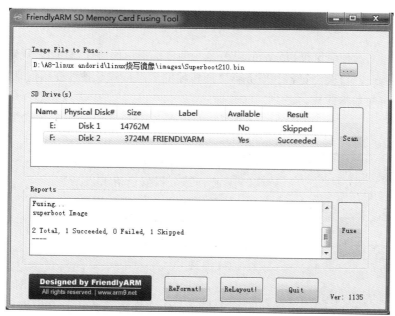

图 9-8　SD-Flasher.exe 烧写软件的烧写结果

3. 建立 Linux 开发环境

Linux 下开发环境的建立主要就是建立交叉编译环境，也就是在操作系统中建立一个能编译 ARM-Linux 内核及驱动、应用程序等的开发环境。这里使用的是 arm-Linux-gcc-4.5.1，它在编译内核时会自动采用 ARMv7 指令集，支持硬浮点运算，步骤如下：

（1）将 arm-Linux-gcc-4.5.1-v6-vfp-20101303.tgz 复制到 Fedora14 的某个目录下，如 tmp/，然后进入该目录，执行解压命令：

```
#cd /tmp
#tar xvzf arm-Linux-gcc-4.5.1-v6-vfp-20101303.tgz  -C /
```

执行该命令，将 arm-Linux-gcc 安装到/opt/A8/toolschain/4.5.1 目录。

（2）把编译器路径加入系统环境变量，运行命令如下：

```
#gedit /root/.bashrc
```

编辑/root/.bashrc 文件，保存退出。

（3）配置 PCLinux 的 FTP 服务，使用 redhat-config-services 命令打开系统服务配置窗口，选中 vsftpd 选项，然后保存设置。

（4）配置 PCLinux 的 Telnet 服务，和配置 NFS 服务相同，使用 redhat-config-services

命令打开系统服务配置窗口,选中 Telnet 选项,然后保存设置。

9.6.2 Web 服务器原理

从功能上来讲,Web 服务器监听用户端的服务请求,根据用户请求的类型提供相应的服务。用户端使用 Web 浏览器和 Web 服务器通信,Web 服务器在接收到用户端的请求后,处理用户请求并返回需要的数据,这些数据通常以格式固定、含有文本和图片的页面出现在用户端浏览器中,浏览器处理这些数据并提供给用户。

1. HTTP

HTTP(超文本传输协议)是 Web 服务器与浏览器通信的协议,HTTP 规定了发送和处理请求的标准方式,以及浏览器和服务器之间传输的消息格式及各种控制信息,从而定义了所有 Web 通信的基本框架。

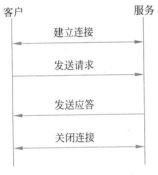

图 9-9 HTTP 事务流程

一个完整的 HTTP 事务由以下 4 个阶段组成,如图 9-9 所示。

(1) 客户与服务器建立 TCP 连接。

(2) 客户向服务器发送请求。

(3) 如果请求被接受,则由服务器发送应答,在应答中包括状态码和所要的文件(一般是 HTML 文档)。

(4) 客户与服务器关闭连接。

2. CGI 原理

CGI(Common Gateway Interface,通用网关接口)原理图如图 9-10 所示。CGI 规定了 Web 服务器调用其他可执行程序(CGI 程序)的接口协议标准。Web 服务器通过调用 CGI 程序实现和 Web 浏览器的交互,也就是 CGI 程序接收 Web 浏览器发送给 Web 服务器的信息并进行处理,然后将响应结果回送给 Web 服务器及 Web 浏览器。CGI 程序一般完成 Web 网页中表单(Form)数据的处理、数据库查询和实现与传统应用系统的集成等工作。

CGI 提供给 Web 服务器一个执行外部程序的通道,这种服务器端技术使得浏览器和服务器之间具有交互性。浏览器将用户输入的数据送到 Web 服务器,Web 服务器将数据使用 STDIN(标准输入)送给 CGI 程序,执行 CGI 程序后,可能会访问存储数据的一些文档,最后使用 STDOUT(标准输出)输出 HTML 形式的结果文件,经 Web 服务器送回浏览器显示给用户。

图 9-10 CGI 原理图

9.6.3 嵌入式 Web 服务器设计

1. 嵌入式 Web 服务器的工作流程

嵌入式 Web 服务器的工作流程如图 9-11 所示。一个经典的嵌入式 Web 服务器系统软件主要由 HTTP Web Server 守护任务模块、CGI 程序和外部通信模块 3 部分组成。

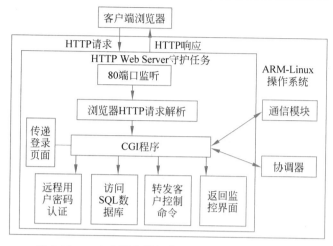

图 9-11 一个典型的嵌入式 Web 服务器的工作流程

下面简单叙述其工作过程。

服务器端软件的守护程序始终在 HTTP 80 端口守候客户的连接请求,当客户端向服务器发起一个连接请求后,客户和服务器之间经过 3 步握手建立起连接。守护程序在接收到客户端 HTTP 请求消息后,对其进行解析,包括读取 URL,映射到对应的物理文件,区分客户端请求的资源是静态文本页面还是 CGI 应用程序等。如果客户请求的是静态文件,那么守护任务程序读取相应的文件作为 HTTP 响应消息中的实体返回给客户端,客户端浏览器通过解码读取相应的内容并显示出来。如果客户端的请求是 CGI 应用程序,那么服务器将创建响应的 CGI 应用程序进程,并将各种信息(如客户端请求信息和服务器的相关信息等)按 CGI 标准规范传递给 CGI 应用程序进程,接着由此 CGI 进程接管对服务器需完成的相关操作的控制。

CGI 应用程序读取从 HTTP Web Server 传递来的各种信息,并对客户端的请求进行解释和处理,例如使用 SQL 语句来检索、更新数据库。此时的数据可以启动串口数据通信进程,将从客户端获得的数据按 RS232C 串口通信协议重新组帧,从 UART 口发送到通信模块,再由通信模块发送给终端。或者将数据库更新的数据经过协议转换重新组帧,发送给协调器,再由协调器将数据发送给终端的设备,并对相应的终端设备实行控制。最后 CGI 应用程序会将处理结果按照 CGI 规范返回给 HTTP Web Server,HTTP Web Server 会对 CGI 应用程序的处理结果进行解析,并在此基础上生成 HTTP 响应信息返回给客户端。

2. 嵌入式 Web 服务器选择

ARM-Linux 下主要有 3 个 Web 服务器:httpd、thttpd 和 boa。httpd 是最简单的一个 Web 服务器,它的功能最弱,不支持认证,不支持 CGI。thttpd 和 boa 都支持认证、CGI 等,但是 boa 的功能更全,应用范围更广。因此,这里通过移植 boa Web 服务器来实现嵌入式 Web 服务器功能。

CGI 程序可用多种程序设计语言编写,如 Shell 脚本语言、Perl、Fortran、Pascal、C 语言等,由于 boa Web 服务器目前还不支持 Shell、Perl 等编程语言,所以选择较多的是用 C 语言来编写 CGI 程序。CGI 程序通常分为以下两部分:

（1）根据 POST 方法或 GET 方法从提交的表单中接收数据。

（2）用 printf() 函数来产生 HTML 源代码，并将经过解码后的数据正确地返回给浏览器。

3. CGI 程序设计

客户端与服务器通过 CGI 标准接口通信的流程如图 9-12 所示。CGI 程序由客户端软件发送的基于 HTTP 的请求和命令触发，将客户端的请求和命令传给服务器端相应的应用程序。在服务器端，相关的程序完成相应操作后，CGI 程序通过标准的输出流以打印输出的形式将结果返回给客户端。当 HTTP Web Server 收到 CGI 程序字段"ContentOtype：text/html 加一空白行"或"ContentOtype：text/plain 加一空白行"时，分别表示 CGI 程序后面输出的是要传给客户端浏览器的 HTML 文档或纯文本文档。

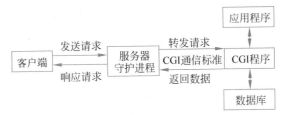

图 9-12　客户端与服务器通过 CGI 标准接口通信的流程

基于这种交互模式，客户端可以查询和设置现场设备的一些参数；当出现故障时，可以根据设备的运行状态进行诊断，重新设置参数，便于远程的监控与维护。考虑到目前 ARM-Linux 对 C 语言的良好支持，以及 C 语言的平台无关性、C 代码的高效简洁性，及其在同等编程水平下安全性好等特点，选用 C 语言来编写 CGI 程序。CGI 程序主要分为以下几部分。

（1）接收客户端提交的数据。

以 GET 方法提交数据，则客户端提交的数据被保存在 QUERY_STRING 环境变量中，通过调用函数 getenv("QUERY_STRING")来读取数据。

（2）URL 编码的解码。解码即编码的逆过程。在程序中，只要对于由（1）所述方法提取的数据进行 URL 编码逆操作，就可以得到客户端传输过来的数据。最后将解析出来的键值对 name/value(也叫变量/值)保存在一个自定义的结构体中。

（3）根据上面解析出来的键值对，判断客户端请求的含义，利用 Linux 下进程间通信机制传送消息给相应的应用程序主进程，以完成客户端请求要完成的任务（如系统某些参数设定、远端设备的运行状态量等）。应用程序将执行结果返回给 CGI 进程，由 CGI 进程先输出"ContentOtype：text/html 加空格行"到 HTTP Web Server，然后用 printf() 函数产生 HTML 源代码传给 HTTP Web Server，最后 HTTP Web Server 按各层协议将数据打包后把执行结果返回给客户端。

4. Web 服务器的配置

boa 的开发和测试目前主要基于 GNU/Linux/1386。它的源代码跟其他的嵌入式 Web 服务器的代码相比更加简明，因此它很容易被移植到具有 UNIX 风格的平台上。boa 源代码开放、性能优秀，特别适合应用在嵌入式系统中。boa 的源程序从 boa.c 中的 main() 主函数开始执行。在该源程序中，先对该 Web 服务器进行配置。为了在用户访问 Web 时服务器能确定根目录的位置,首先需要指定服务器的根目录路径,fixup_server_root()函数就是用来设置该服务器的根目录,然后使用read_config_files()函数对其他服务器所需的参数进行配置,如服务器端口 server_port、服务器名 server_name、文件根目录 documentroot 等,而其他大部分参数要专门从 boa. conf 文件中读取。接下来为 CGI 脚本设置环境变量。

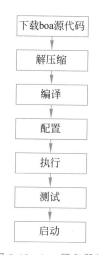

这些配置都正确完成后,就为 boa 建立套接字(socket),使用 TCP/IP 协议,创建了一个特别适合嵌入式系统的 Web 服务器。图 9-13 是在 ARM 嵌入式系统上移植 boa Web 服务器的流程。

图 9-13 boa 服务器的移植流程

移植 boa Web 服务器包括如下步骤。

(1)下载 boa 源代码。

boa Web 服务器的源代码可以从官方网站下载最新的版本。

(2)安装并编译 boa 源代码。

将源代码复制到根目录下,然后安装源代码。

```
cd/
Gunzip/boa.tar.gz
Mkdir examples
```

此时根目录下会生成 boa. tar,将 boa. tar 文件 mount 到新建目录 examples 中。

```
Mount - o loop boa.tar examples/
cd examples
cd boa/src
```

开始编译。

```
CC = /opt/host/armv41/bin/armv41 – unknown – Linux – gcc make
```

在 boa/src 目录下将生成 boa 文件,该文件即为 boa Web 服务器执行文件。

(3)配置 boa Web 服务器。

boa 启动时将加载一个配置文件 boa. conf,在 boa 程序运行前,必须首先修改该配置文件,并将其放置于 src/defines. h 文件中的 SERVER_ROOT 宏定义的默认目录中,后者在启动 boa 时使用参数"-c"制定 boa. conf 的加载目录。在 boa. conf 文件中需要进行一些配置,下面作简要介绍。

- Port < integer >:该参数为 boa 服务器运行端口,默认的端口为 80。
- Server Name < server_name >:服务器名字。
- Document Root < directory >:HTML 文档根目录。使用绝对路径表示,如/mnt/yaffs/web;如果使用相对路径,则它是相对于服务器的根目录。
- Script Alias:指定 CGI 程序所在目录 Script Alias/cgi/home/web/cgi-bin/。

一个典型的 boa. conf 文件格式如下所示。

```
Server Name Samsung – ARM
Document Root/home/httpd
```

```
Script Alias/cgi-bin/home/httpd/cgi-bin
Script Alias/index.html/home/httpd/index.html
```

（4）测试。

在目标板上运行 boa 程序，将主机和目标机的 IP 设成同一网段，然后打开浏览器，输入目标板的 IP 地址即可打开/var/www/index.htm，通过对网页可以控制的/var/www/cgi-bin 下的 *.cgi 程序的运行。配置完成后，重新编译内核。

这里给出一个测试案例。比如编写一个静态 index.html 文件，index.html 文件源代码如下：

```
Index.html:
<html>
<head>
<meta http-equiv = "Content-Type" content = "text/html; charset = utf-8" />
<title>Boa 静态网页测试</title>
</head>
<body>
    <h1>  Welcome to Boa sever! </h1>
</body>
</html>
```

Welcome to Boa sever!

图 9-14　静态 index.html 文件测试效果

浏览器浏览效果如图 9-14 所示。

5. 基于 CGI 的数据动态交互设计

CGI 组件设计的目标，是在现场设备和 Web 服务器之间架起一座桥梁，为浏览器和 Web 服务器的数据更新提供一种动态交互手段。基于 CGI 实现动态数据交互需要处理好 3 个关键环节：获取客户端传输的数据，提取有效数据并加以处理，向客户端返回请求结果。对这些功能的完整实现就构成了 CGI 组件的程序框架。

（1）客户端传输数据的获取。

CGI 程序可以通过环境变量、标准 I/O 或命令行参数获取客户端用户输入的数据。用户通过 CGI 请求数据一般有 3 种方式：HTMLFORM 表、ISINDEX 和 ISMAP。在使用环境变量时，需要注意以下问题：为了避免因环境变量不存在而引起 CGI 程序崩溃，在 CGI 程序中最好连续两次调用 getenv()数，其调用格式如下：

```
if(getenv("CONTENT_LENGTH"))
int_n = atoi(getenv("CONTENT_LENGTH"))
```

其中，第 1 次调用是检查该环境变量是否存在，第 2 次调用才是使用该环境变量。因为当给定的环境变量名不存在时，函数 getenv()会返回一个 NULL 指针，告诉 CGI 程序该环境变量不存在，这样可以避免因直接调用出错而陷入死循环。

（2）有效数据的提取和相应处理。

当 Web 服务器采用 GET 方法传递数据给 CGI 程序时，CGI 程序从环境变量 QUERY_STRING 中直接读取数据。当 Web 服务器采用 POST 方法传递数据给 CGI 程序时，CGI 程序从 STDIN 中读取输入信息。对于 CGI 程序来说，从标准输入 STDIN 中获取所需的数据，需要先对输入信息的数据流进行分析，然后对数据进行分离和解码处理。客户端传输数据的一般格式如下：

```
name[1] = value[1]&name[2] = value[2]  &...name[i] = value[i]...name[n] = value[n]
```

其中，name[i]表示变量名，表示 FORM 表中某输入域的名字。value[i]表示变量值，表示用户在 FORM 表中某输入域的输入值。客户端传输数据流可以视为由一系列 name/value 对所组成。"name＝value"字符串之间由字符"&"分隔，即"＝"标志着一个 Form 变量名的结束，"&"标志着一个 Form 变量值的结束，其数据编码类型则从环境变量 CONTENT_TYPE 中获取。CGI 的编码方式与 URL 的编码方式一致。

CGI 程序从获得客户端数据流中提取有效数据，需要对输入数据流进行分离和解码处理。对数据的分离可以利用 C 语言字符串函数来实现，而对数据的解码则需要对整个数据串进行扫描，并将数据串中的相关编码复原为对应字符的 ASCII 码。

（3）向客户端返回请求结果。

CGI 程序处理后的结果数据，通过标准输出 STDOUT 传递给嵌入式 Web 服务器，Web 服务器对 CGI 发送来的结果数据进行必要的检查。如果 CGI 程序产生的结果格式有问题，那么 Web 服务器就会给出一种错误信息。如果 CGI 程序产生的结果格式正确，那么 Web 服务器就会根据 MIME 头信息的内容对 CGI 传送来的结果数据进行 HTTP 封装（其数据类型与 CONTENT_TYPE 值相一致），然后发送到客户端浏览器。CGI 程序的输出可以用 printf()、puts()等标准 I/O 函数来实现。

比如编写一个 CGI 程序 hello.c，将之下载到开发板上，用浏览器查看效果。

```c
# include < stdio.h >
int  main()
{
    printf("Content - type: text/html\n\n");
    printf("< html >\n");
    printf("< head >\n");
    printf("< title > CGI Output </title >\n");
    printf("</head >\n");
    printf("< body >");
    printf("< h1 > Hello, world. </h1 >< br />");
    printf("< h1 > BOA CGI test! </h1 >");
    printf("</body >");
    printf("</html >\n");
    return 0;
}
```

编译后，下载到开发板/usr/lib/cgi-bin 目录，此目录在 boa.conf 中配置，可自行修改为其他目录，并给 cgi 程序加执行权限。浏览器浏览效果如图 9-15 所示。

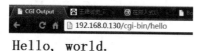

Hello, world.

BOA CGI test!

图 9-15　cgi 程序浏览效果

视频讲解

视频讲解

9.7　嵌入式 Linux 中的 SQLite 应用

SQLite 是一个开源的、内嵌式的关系型数据库。它是 D. Richard Hipp 采用 C 语言开发出来的完全独立的、不具有外部依赖性的嵌入式数据库引擎。SQLite 第一个版本发布于 2000 年 5 月，在便携性、易用性、紧凑性、有效性和可靠性方面有突出的表现。

SQLite 能够运行在 Windows、Linux、UNIX 等各种操作系统上，同时支持多种编程语言，如 Java、PHP、TCL、Python 等。SQLite 的主要特点包括：

- 支持 ACID(Atomic,Consistent,Isolated,and Durable)事务。
- 零配置，即无须安装和管理配置。
- 是存储在单一磁盘文件中的完整的数据库。
- 数据文件可在不同字节顺序的机器间自由共享。
- 支持数据库大小至 2TB。
- 程序体积小，全部 C 语言代码约 3 万行(核心软件，包括库和工具)，约 250KB。
- 相对于目前其他嵌入式数据库具有更快捷的数据操作。
- 支持事务功能和并发处理。
- 程序完全独立，不具有外部依赖性。
- 支持多种硬件平台，如 ARM/Linux、SPARC/Solaris 等。

SQLite 不同于其他大部分的 SQL 数据库引擎，因为它的首要设计目标就是尽量简单化，以达到易于管理、易于使用、易于嵌入其他的大型程序中、易于维护和配置的目的。SQLite 比较适用的场合主要包括网站、嵌入式设备和应用软件、应用程序文件格式、替代某些特别的文件格式、内部的或临时的数据库、命令行数据集分析工具、企业级数据库的替代品、数据库教学等。

视频讲解

9.7.1　SQLite 安装

SQLite 官方网站同时提供 SQLite 的已编译版本和源程序。编译版本可同时适用于 Windows 和 Linux。图 9-16 显示了 SQLite 最新版本的安装文件下载页面。

有几种形式的二进制包供选择，以适应 SQLite 的不同使用方式，包括静态链接的命令行程序(CLP)、SQLite 动态链接库(DLL)和 TCL 扩展。

SQLite 源代码以两种形式提供，以适应不同的平台：一种在 Windows 下编译，另一种在 POSIX 平台(如 Linux、BSD、Solaris)下编译。这两种形式下的源代码是没有差别的。值得注意的是，在一些发行版的 Linux 中可以通过系统携带的命令完成 SQLite 的安装，如在 Ubuntu 中可以通过 sudo apt-get install SQLite3 来安装。下面介绍通过源代码编译的方法将其移植到 ARM 的平台上。首先下载源代码，在官方的下载页面上有最新的文件。如本书下载的版本为 3.31.1。图 9-17 显示了 Windows 环境的下载版本页面。

在 Linux 下有多种下载方法，这里介绍两种。

方法 1：在 SQLite-tools-linux-x86-3310100 的链接中下载，会出现 3 个文件：SQLite3、sqldiff、SQLite3_analyzer。SQLite3 可以在 Linux 中直接运行。该过程如图 9-18 所示。

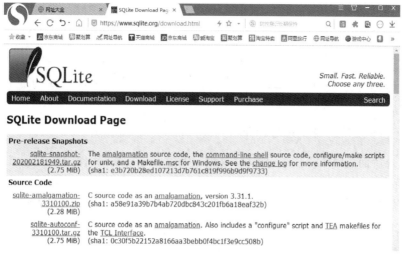

图 9-16　SQLite 最新版本的安装文件下载页面

图 9-17　SQLite 的 Windows 环境的下载版本页面

图 9-18　SQLite 的 Linux 环境下的安装方法

方法 2：解压源代码并编译(本例中 Linux 内核版本为 2.6.38)。

```
# tar xf SQLite - autoconf - 3310100.tar.gz
# mv SQLite - autoconf - 3310100 SQLite
# SQLite]$ mkdir install
# ./configure -- prefix = /home/work/proj4/SQLite/install -- host = arm - linux
# make
# make install
# arm - linux - strip install/bin/SQLite3
```

为了配合后面的 ARM-Linux 移植，这里在通过 configure 文件生成 Makefile 的过程中将 host 指定为 arm-linux。

编译安装成功后，即可以进入 SQLite 命令行，可以实现对数据库的管理。

```
# ./SQLite3
SQLite version 3.3.31 2015 - 05 - 09 12:14:55
Enter ".help" for usage hints.
Connected to a transient in - memory database.
Use ".open FILENAME" to reopen on a persistent database.
SQLite >
```

9.7.2 SQLite 在 ARM-Linux 上的移植与测试

编译和安装完后，在工作目录/home/work/proj4/SQLite/install 中会生成 4 个目标文件夹，分别是 bin、include、lib 和 share，然后分别将 bin 下的文件下载到开发板的/usr/bin 目录中，将 lib 下的所有文件下载到开发板的/lib 目录中。include 目录下是 SQLite 的 C 语言 API 的头文件，编程时会用到，将 include 目录下的文件复制到交叉编译器的 include 目录下。其中主要用到的文件有./bin/SQLite3、./include/SQLite3.h 以及./lib/下的库文件。

bin 文件夹下的 SQLite3 是 SQLite 可执行应用程序，下载到 ARM 开发板 Linux 系统下的/bin 目录或者/usr/bin 目录下并添加文件可执行权限。在 ARM 开发板的 Linux 系统命令行下执行：

```
# chmod + x SQLite3
```

./lib/文件夹下是有关 SQLite 的静态链接库和动态链接库。

```
# ls lib/ libSQLite3.a  libSQLite3.la  libSQLite3.so  libSQLite3.so.0  libSQLite3.so.0.8.6
pkgconfig
```

其中，libSQLite3.so 和 libSQLite3.so.0 都是 libSQLite3.so.0.8.6 的软链接文件。真正需要下载到 ARM 开发板目录/lib 下的动态库是 libSQLite3.so.0.8.6。下载到 ARM 开发板后还需对它建立软链接文件。

复制 SQLite3：

```
[root@FriendlyARM work]# tftp - g - r proj4/bin/SQLite3 192.168.0.119

proj4/bin/SQLite3     100% |*******************************|  681k --:--:-- ETA
```

```
[root@FriendlyARM work]# chmod + x SQLite3
[root@FriendlyARM work]# ./SQLite3
SQLite version 3.8.10.1 2015 - 05 - 09 12:14:55
Enter ".help" for usage hints.
Connected to a transient in - memory database.
Use ".open FILENAME" to reopen on a persistent database.
SQLite >
```

按 Ctrl+D 组合键退出。

复制 SQLite3 库文件:

```
[root@FriendlyARM work]# tftp - g - r proj4/lib/libSQLite3.a 192.168.0.119

proj4/lib/libSQLite3 100 % | ****************************** | 2654k -- : -- : -- ETA
[root@FriendlyARM work]# tftp - g - r proj4/lib/libSQLite3.la 192.168.0.119

proj4/lib/libSQLite3 100 % | ****************************** | 1024    -- : -- : -- ETA
[root@FriendlyARM work]# tftp - g - r proj4/lib/libSQLite3.so.0.8.6 192.168.0.119

proj4/lib/libSQLite3 100 % | ****************************** | 2292k -- : -- : -- ETA
[root@FriendlyARM work]# cp libSQLite3. * /lib
[root@FriendlyARM work]# cd /lib/
[root@FriendlyARM /lib]# ln - s libSQLite3.so.0.8.6 libSQLite3.so
[root@FriendlyARM /lib]# ln - s libSQLite3.so.0.8.6 libSQLite3.so.0
```

至此,SQLite 的移植工作已经完成,完成后应编写测试程序进行相关测试,以便对移植工作进行评估。

下面给出一个基于交叉编译的较完整的简单测试例子。首先编辑 test.c 源代码。

```c
# include < stdio.h >
# include < SQLite3.h >
static int callback(void * NotUsed, int argc, char ** argv, char ** azColName){
  int i;
  for(i = 0; i < argc; i++){
    printf(" % s = % s\n", azColName[i], argv[i] ? argv[i] : "NULL");
  }
  printf("\n");
  return 0;
}
int main(int argc, char ** argv){
  SQLite3 * db;
  char * zErrMsg = 0;
  int rc;
  char * dbfile = "test.db";
  char * sqlcmd;
  rc = SQLite3_open(dbfile, &db);
  if( rc ){
    fprintf(stderr, "Can't open database: % s\n", SQLite3_errmsg(db));
    SQLite3_close(db);
```

```
      return - 1;
  }
  sqlcmd = "create table user(id int primary key, username text, email text, tel nchar(11));";
  rc = SQLite3_exec(db, sqlcmd, callback, 0, &zErrMsg);
  if( rc!= SQLITE_OK ){
    fprintf(stderr, "SQL error: % s\n", zErrMsg);
    SQLite3_free(zErrMsg);
  }
  sqlcmd = "insert into user values (1,'xiaoming','xiaoming@qq.com','12345678901');";
  rc = SQLite3_exec(db, sqlcmd, callback, 0, &zErrMsg);
  if( rc!= SQLITE_OK ){
    fprintf(stderr, "SQL error: % s\n", zErrMsg);
    SQLite3_free(zErrMsg);
  }
  sqlcmd = "select * from user;";
  rc = SQLite3_exec(db, sqlcmd, callback, 0, &zErrMsg);
  if( rc!= SQLITE_OK ){
    fprintf(stderr, "SQL error: % s\n", zErrMsg);
    SQLite3_free(zErrMsg);
  }
  SQLite3_close(db);
  return 0;
}
```

在上述源代码中可以看到，代码建立了一个 SQLite 数据库并插入了一条记录，然后在 PC 系统上编译出 SQLite。

```
[king@localhost proj4]$ make
arm - linux - gcc - L./lib - lSQLite3 - o SQLite  SQLite.c
```

将编译出的 SQLite 程序下载到开发板上运行。

```
[root@FriendlyARM work]# tftp - g - r proj4/SQLite 192.168.0.123
proj4/SQLite       100 % |********************************| 8192  -- : -- : -- ETA
[root@FriendlyARM work]# chmod + x SQLite
[root@FriendlyARM work]# ./SQLite
id = 1
username = xiaoming
email = xiaoming@qq.com
tel = 12345678901
[root@FriendlyARM work]# ls
client              libSQLite3.so.0.8.6      SQLite3
libSQLite3.a        server                   test.db
libSQLite3.la       test                     thread
```

从主机运行结果看，程序中创建的 test.db 数据库文件已经建立了。

如图 9-19 所示，从目标机运行结果来看，已经对数据库完成了相应的插入操作。

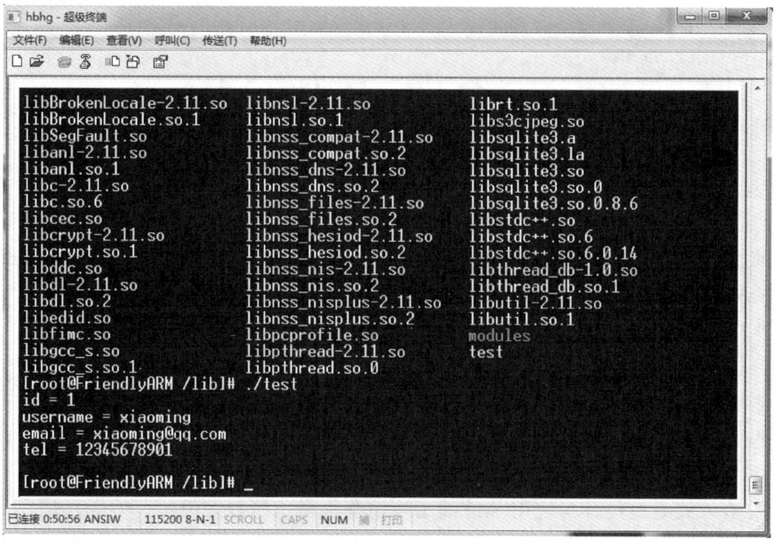

图 9-19　测试程序在目标机的运行效果

9.8　本章小结

本章对嵌入式 Linux 程序设计中的若干问题进行了分析。限于篇幅,本章只介绍一小部分高级程序设计知识,读者需要更多的实践以加深理解。

习题

1. 阅读一些 ARM 硬件资料,尝试编写驱动程序。

2. 浏览 Yocto Project 开源项目社区和官方首页,了解更多 Yocto Project 开源项目知识。

参 考 文 献

[1] 陈文智,王总辉.嵌入式系统原理与设计[M].北京:清华大学出版社,2011.
[2] Linux 系列教材编写组.Linux 操作系统分析与实践[M].北京:清华大学出版社,2008.
[3] 温淑鸿.嵌入式 Linux 系统原理[M].北京:北京航空航天出版社,2014.
[4] 刘洪涛.嵌入式系统技术与设计[M].北京:人民邮电出版社,2012.
[5] Allen G,Owens M. The Definitive Guide to SQLite[M]. Berkeley:Apress,2006.
[6] 陈文智.嵌入式系统原理与设计[M].北京:清华大学出版社,2011
[7] 滕英岩.嵌入式系统开发基础——基于 ARM 微处理器和 Linux 操作系统[M].北京:电子工业出版社,2011.
[8] 王剑,刘鹏.嵌入式系统设计与应用[M].北京:清华大学出版社,2017.
[9] 王青云,梁瑞宇,冯月芹.ARM Cortex-A8 嵌入式原理与系统设计[M].北京:机械工业出版社,2014.
[10] 刘洪涛,邹南.ARM 处理器开发详解——基于 ARM Cortex-A8 处理器的开发设计[M].北京:电子工业出版社,2012.